国家职业技能鉴定培训教程

数控车工（高级）

主　编　崔兆华

副主编　武玉山

参　编　逯　伟　祝宝青　王　华　蒋自强

机械工业出版社

本书是依据《国家职业标准　数控车工》（高级）的知识要求和技能要求，按照岗位培训需要的原则编写的。本书内容包括：数控车床的基础知识、典型轮廓的数控车削工艺、数控车床编程基础、FANUC 0i 系统数控车床的编程、SIEMENS 802D 系统数控车床的编程、数控仿真加工、数控车床的故障与维修。本书通过大量的示例详细地介绍了数控车床的机械结构、典型轮廓的数控车削工艺、FANUC 0i 系统与 SIEMENS 802D 系统的编程及仿真软件的操作。每章章首有理论知识要求和操作技能要求，章末有考核重点解析以及复习思考题，便于企业培训和读者自查自测。

　　本书既可用作企业培训部门以及各级职业技能鉴定培训机构的考前培训教材，又可作为读者考前复习用书，还可作为职业技术院校、技工学校的专业课教材。

图书在版编目（CIP）数据

数控车工. 高级/崔兆华主编. —北京：机械工业出版社，2017.9
（2024.2 重印）
国家职业技能鉴定培训教程
ISBN 978-7-111-58937-2

Ⅰ.①数…　Ⅱ.①崔…　Ⅲ.①数控机床-车床-职业技能-鉴定-教材
Ⅳ.①TG519.1

中国版本图书馆 CIP 数据核字（2018）第 006610 号

机械工业出版社（北京市百万庄大街 22 号　邮政编码 100037）
策划编辑：赵磊磊　责任编辑：赵磊磊　责任校对：张晓蓉
封面设计：张　静　责任印制：单爱军
北京虎彩文化传播有限公司印刷
2024 年 2 月第 1 版第 2 次印刷
169mm×239mm·19.75 印张·433 千字
标准书号：ISBN 978-7-111-58937-2
定价：69.90 元

电话服务　　　　　　　　网络服务
客服电话：010-88361066　　机　工　官　网：www.cmpbook.com
　　　　　010-88379833　　机　工　官　博：weibo.com/cmp1952
　　　　　010-68326294　　金　书　网：www.golden-book.com
封底无防伪标均为盗版　　机工教育服务网：www.cmpedu.com

机械制造业是技术密集型的行业，历来高度重视技术工人的素质。在市场经济条件下，企业要想在激烈的市场竞争中立于不败之地，必须有一支高素质的技术工人队伍，有一批技术过硬、技艺精湛的能工巧匠。为了适应新形势，我们编写了《数控车工（高级）》一书，以满足广大数控车床操作工学习的需要，帮助他们提高相关理论知识水平和技能操作水平。

　　本书以职业活动为导向，以职业技能为中心，以《国家职业标准　数控车工》（高级）的要求为依据，以"实用、够用"为宗旨，按照岗位培训需要编写。本书内容包括：数控车床的基础知识、典型轮廓的数控车削工艺、数控车床编程基础、FANUC 0i 系统数控车床的编程、SIEMENS 802D 系统数控车床的编程、数控仿真加工、数控机床的故障与维修。本书具有如下特点：

　　1）在编写原则上，突出以职业能力为核心。本书的编写贯穿"以职业标准为依据，以企业需求为导向，以职业能力为核心"的理念，依据《国家职业标准》，结合企业实际，反映岗位需求，突出新知识、新技术、新工艺、新方法，注重职业能力培养。凡是职业岗位工作中要求掌握的知识和技能，均做详细介绍。

　　2）在使用功能上，注重服务于培训和鉴定。根据职业发展的实际情况和培训需求，本书力求体现职业培训的规律，反映职业技能鉴定考核的基本要求，满足培训对象参加鉴定考试的需要。

　　3）在内容安排上，强调提高学习效率。为便于培训及鉴定部门在有限的时间内把最重要的知识和技能传授给培训对象，同时也便于培训对象迅速抓住重点，提高学习效率，本书精心设置了"理论知识要求""操作技能要求""考核重点解析""复习思考题"等栏目，以提示应该达到的目标，需要掌握的重点、难点、鉴定点和有关的扩展知识。

　　本书由临沂市技师学院崔兆华任主编，武玉山任副主编，逯伟、祝宝青、王华、蒋自强参加编写。在本书编写过程中，参考了部分著作，并邀请了部分技术高超、技术精湛的高技能人才进行示范操作，在此谨向有关作者、参与示范操作的人员表示最诚挚的谢意。

　　由于编者水平有限，编写时间仓促，书中难免有疏漏和不当之处，敬请广大读者批评指正，在此表示衷心的感谢。

编　者

第一章　数控车床的基础知识

理论知识要求

1. 掌握数控车床机械结构组成形式和作用。
2. 掌握数控车床主轴的驱动方式和主轴调速方法。
3. 了解典型数控车床主传动系统结构。
4. 掌握滚珠丝杠螺母副工作原理。
5. 了解数控车床常用的辅助装置结构及其作用。
6. 掌握数控系统的插补原理。
7. 了解典型车床数控系统的种类及其应用。
8. 掌握数控车床的安装与调试。
9. 掌握数控车床的验收。

操作技能要求

1. 能够调整滚珠丝杠螺母副的间隙。
2. 能够用逐点比较法完成直线与圆弧插补计算。
3. 能够根据生产需要选配数控系统。
4. 能够完成数控机床的安装与调试。
5. 能够完成数控机床的验收。

第一节　数控车床的机械结构

一、数控车床机械结构组成

数控车床的机械结构主要包括主传动系统（主轴、主轴电动机和 C 轴控制主轴电动机等）、进给传动系统（滚珠丝杠、联轴器和导轨等）、自动换刀装置、液压与气动装置（液压泵、气泵和管路等）、辅助装置（卡盘、尾座、润滑与冷却装置、排屑及收集装置等）和床身等部分，如图 1-1 所示。

二、床身与导轨

1. 床身

数控车床的床身是整个机床的基础支承件，是机床的主体，一般用来放置导轨、主轴箱等重要部件。床身的结构对机床的布局有很大的影响。按照床身导轨面与水平面的相对位置，床身有图 1-2 所示的 5 种布局形式。

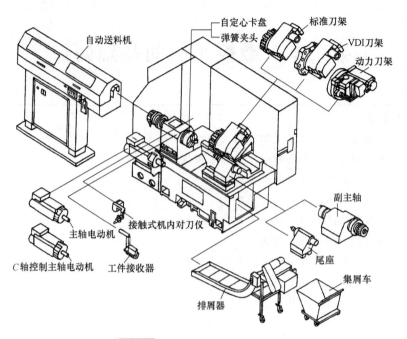

图 1-1 数控车床机械结构组成

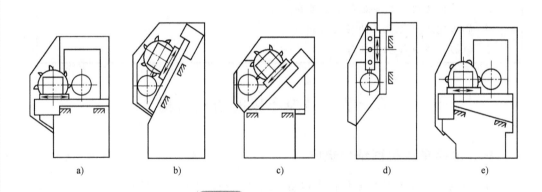

图 1-2 数控车床床身布局

a）平床身平滑板 b）后斜床身斜滑板 c）平床身斜滑板

d）立床身立滑板 e）前斜床身平滑板

平床身的工艺性好，导轨面容易加工。平床身配上水平刀架，由平床身机件、工件重量所产生的变形方向垂直向下，与刀具运动方向垂直，对加工精度影响较小。平床身由于刀架水平布置，不受刀架、溜板箱自重的影响，容易提高定位精度，大型工件和刀具装卸方便，但平床身排屑困难，需要三面封闭，刀架水平放置也加大了机床宽度方向结构尺寸。斜床身的观察角度好，工件调整方便，防护罩设计较为简单，排屑性能较好。斜床身导轨倾斜角有 30°、45°、60° 和 75° 几种，导轨倾斜角为 90° 的斜床身通常称为立床身。倾斜角影响导轨的导向性、受力情况、排屑、宜人性及外形尺寸高度比例等。一般小型数控车床多用30°、45°，中型数控车床多用60°，大型数控车床多用75°。

2. 导轨

数控车床的导轨可分为滑动导轨和滚动导轨两种。

（1）滑动导轨　滑动导轨具有结构简单、制造方便、接触刚度大等优点。但传统滑动导轨摩擦阻力大，磨损快，动、静摩擦因数差别大，低速时易产生爬行现象。目前，数控车床已不采用传统滑动导轨，而是采用带有耐磨粘贴带覆盖层的滑动导轨和新型塑料滑动导轨，它们具有摩擦性能良好和使用寿命长等特点。导轨刚度的大小、制造是否简单、能否调整、摩擦损耗是否最小以及能否保持导轨的初始精度，在很大程度上取决于导轨的横截面形状。数控车床滑动导轨的横截面常采用山形横截面和矩形横截面，如图1-3所示。山形横截面导

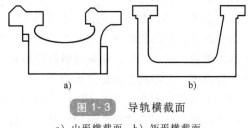

图 1-3　导轨横截面

a）山形横截面　b）矩形横截面

轨导向精度高，导轨磨损后靠自重下沉自动补偿。山形横截面导轨有利于排污物，但不易保存油液。矩形横截面导轨制造维修方便，承载能力大，新导轨导向精度高，但磨损后不能自动补偿，需用镶条调节，影响导向精度。

（2）滚动导轨　滚动导轨的优点是摩擦因数小，动、静摩擦因数很接近，不会产生爬行现象，可以使用油脂润滑。数控车床导轨的行程一般较长，因此滚动体必须循环。根据滚动体的不同，滚动导轨可分为滚珠直线导轨和滚柱直线导轨，如图1-4所示。后者的承载能力和刚度都比前者高，但摩擦因数略大。

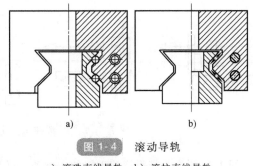

图 1-4　滚动导轨

a）滚珠直线导轨　b）滚柱直线导轨

三、主传动系统

数控车床的主运动是机床的成形运动之一，主传动系统的精度决定了零件的加工精度。数控车床是高效率机床，针对高自动化及高精度要求，数控车床的主传动系统与普通机床相比应具有更高的要求。

1. 数控车床对主传动系统的要求

（1）转速高，功率大　数控车床主传动系统转速高，功率大，使数控车床能完成大功率切削（如大切削用量的粗加工）和高速切削（如高速旋转下的精加工），实现高

效率加工。

（2）变速范围宽　数控车床的主传动系统具有较宽的变速范围，以保证加工时能选用合理的切削用量，以满足不同的加工要求有不同的加工速度，这样保证切削工作始终在最佳状态下进行。

（3）变速迅速可靠，能实现无级变速，并可实现恒切削速度加工　数控车床直流和交流主轴电动机的变速系统日趋完善，使主传动链缩短，累积误差变小，不仅能够方便地实现无级变速，而且由于减少了中间传递环节，提高了变速控制的可靠性，使变速迅速。另外，在加工端面或变直径类零件时，为了保证稳定的加工质量，要求数控车床能保持恒定的线切削速度。

（4）具有较高的精度与刚度、传动平稳、噪声低　数控车床加工精度的提高，与主传动系统具有较高的精度密切相关。为此，要提高传动件的制造精度与刚度，增加齿轮齿面耐磨性；最后一级齿轮采用斜齿轮传动，使传动平稳；采用精度高的轴承及合理的支承跨距等，以提高主轴组件的刚性。

（5）低温升，热变形小　因为主传动系统的发热使其中所有零部件产生热变形，降低传动效率，破坏零部件之间的相对位置精度和运动精度，造成加工误差。

2. 主轴的驱动方式

主轴的驱动方式主要有如图 1-5 所示四种形式。采用前面三种驱动方式时，数控车床在交流或直流伺服电动机无级变速的基础上配以其他机构，使之成为分段无级变速。而采用 1-5d 所示驱动方式时，主轴的变速方式为无级变速。

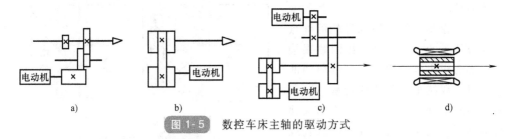

图 1-5　数控车床主轴的驱动方式

图 1-5a 所示为带有变速齿轮的主传动。这是大中型数控车床较常采用的配置方式，通过少数几对齿轮传动，扩大变速范围。滑移齿轮的移位大都采用液压拨叉或直接由液压缸带动齿轮来实现。

图 1-5b 所示为通过带传动的主传动，主要用在转速较高、变速范围不大的机床。它适用于高速、低转矩特性的主轴。常用的是同步带。

图 1-5c 所示为用两个电动机分别驱动主轴。高速时由一个电动机通过带传动驱动，低速时由另一个电动机通过齿轮传动驱动。由于两个电动机不能同时工作，所以造成一定程度的动力浪费。

图 1-5d 所示为内装电动机主轴（电主轴）。电动机转子固定在机床主轴上，结构紧凑。

3. 数控车床主轴变速的方法

（1）液压拨叉变速机构 在带有齿轮传动的主传动系统中，齿轮的换档主要都靠液压拨叉来完成。图1-6所示为三位液压拨叉工作原理图。通过改变不同的通油方式可以使三联齿轮块获得三个不同的变速位置。液

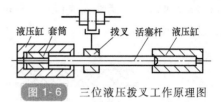

图1-6 三位液压拨叉工作原理图

压拨叉换档在主轴停机之后才能进行，但停机时拨叉带动齿轮块移动又可能产生顶齿现象。因此，在这种主传动系统中通常设一台微电动机，它在拨叉移动齿轮块的同时带动各传动齿轮做低速回转，使移动齿轮与主动齿轮顺利啮合。

（2）电磁离合器变速 电磁离合器的基本工作方式是应用电磁效应接通或切断运动。由于它便于实现自动操作，并有现成的系列产品可供选用，因而它已成为自动装置中常用的操纵元件。电磁离合器用于数控机床的主传动时，能简化变速机构，通过若干个安装在各传动轴上的离合器的吸合和分离的不同组合来改变齿轮的传动路线，实现主轴的变速。

（3）带传动变速 数控车床主传动系统采用带传动时，通常使用多联V形带、多楔带和同步带。

多联V形带又称为复合V形带，如图1-7所示，横截面呈楔形，楔角为40°。多联V形带是一次成形，不会因长度不一致而受力不均，因而承载能力

图1-7 多联V形带

比多根V形带高。同样的承载能力，多联V形带的横截面面积比多根V形带小，因而质量较小，耐挠曲性能高，允许的带轮最小直径小，线速度高。

多楔带如图1-8所示。多楔带综合了V形带和平带的优点，运转时振动小，发热少，运转平稳，质量小，一般在40m/s的线速度使用。此外，多楔带与带轮的接触好，负载分配均匀，即使瞬时超载，也不会产生打滑，而传动功率比V形带大20%～30%。因此，它能够满足加工中心主轴传动的要求。多楔带在高速、大转矩下也不会打滑。多楔带安装时需要较大的张紧力，会使主轴和电动机承受较大的径向负载。

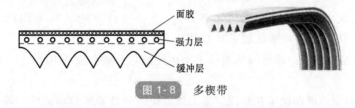

面胶
强力层
缓冲层

图1-8 多楔带

同步带根据齿形不同分为梯形齿同步带和圆弧齿同步带，如图1-9所示。同步带具有带传动和链传动的优点：与一般的带传动相比，它不会打滑，且不需要很大的张紧力，减少或消除了轴的静态径向力；传动效率高达98%～99.5%；可用于60～80m/s的

高速传动。但是，为适应高速传动，带轮必须设置轮缘，故在设计时要考虑轮齿槽的排气，以免产生"啸叫"。

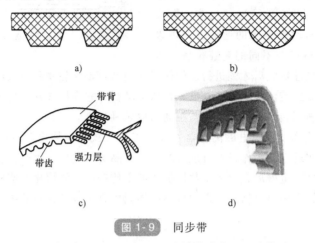

图 1-9　同步带

a）梯形齿　b）圆弧齿　c）同步带的结构　d）实物图

4．主轴的支承

（1）主轴轴承　主轴轴承是主轴组件的重要组成部分。它的类型、结构、配置、精度、安装、调整、润滑和冷却都直接影响了主轴组件的工作性能。在数控机床上常用的主轴轴承有滚动轴承和滑动轴承。

1）滚动轴承。滚动轴承摩擦阻力小，可以预紧，润滑维护简单，能在一定的转速范围和载荷变动范围下稳定工作。滚动轴承由专业化工厂生产，选购维修方便，在数控机床上被广泛采用。但与滑动轴承相比，滚动轴承的噪声大，滚动体数目有限，刚度是变化的，抗振性略差，并且对转速有很大的限制。数控机床主轴组件在可能条件下，都会尽量使用滚动轴承，特别是大多数立式主轴和装在套筒内能够做轴向移动的主轴。这时对滚动轴承可以用

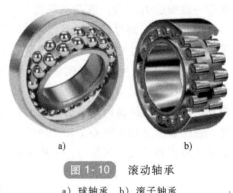

图 1-10　滚动轴承

a）球轴承　b）滚子轴承

润滑脂润滑以避免漏油。滚动轴承根据滚动体的结构分成如图 1-10 所示球轴承和滚子轴承两大类。

2）滑动轴承。滑动轴承在数控设备上最常使用的是静压滑动轴承。静压滑动轴承的油膜压强是由液压缸从外界供给，与主轴转与不转、转速的高低无关（忽略旋转时的动压效应）。它的承载能力不随转速而变化，而且无磨损，起动和运转时摩擦阻力力矩相同，所以液压轴承的刚度大，回转精度高，但静压轴承需要一套液压装置，成本

较高。

液体静压轴承装置主要由供油系统、节流器和轴承三部分组成，其工作原理如图1-11所示。在轴承的内圆柱表面，对称地开了4个矩形油腔和回油槽，油腔与回油槽之间的圆弧面称为周向封油面，封油面与主轴之间有 0.02～0.04mm 的径向间隙。系统的液压油经各节流器降压后进入各油腔。在液压油的作用下，将主轴浮起而处在平衡状态，同时将主轴轴线始终保持在回转中心轴线上。

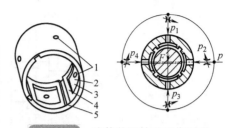

图 1-11　液体静压轴承工作原理
1—进油孔　2—油腔　3—轴向封油面
4—周向封油面　5—回油槽

（2）主轴轴承的配置　在实际应用中，数控车床主轴轴承常见配置形式如图1-12所示。

图1-12a所示的配置形式能使主轴获得较大的径向和轴向刚度，可以满足车床强力切削的要求。这种配置的后支承也可用圆柱滚子轴承，进一步提高后支承径向刚度。

图1-12b所示的配置形式没有前一种配置形式的主轴刚度大，但这种配置形式提高了主轴的转速，适合要求主轴在较高转速下工作的数控车床。为提高这种配置形式的主轴刚度，前支承可以用四个或更多个轴承相组配，后支承用两个轴承相组配。

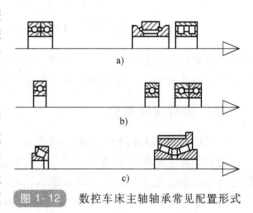

图 1-12　数控车床主轴轴承常见配置形式

图1-12c所示的配置形式能使主轴承受较重载荷（尤其是承受较强的动载荷），径向和轴向刚度高，安装和调整性好。但这种配置形式相对限制了主轴最高转速和精度，适用于中等精度、低速与重载的数控车床主轴。

5. 典型数控车床主传动系统结构

数控车床主运动传动链的两端部件是主电动机与主轴，它的功用是把动力源（电动机）的运动及动力传递给主轴，使主轴带动工件旋转实现主运动，并满足数控车床主轴变速和换向的要求。图1-13所示为TND360数控卧式车床主传动系统图。图1-14所示为TND360数控卧式车床主轴箱结构简图。

直流主轴伺服电动机（27kW）的运动经齿数为27/40同步带传递到主轴箱中的轴Ⅰ上，再经轴Ⅰ上双联滑移齿轮（齿轮副84/60或29/86）传递到轴Ⅱ（即主轴），使主轴获得高（800～3150r/min）、低（7～800r/min）两档转速范围。在各转速范围内，由主轴伺服电动机驱动实现无级变速。主轴的运动经过齿轮副60/60传递到轴Ⅲ上，由

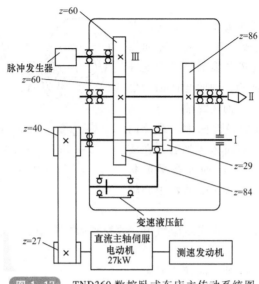

$z=60$

脉冲发生器

$z=60$

$z=86$

$z=40$

III

II

I

$z=29$

$z=84$

变速液压缸

$z=27$

直流主轴伺服
电动机
27kW

测速发动机

图 1-13　TND360 数控卧式车床主传动系统图

轴Ⅲ经联轴器驱动圆光栅。圆光栅将主轴的转速信号转变为电信号送回数控装置，由数控装置控制实现数控车床上的螺纹切削加工。

四、进给传动系统

1. 数控车床对进给传动系统的要求

数控车床进给传动系统的作用是，对数控系统传来的指令信息进行放大，从而控制执行件的运动。它不仅控制进给运动的速度，同时还要精确控制刀具相对于工件的移动位置和轨迹。为确保数控车床的加工精度和工作平稳性等，对进给传动系统提出如下要求。

（1）摩擦阻力小　在数控车床进给系统中，普遍采用滚珠丝杠螺母副、静压丝杠螺母副；滚动导轨、静压导轨和塑料导轨。在减小摩擦阻力的同时，还必须考虑传动部件要有适当的阻尼，以保证系统的稳定性。

（2）不受运动惯量影响　运动零部件的惯量对伺服机构的起动和制动特性都有影响，尤其是处于高速运转的零部件，其惯量的影响更大。因此，在满足零部件强度和刚度的前提下，一般会尽可能减小运动零部件的质量、减小旋转零部件的直径和质量，以减小惯量。

（3）传动精度和定位精度高　进给传动系统的传动精度和定位精度对零件的加工精度起着关键作用，对采用步进电动机驱动的开环控制系统尤其如此。通过在进给传动链中加入减速齿轮以减小脉冲当量（即伺服系统接收一个指令，脉冲驱动工作台移动的距离），以及预紧传动滚珠丝杠，消除齿轮、蜗轮等传动件间隙等办法，可达到提高传动精度和定位精度的目的。

（4）进给变速范围宽　进给传动系统在承担全部工作负载的条件下，应具有很宽

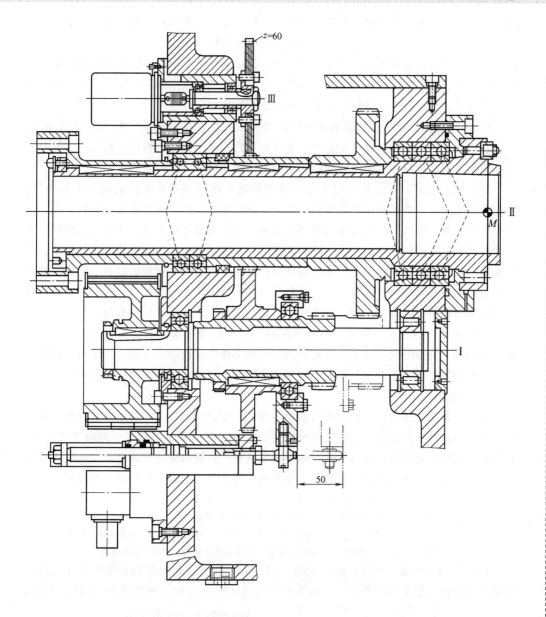

图 1-14 TND360 数控卧式车床主轴箱结构简图

的变速范围，以适应各工件材料、尺寸和刀具等变化的需要，工作进给速度范围可达3~6000mm/min（变速范围1：2000）。为了完成精密定位，伺服系统的低速趋近速度达0.1mm/min；为了缩短辅助时间，提高加工效率，快速移动速度高达240m/min或更高。

（5）响应速度快 这里的响应速度快是指进给传动系统对指令输入信号的反应快，

瞬态过程结束迅速，即跟踪指令信号的响应要快，定位速度和轮廓切削进给速度要满足要求，机床运动部件应能在规定的速度范围内灵敏而精确地跟踪指令，进行单步或连续移动，在运行时不出现丢步或多步现象。进给传动系统响应速度不仅影响机床的加工效率，而且影响加工精度。应使机床运动部件及其传动机构的刚度、间隙、摩擦以及转动惯量尽可能达到最佳值，以提高伺服进给系统的快速响应性。

（6）无间隙传动　进给传动系统的传动间隙一般指反向间隙，即反向死区误差。它存在于整个传动链的各种传动副中，直接影响数控车床的加工精度。设计中一般会采用消除间隙的联轴器或者消除间隙的传动副等措施来消除传动间隙。

（7）稳定性好、寿命长　稳定性是进给传动系统能够正常工作的最基本的条件，特别是在低速进给情况下不产生爬行，并能适应外加负载的变化而不发生共振。稳定性与系统的惯性、刚性、阻尼及增益等都有关系，适当选择各项参数，并能达到最佳的工作性能，是伺服系统设计的目标。所谓进给传动系统的寿命，主要指其保持数控车床传动精度和定位精度的时间长短，即各传动部件保持其原来制造精度的能力。为此，组成进给机构的各传动部件应选择合适的材料及合理的加工工艺与热处理方法，对于滚珠丝杠及传动齿轮，必须具有一定的耐磨性和适宜的润滑方式，以延长其寿命。

（8）使用维护方便　数控车床属于高精度自动控制机床，主要用于单件、中小批量、高精度及复杂的生产加工，因而机床的开机率相应比较高。为此，进给传动系统的结构一般均便于维护和保养，最大限度地减小维修工作量，以提高机床的利用率。

2. 联轴器

联轴器是用来连接进给机构的两根轴，使之一起回转，以传递转矩和运动的一种装置。机器运转时，被连接的两轴不能分离，只有停机后将联轴器拆开，两轴才能脱开。目前联轴器的类型繁多，有液压式、电磁式和机械式；而机械式联轴器是应用最广泛的一种，其借助于机械构件相互的机械作用力来传递转矩，大致可进行如下划分：

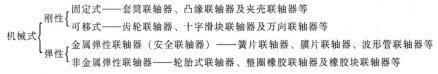

（1）套筒联轴器　套筒联轴器如图 1-15 所示，由连接两轴轴端的套筒和连接套筒与轴的连接件（键或销）组成。一般当轴端直径 $d \leqslant 80$mm 时，套筒用 35 或 45 钢制造；

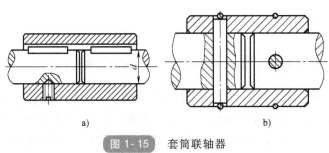

a) b)

图 1-15　套筒联轴器

a）键连接　b）销连接

$d>80\mathrm{mm}$ 时，可用强度较高的铸铁制造。这种联轴器构造简单，径向尺寸小，但其装拆困难（装拆时轴需做轴向移动）且要求两轴严格对中，不允许有径向及角度偏差，因此使用上受到一定限制。

（2）凸缘联轴器　凸缘联轴器如图 1-16 所示，其工作形式为：以两个带有凸缘的半联轴器分别与两轴连接，然后用螺栓把两个半联轴器连成一体，以传递动力和转矩。凸缘联轴器有凸肩对中和使用共同环对中两种方式。凸缘联轴器的材料可用 HT250 或碳钢，重载时或圆周速度大于 30m/s 时应用铸钢或锻钢。

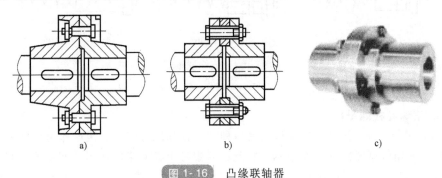

图 1-16　凸缘联轴器

a）凸肩对中　b）使用共同环对中　c）实体图

凸缘联轴器对于所连接两轴的对中性要求很高，当两轴间有位移与倾斜存在时，会在机件内引起附加载荷，使工作情况恶化，这是它的主要缺点。但由于它构造简单、成本低以及可传递较大转矩，故当转速低、无冲击、轴的刚性大以及对中性较好时也常采用。

（3）弹性联轴器　在大转矩宽变速直流电动机及传递转矩较大的步进电动机的传动机构中，与丝杠之间可采用直接连接的方式，即使用弹性联轴器。这不仅可简化结构、减少噪声，而且对减少间隙、提高传动刚度也大有好处。数控车床上常用的弹性联轴器主要有如图 1-17 所示几种类型。

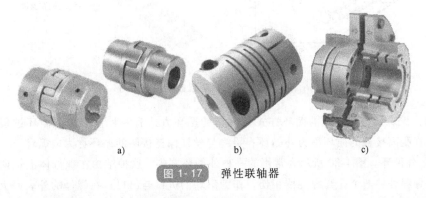

图 1-17　弹性联轴器

（4）安全联轴器　安全联轴器的作用是，在进给过程中当进给力过大或滑板移动过载时，为了避免整个运动传动机构的零件损坏，安全联轴器动作，终止运动的传递。如图 1-18 所示，在正常情况下，运动由联轴器传递到滚珠丝杠上。当出现过载时，滚珠丝杠上的转矩增大，通过安全联轴器端面上的三角齿传递的转矩也随之增加，使端面三角齿处的轴向力超过弹簧的压力，于是便将联轴器的右半部分推开。这时联轴器的左半部分和中间环节继续旋转，而右半部分却不能被带动，所以在两者之间产生打滑现象，将传动链断开，从而使传动机构不致因过载而损坏。

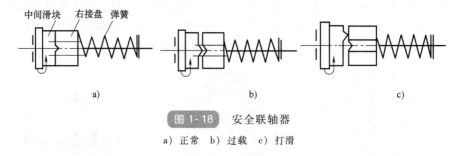

图 1-18　安全联轴器

a）正常　b）过载　c）打滑

3. 滚珠丝杠螺母副

（1）工作原理　滚珠丝杠螺母副是一种在丝杠和螺母间装有滚珠作为中间元件的丝杠副，其结构原理如图 1-19 所示。在丝杠和螺母上都有半圆弧形的螺旋槽，当它们套装在一起时便形成了滚珠的螺旋滚道。螺母上有滚珠回路滚道，将几圈螺旋滚道的两端连接起来构成封闭的循环滚道，并在滚道内装满滚珠。当丝杠旋转时，滚珠在滚道内沿滚道循环转动即自转，迫使螺母（或丝杠）轴向移动。

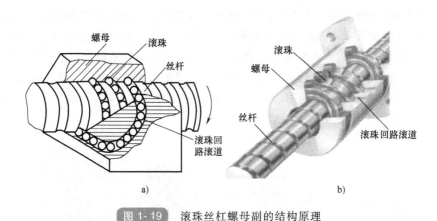

图 1-19　滚珠丝杠螺母副的结构原理

（2）滚珠丝杠螺母副的循环方式　常用的循环方式有两种：滚珠在循环过程中有时与丝杠脱离接触的循环称为外循环；始终与丝杠保持接触的循环称为内循环。

1）外循环。图 1-20 所示为常用的一种外循环方式。这种结构在螺母体上轴向相隔数个半导程处钻两个孔与螺旋槽相切，作为滚珠的进口与出口；在螺母的外表面上铣出回珠槽并沟通两孔，另外在螺母内进出口处各装一挡珠器，并在螺母外表面装一套筒。这样就构成封闭的循环滚道。外循环结构制造工艺简单，使用较广泛。它的缺点是滚道接缝处很难做得平滑，影响滚珠滚动的平稳性，甚至发生卡珠现象，噪声也较大。

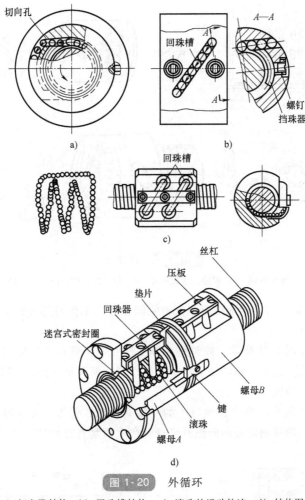

图 1-20　外循环

a）切向孔结构　b）回珠槽结构　c）滚珠的运动轨迹　d）结构图

2）内循环。内循环均采用反向器实现滚珠循环，反向器有两种形式。图 1-21a 所示为圆柱凸键反向器，反向器的圆柱部分嵌入螺母内，端部开有反向槽。反向槽靠圆柱外圆面及其上端的凸键定位，以保证对准螺纹滚道方向。图 1-21b 所示为扁圆镶块反向器，反向器为一平键形镶块，镶块嵌入螺母的切槽中，其端部开有反向槽，用镶块的外廓定位。两种反向器比较，后者尺寸较小，从而减小了螺母的径向尺寸并缩短了轴向尺寸。但这种反向器的外廓和螺母上的切槽尺寸精度要求较高。

（3）间隙的调整　为了保证滚珠丝杠反向传动精度和轴向刚度，必须消除滚珠丝杠螺母副轴向间隙。消除间隙的方法常采用双螺母结构，利用两个螺母的相对轴向位移，使两个滚珠螺母中的滚珠分别贴紧在螺旋滚道的两个相反的侧面上。用这种方法预紧从而消除轴向间隙时，应注意预紧力不宜过大（小于 1/3 最大轴向载荷）。预紧力过大会使空载力矩增加，从而降低传动效率，缩短使用寿命。

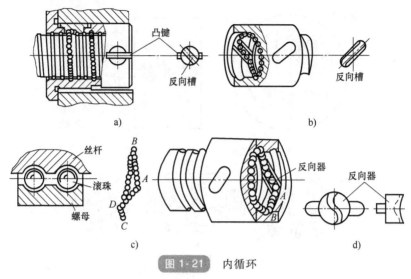

图 1- 21　内循环

a）圆柱凸键反向器　b）扁圆镶块反向器　c）滚珠的运动轨迹　d）反向器结构

1）双螺母消隙。常用的双螺母丝杠消除间隙方法主要有垫片调隙式、螺纹调整式和齿差调隙式三种。

垫片调隙式如图 1-22 所示，调整垫片厚度使左右两螺母产生轴向位移，即可消除间隙和产生预紧力。这种方法的结构简单，刚性好，但调整不便，滚道有磨损时不能随时消除间隙和进行预紧。

螺纹调整式如图 1-23 所示，螺母 1 的一端有凸缘，螺母 2 外端制有螺纹，调整时只要旋动圆螺母，即可消除轴向间隙并可达到产生预紧力的目的。

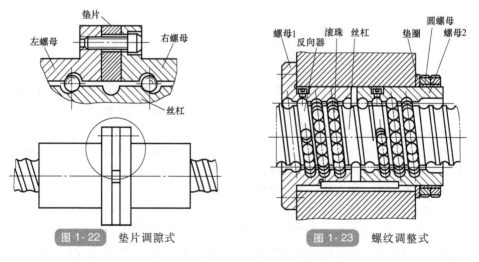

图 1- 22　垫片调隙式　　　　　　　图 1- 23　螺纹调整式

齿差调隙式如图 1-24 所示，在两个螺母的凸缘上各制有圆柱外齿轮，分别与固紧在套筒两端的内齿圈相啮合，其齿数分别为 z_1 和 z_2，并相差一个齿。调整时，先取下内齿圈，让两个螺母相对于套筒同方向都转动一个齿，然后再插入内齿圈，则两个螺母便产生相对角位移，其轴向位移量 $S = (1/z_1 - 1/z_2) Ph$。例如：$z_1 = 80$，$z_2 = 81$，滚珠丝杠的导程 $Ph = 6mm$ 时，$S = 6mm/6480 \approx 0.001mm$，这种调整方法能精确调整预紧量，调整方便、可靠，但结构尺寸较大，多用于高精度的传动。

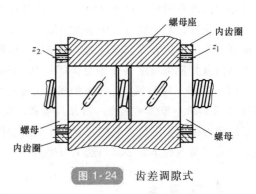

图 1-24　齿差调隙式

2) 单螺母消隙。常用的单螺母丝杠消除间隙方法主要有单螺母变螺距预加负荷预紧和单螺母螺钉预紧两种。

单螺母变螺距预加负荷预紧如图 1-25 所示。这种方法是使内螺母滚道在轴向产生 ΔL_0 的螺距突变量，从而使两列滚珠在轴向错位实现预紧。这种方法的结构简单，但负荷量须预先设定且不能改变。

单螺母螺钉预紧如图 1-26 所示。螺母的生产过程中，完成精磨之后，沿径向开一薄槽，通过内六角调整螺钉实现间隙的调整和预紧。这种方法使开槽后滚珠在螺母中具有良好的通过性。单螺母结构不仅有很好的性价比，而且间隙的调整和预紧极为方便。

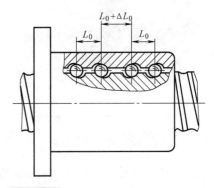

图 1-25　单螺母变螺距预加负荷预紧

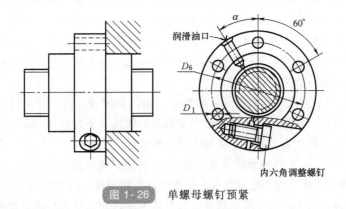

图 1-26　单螺母螺钉预紧

五、数控车床的辅助装置

1. 换刀装置

数控车床上使用的回转刀架是一种最简单的自动换刀装置。回转刀架在结构上应具有良好的强度和刚性，以承受粗加工时的切削抗力。由于车削加工精度在很大程度上取决于刀尖位置，对于数控车床来说，加工过程中刀尖位置不进行人工调整，因此更有必要选择可靠的定位方案和合理的定位结构，以保证回转刀架在每一次转位之后，具有尽可能高的重复定位精度（一般为 0.001~0.005mm）。

（1）回转刀架的种类 常见的回转刀架有四方刀架（图 1-27）、六角刀架和多工位刀架（图 1-28）等多种形式。四方刀架和六角刀架结构比较简单，经济型数控车床多采用这类刀架。多工位刀架结构复杂，但安装的刀具数量较多，换刀时定位精度高。因此，全功能型数控车床多采用这类刀架。

图 1-27 四方刀架

图 1-28 多工位刀架

（2）四方刀架 图 1-29 所示为螺旋升降式四方刀架，适用于轴类零件的加工，它的换刀过程如下。

1）刀架抬起。当数控装置发出换刀指令后，小型电动机 1 起动正转，通过平键套筒联轴器 2 使蜗杆轴 3 转动，从而带动蜗轮转动。蜗轮的上部外圆柱加工有外螺纹，所以该零件称为蜗轮丝杠。刀架体 7 内孔加工有内螺纹，与蜗轮丝杠 4 旋合。蜗轮丝杠内孔与刀架中心轴外圆是滑动配合，在转位换刀时，中心轴固定不动，蜗轮丝杠环绕中心轴旋转。当蜗轮开始转动时，由于在刀架底座 5 和刀架体上的端面齿处在啮合状态，且蜗轮丝杠轴向固定，故刀架体抬起。

2）刀架转位。当刀架体抬至一定距离后，端面齿脱开。转位套 9 用销与蜗轮丝杠连接，随蜗轮丝杠一同转动。当端面齿完全脱开，转位套正好转过 180°，球头销 8 在弹簧力的作用下进入转位套的槽中，带动刀架体转位。

3）刀架压紧。刀架体转动时带着电刷座 10 转动，当转到程序指定的刀号时，粗定位销 15 在弹簧的作用下进入粗定位盘 6 的槽中进行粗定位，同时电刷 13、14 接触导通，使电动机 1 反转。由于粗定位槽的限制，刀架体不能转动，使其在该位置垂直落下，刀架体和刀架底座上的端面齿啮合，实现精确定位。电动机继续反转，此时蜗轮停止转动，蜗杆轴继续转动，随夹紧力增加，转矩不断增大。转矩达到一定值时，在传感器的控制下，电动机停止转动。

译码装置由发信体 11 和电刷组成，电刷 13 负责发信，电刷 14 负责位置判断。刀架不定期会出现过位或不到位，此时可松开螺母 12，调好发信体 11 与电刷 14 的相对位置。

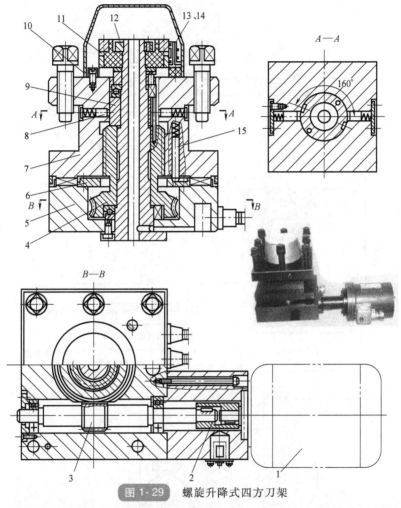

图 1-29 螺旋升降式四方刀架

1—电动机 2—联轴器 3—蜗杆轴 4—蜗轮丝杠 5—刀架底座 6—粗定位盘 7—刀架体
8—球头销 9—转位套 10—电刷座 11—发信体 12—螺母 13、14—电刷 15—粗定位销

（3）转塔刀架 转塔刀架由刀架换刀机构和刀盘组成，如图 1-30 所示。转塔刀架的刀盘用于刀具的安装。刀盘的背面装有端面齿盘，用于刀盘的圆周定位。换刀机构是刀盘实现开定位、转动换刀位、定位和夹紧的传动机构。换刀时，使刀盘的定位机构首先脱开，驱动电动机带动刀盘转动。当刀盘转动到位后，定位机构重新定位，并由夹紧机构夹紧。转塔刀架的换刀传动由刀架电动机提供动力。

换刀运动传递路线如下：刀架电动机动力经轴Ⅰ，由齿轮传动副 14/65 驱动轴Ⅱ，再经齿轮传动副驱动轴Ⅲ，轴Ⅲ是凸轮轴，凸轮轴上的凸轮槽带动拨叉，由拨叉使轴Ⅳ实现纵向运动（开定位和定位夹紧）；轴Ⅳ轴向移动、定位齿盘脱开（开定位）时，轴Ⅲ

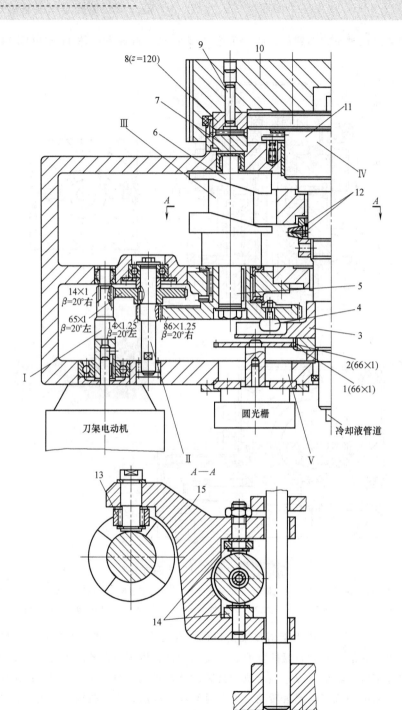

图 1-30　转塔刀架

1、2—齿轮　3—槽轮　4、13、14—滚子　5—换刀轴　6—凸轮　7、8—端面齿盘
9—定位销　10—刀盘　11—转塔轴　12—碟形弹簧　15—杠杆

上齿轮 $z=86$ 的齿轮体与在其上面的短圆柱滚子组成的槽杆，驱动在轴上的槽轮（槽数 $n=4$）转动，实现刀盘的转动。当转位完成后凸轮槽驱动拨叉，压动碟形弹簧，使轴Ⅳ轴向移动，实现刀盘的定位和夹紧。轴每转一圈，刀盘转动一个刀位。刀盘的转动，经齿轮传动副 66/66 传到轴 V 上的圆光栅，由圆光栅将转位信号送至可编程序控制器进行刀位计数。加工时，如端面齿盘上的定位销拔出后切削力过大或撞车时，刀盘会产生微量转动，这时圆光栅会检测到刀架的转动信号，数控系统收到信号后通过 PMC 发出刀架过载报警信号，机床会迅速停机。

2. 尾座

尾座的主要机能是固定较长、较重的工件，也可利用尾座钻孔、打中心孔。图1-31所示为典型数控车床尾座结构简图。

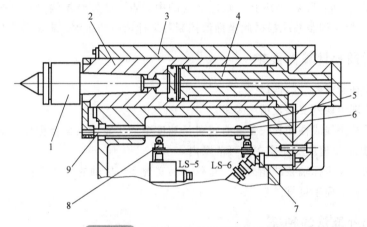

图 1-31　典型数控车床尾座结构简图

1—顶尖　2—尾座套筒　3—尾座体　4—活塞杆　5—移动挡块
6—固定挡块　7、8—确认开关　9—行程杆

尾座装在床身导轨上，其可以根据工件的长、短调整位置后，用拉杆加以夹紧定位。尾座体的移动由滑板来带动。尾座体移动后，由手动控制的液压缸将其锁紧在床身上。

顶尖 1 与尾座套筒 2 用锥孔连接，尾座套筒可带动顶尖一起移动。在机床自动工作循环中，可通过加工程序由数控系统控制尾座套筒的移动。当数控系统发出尾座套筒伸出的指令后，液压电磁阀动作，液压油通过活塞杆 4 的内孔进入套筒液压缸的左腔，推动尾座套筒伸出。当数控系统令其退回时，液压油进入套筒液压缸的右腔，从而使尾座套筒退回。

尾座套筒移动的行程，靠调整套筒外部连接的行程杆 9 上面的移动挡块 5 或通过确认开关来控制。当移动挡块的位置在右端极限位置时，套筒的行程最长。当套筒伸出到位时，行程杆上的移动挡块压下确认开关 8，向数控系统发出尾座套筒到位信号。当套筒退回时，行程杆上的固定挡块 6 压下确认开关 7，向数控系统发出套筒退回的确认信号。

第二节　数控系统的插补原理

一个连续切削控制的数控系统，除了使工作台准确定位之外，还必须进行轨迹控制，即控制刀具相对于工件以给定的速度，沿着指定的路径运动，切削工件轮廓，并且要保证切削过程中的精度和表面粗糙度。

数控系统在处理轨迹控制信息时，一般情况下，用户编程时给出了轨迹的起点和终点以及轨迹的类型（即是直线、圆弧或是其他曲线），并规定其走向（如圆弧是顺时针还是逆时针），然后由数控系统在控制过程中计算出运动轨迹的各个中间点，这个过程称为插补，即"插入"和"补上"轨迹运动的中间点。插补结果输出运动轨迹的中间点的坐标值，机床伺服系统根据此坐标值控制各坐标轴协调运动，走出预定轨迹。

一、对插补计算的要求

1）对插补所需要的数据最少。

2）插补理论误差要满足精度要求。

3）沿插补路线或称插补矢量的合成进给速度要满足轮廓表面粗糙度一致性的工艺要求，也就是进给速度变化要在许可范围内。

4）控制联动坐标轴数的能力强，也就是易实现多坐标轴的联动控制。

5）插补算法简单可靠。

二、插补算法的种类

插补工作可用硬件（插补器）或软件来完成，也可由软硬件结合一起来完成。早期的数控系统（NC）中，插补器是一个由专门的硬件接成的数字电路装置，这种插补称为硬件插补。它把每次插补运算产生的指令脉冲输出到伺服系统，驱动工作台运动。每插补运算一次，便发出一个脉冲，工作台就移动一个基本长度单位，即脉冲当量。它的柔性较差，计算能力较弱，但其计算速度快。它采用电压脉冲作为插补坐标增量输出，称为基准脉冲插补法（也称为脉冲增量插补法）。它包括逐点比较插补法、数字积分插补法等。随着计算机数控系统（CNC）的发展，因软件插补法柔性好，计算能力强，可以进行复杂轮廓的插补，所以应用得越来越广。软件插补法可分为基准脉冲插补法和数据采样插补法（也称为数字增量插补法）两类。基准脉冲软件插补法是模拟硬件插补的原理，其插补输出仍是脉冲；数字增量插补法，在每个插补周期内进行一次插补运算，根据指令进给速度计算出一个微小的直线数据段，然后计算出动点坐标，经过若干个插补周期即可完成一个程序段的插补，插补结果输出的是二进制数据，依靠二进制数据控制进给系统运动。现在大多数数控系统将软件插补法与硬件插补法结合起来，软件插补完成粗插补，硬件插补完成精插补，既可获得高的插补速度，又能达到较高的插补精度。

逐点比较插补法是插补时每走一步都要与给定轨迹上的坐标值进行比较，看实际加工点在给定轨迹的什么位置，上方还是下方（直线），外面还是里面（曲线），从而决定下一步的进给方向，其进给方向总是向着给定轨迹的方向逼近。如果实际加工点在给定轨迹的上方，下一步进给就向给定轨迹的下方逼近；如果实际加工点在给定轨迹的里面，下一步进给就向给定轨迹的外面逼近。

三、逐点比较法直线插补

1. 逐点比较法直线插补计算原理

（1）偏差计算公式　数控系统必须根据设计者给定的数学模型才能进行工作。根据逐点比较法的原理，每走一步可以将动点（插值点）的实际位置与给定轨迹的理想位置以"偏差"形式计算出来，然后根据偏差的正、负决定下一步的走向，以逼近给定轨迹。因此，确定偏差的计算方法是逐点比较法的关键一步。下面以第一象限平面直线为例来推导偏差计算公式。

假定加工如图 1-32 所示的直线 OA。取直线起点为坐标原点，已知直线终点坐标为 A (x_e, y_e)，即直线 OA 为给定轨迹。点 m (x_m, y_m) 为加工点（动点）。若点 m 在直线 OA 上，则根据几何关系可得

$$\frac{x_m}{y_m} = \frac{x_e}{y_e}$$

$$y_m x_e - x_m y_e = 0$$

因此，可定义直线插补的偏差计算公式为

$$F_m = y_m x_e - x_m y_e$$

若 $F_m = 0$，表示动点在直线 OA 上，如 m。

若 $F_m > 0$，表示动点在直线 OA 上方，如 m'。

若 $F_m < 0$，表示动点在直线 OA 下方，如 m''。

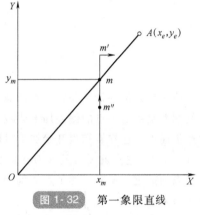

图 1-32　第一象限直线

从图 1-32 上可以看出，第一象限直线插补，当 $F_m > 0$ 时应沿 +X 方向进给一步才能逼近给定直线，而当 $F_m < 0$ 时应沿 +Y 方向进给一步才能逼近给定直线。当 $F_m = 0$ 时，动点在直线上，为了插补能继续进行，需从无偏差状态进给一步，到有偏差状态，这时可以沿 +X 方向走，也可沿 +Y 方向走，通常规定为沿 +X 方向走一步。

因此，得到第一象限直线的插补法，即当 $F_m \geq 0$ 时沿 +X 方向进给一步，当 $F_m < 0$ 时沿 +Y 方向进给一步。从起点开始，当沿两个坐标方向进给的步数分别等于 x_e 和 y_e 时停止插补。

按照上面几何关系得出的偏差公式计算偏差时，要进行乘法和减法运算。这样，对硬件插补器电路，实现起来很不方便，需增加硬件设备；对软件插补而言，会影响插补运算速度。所以，通常采用迭代法（或称为递推法），来简化公式，即每走一步后，新加工点的偏差值用前一点的加工偏差递推出来。

就第一象限而言，当 $F_m \geq 0$ 时，表明点 m 在直线 OA 上或直线 OA 的上方，应沿 $+X$ 方向进给一步以逼近给定直线。因坐标值的单位为脉冲当量，进给一步后新点的坐标值（x_{m+1}，y_{m+1}）为

$$x_{m+1} = x_m + 1$$
$$y_{m+1} = y_m$$

新点的偏差为

$$\begin{aligned}
F_{m+1} &= y_{m+1}x_e - x_{m+1}y_e \\
&= y_m x_e - (x_m + 1)y_e \\
&= y_m x_e - x_m y_e - y_e \\
&= F_m - y_e
\end{aligned}$$

若 $F_m < 0$，表明点 m 在直线 OA 的下方，应沿 $+Y$ 方向进给一步，进给一步后新点的坐标值（x_{m+1}，y_{m+1}）为

$$x_{m+1} = x_m$$
$$y_{m+1} = y_m + 1$$

新点的偏差为

$$\begin{aligned}
F_{m+1} &= y_{m+1}x_e - x_{m+1}y_e \\
&= (y_m + 1)x_e - x_m y_e \\
&= y_m x_e - x_m y_e + x_e \\
&= F_m + x_e
\end{aligned}$$

简化后的偏差计算公式只有加减运算，并且不必计算出每一点的坐标，每一新加工点的偏差是由前一点的偏差加上或减去终点坐标 x_e 或 y_e 即可，大大简化了运算，不过需要逐步递推，这样需知道开始加工时那一点的偏差值，可用人工方法将刀具移到加工起点（对刀），这点就无偏差（刀在直线上），所以开始加工点的偏差 $F_0 = 0$。这样，随着加工点的前进，每一新加工点的偏差 F_{m+1} 都可由前一点的偏差 F_m 与终点坐标值相加或相减得到。

（2）终点的判别方法　终点的判别方法有三种。

1）设置 $\sum_x$、$\sum_y$ 两个减法计数器，加工开始前，在 $\sum_x$、$\sum_y$ 计数器中分别存入终点坐标值 x_e、y_e，当沿 X 或 Y 方向每进给一步时，就在相应的计数器中减去 1，直到两个计数器中的数都减为零时，停止插补，到达终点。

2）设置一个终点计数器，计数器中存入 X 和 Y 两个方向进给步数的总和 $\sum$，$\sum = x_e + y_e$，无论沿 X 或 Y 方向进给时均在 $\sum$ 中减 1，当减到零时，停止插补，到达终点。

3）因为终点坐标值大的坐标轴一般后结束插补。选终点坐标值大的作为计数坐标值，放入终点计数器内。如 $x_e \geq y_e$，则用 x_e 值作为终点计数器初值，仅 X 轴进给时，计数器才减 1，计数器减到零便到达终点；如 $y_e > x_e$，则用 y_e 值作为终点计数器初值。

（3）直线插补计算的步骤　用逐点比较法进行直线插补计算，每走一步，都需要进行以下四个步骤。

1）偏差判别——逻辑运算，即判别偏差 $F_m \geq 0$ 还是 $F_m < 0$，从而判别当前动点偏

离理论直线的位置，以确定哪个坐标轴进给。

2）坐标进给——逻辑运算，根据直线所在象限及偏差符号，决定沿$+X$、$+Y$、$-X$、$-Y$四个方向中哪个方向进给。

3）偏差计算——算术运算，进给一步后，计算新的动点的偏差，作为下次偏差判别的依据。

4）终点判别——进给一步后，终点计数器减1，根据终点计数器的内容是否为0判别是否达到终点。若终点计数器为0，表示到达终点，则设置插补结束标志后返回。主程序接到插补结束标志，读取下一组新的数据到插补工作区，清除插补结束标志，重新开始插补。若终点计数器不为零则直接返回，继续插补本段直线。

例1-1 设加工第一象限直线，起点为坐标原点，终点坐标$x_e = 6$、$y_e = 4$，试采用逐点比较法进行插补计算，并画出进给轨迹图。

直线插补过程见表1-1，表中的终点判别采用了上述第二种方法，即设置一个终点计数器，用来寄存X和Y两坐标方向进给步数和Σ，每进给一步Σ减1，若$\Sigma = 0$，表示到达终点，停止插补。直线插补进给轨迹如图1-33所示。

表1-1 直线插补过程

步数	偏差判别	坐标进给	偏差计算	终点判别
起点			$F_0 = 0$	$\Sigma = 10$
1	$F = 0$	$+X$	$F_1 = F_0 - y_e = 0 - 4 = -4$	$\Sigma = 10 - 1 = 9$
2	$F < 0$	$+Y$	$F_2 = F_1 + x_e = -4 + 6 = 2$	$\Sigma = 9 - 1 = 8$
3	$F > 0$	$+X$	$F_3 = F_2 - y_e = 2 - 4 = -2$	$\Sigma = 8 - 1 = 7$
4	$F < 0$	$+Y$	$F_4 = F_3 + x_e = -2 + 6 = 4$	$\Sigma = 7 - 1 = 6$
5	$F > 0$	$+X$	$F_5 = F_4 - y_e = 4 - 4 = 0$	$\Sigma = 6 - 1 = 5$
6	$F = 0$	$+X$	$F_6 = F_5 - y_e = 0 - 4 = -4$	$\Sigma = 5 - 1 = 4$
7	$F < 0$	$+Y$	$F_7 = F_6 + x_e = -4 + 6 = 2$	$\Sigma = 4 - 1 = 3$
8	$F > 0$	$+X$	$F_8 = F_7 - y_e = 2 - 4 = -2$	$\Sigma = 3 - 1 = 2$
9	$F < 0$	$+Y$	$F_9 = F_8 + x_e = -2 + 6 = 4$	$\Sigma = 2 - 1 = 1$
10	$F > 0$	$+X$	$F_{10} = F_9 - y_e = 4 - 4 = 0$	$\Sigma = 1 - 1 = 0$

2. 四个象限的直线插补计算

第一象限直线插补方法经适当处理后可推广到其余象限的直线插补。为便于四个象限的直线插补，在偏差计算时，无论哪个象限直线，都用其坐标的绝对值进行计算。由此，可得的偏差符号如图1-34所示。动点位于直线上时偏差$F = 0$；动点不在直线上，偏向Y轴一侧时$F > 0$，偏向X轴一侧时$F < 0$。由图1-34还可以看到，当$F \geq 0$时应沿X轴进给，第一、四象限沿$+X$方向进给，第二、三象限沿$-X$方向进给；当$F < 0$时应沿Y轴进给，第一、二象限沿$+Y$方向进给，第三、四象限沿$-Y$方向进给。终点判别也应用终点计数器。象限的判别可根据直线终点坐标的正负号判别。

例如：第二象限的直线 OA_2，其终点坐标为 $(-x_e,\ y_e)$，在第一象限有一条和它对称于 Y 轴的直线 OA_1，其终点坐标为 $(x_e,\ y_e)$。当从点 O 开始出发，按第一象限直线 OA_1 进行插补时，若把沿 $+X$ 方向进给改为沿 $-X$ 方向进给，这时实际插补出的就是第二象限的直线 OA_2，而其偏差计算公式与第一象限直线的偏差计算公式相同。同理，插补第三象限终点为 $(-x_e,\ -y_e)$ 的直线 OA_3，它与第一象限终点为 $(x_e,\ y_e)$ 的直线 OA_1 是对称于原点的，所以依然按第一象限直线 OA_1 插补，只需在进给时将 $+X$ 方向进给改为 $-X$ 方向进给，$+Y$ 方向进给改为 $-Y$ 方向进给即可。四个

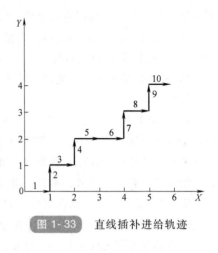

图 1-33　直线插补进给轨迹

象限直线插补计算公式及进给方向见表 1-2，表中 L_1、L_2、L_3、L_4 分别表示第一、二、三、四象限的直线。

表 1-2　四个象限直线插补计算公式及进给方向

$F_m \geq 0$			$F_m < 0$		
直线线型	进给方向	偏差计算	直线坐标	进给方向	偏差计算
L_1、L_4	$+X$	$F_{m+1} = F_m - y_e$	L_1、L_2	$+Y$	$F_{m+1} = F_m + x_e$
L_2、L_3	$-X$		L_3、L_4	$-Y$	

四、逐点比较法圆弧插补

1. 逐点比较法圆弧插补计算原理

（1）偏差计算公式　下面以第一象限逆圆为例讨论圆弧插补的偏差计算公式。如图 1-35 所示，要加工一段圆弧 AB，设圆弧的圆心在坐标原点，已知圆弧的起点 $A\ (x_0,\ y_0)$，终点 $B\ (x_e,\ y_e)$，圆弧半径为 R。令瞬时加工点（动点）为 $m\ (x_m,\ y_m)$，它到圆心的距离为 R_m。从中可以看出，动点 m 可能有三种位置，即圆弧上、圆弧内或圆弧外。

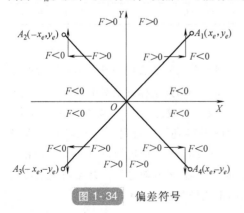

图 1-34　偏差符号

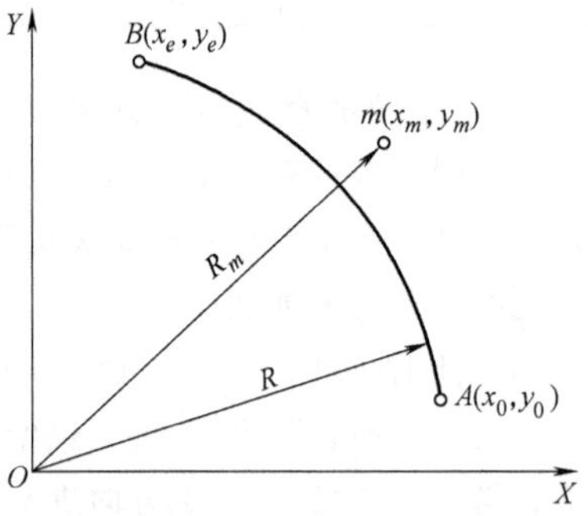

图 1-35　第一象限逆圆弧

1）当动点 m 位于圆弧上时有：$x_m^2 + y_m^2 - R^2 = 0$。

2）当动点 m 位于圆弧内时有：$x_m^2 + y_m^2 - R^2 < 0$。

3）当动点 m 位于圆弧外时有：$x_m^2 + y_m^2 - R^2 > 0$。

因此，可定义圆弧插补的偏差计算公式为

$$F_m = R_m^2 - R^2 = x_m^2 + y_m^2 - R^2$$

如图 1-35 所示，为了使动点逼近圆弧，进给方向规定如下：

若 $F_m > 0$，动点 m 在圆弧外，这样只能沿 $-X$ 方向进给一步才能向给定圆弧逼近；若 $F_m < 0$，动点 m 在圆弧内，只能沿 $+Y$ 方向进给一步才能向给定圆弧逼近；若 $F_m = 0$，说明动点在圆弧上，这时无论沿 X 轴或 Y 轴进给一步都行，这里就规定沿 X 轴进给一步。如此进给一步，计算一步，直至到达圆弧终点后停止，即可插补出如图 1-35 所示的第一象限逆圆弧 AB。

从几何关系导出的圆弧插补的偏差计算公式中有平方计算，插补时计算较复杂，因而也用迭代法简化如下：

设动点处于点 m（x_m，y_m），其偏差计算公式为

$$F_m = x_m^2 + y_m^2 - R^2$$

若 $F_m \geq 0$，说明该点在圆弧上或在圆弧外，应沿 $-X$ 方向进给一步，到点 $m+1$，其坐标值（x_{m+1}，y_{m+1}）为

$$x_{m+1} = x_m - 1$$
$$y_{m+1} = y_m$$

则新点 $m+1$ 的偏差为

$$F_{m+1} = x_{m+1}^2 + y_{m+1}^2 - R^2$$
$$= (x_m - 1)^2 + y_m^2 - R^2$$
$$= F_m - 2x_m + 1$$

若 $F_m < 0$，沿 $+Y$ 方向进给一步，到点 $m+1$，其坐标值（x_{m+1}，y_{m+1}）为

$$x_{m+1} = x_m$$
$$y_{m+1} = y_m + 1$$

则新点 $m+1$ 的偏差值为

$$F_{m+1} = x_{m+1}^2 + y_{m+1}^2 - R^2$$
$$= x_m^2 + (y_m + 1)^2 - R^2$$
$$= F_m + 2y_m + 1$$

由此可知，新点的偏差值可由前一点的偏差值及前一点的坐标计算得到。公式中只有乘 2 运算及加减运算，避免了平方运算，因而，大大地简化了计算。因为加工是从圆弧的起点开始，起点的偏差 $F_0 = 0$，所以新点的偏差总可以根据前一点的数据计算出来。

（2）终点的判别方法 不跨象限的圆弧插补其终点判别方法与直线插补的方法基本相同。可将 X、Y 轴进给数总和存入一个计数器 Σ，$\Sigma = |x_e - x_0| + |y_e - y_0|$，每进给一步，$\Sigma$ 减 1，当 $\Sigma = 0$ 时发出停止信号。

（3）圆弧插补计算的步骤　圆弧插补计算的步骤与直线插补计算的步骤基本相同，但由于其新点的偏差计算公式不仅与前一点偏差有关，还与前一点坐标有关，故在新点偏差计算的同时要进行新点坐标计算，以便为下一新点的偏差计算做好准备。对于不过象限的圆弧插补来说，其步骤可分为偏差判别、坐标进给、偏差计算、坐标计算及终点判别五个步骤。当然，对于过象限的圆弧加工，其步骤就要加上过象限判别了。

例 1-2　设加工第一象限逆圆 AB，已知起点 A（4，0），终点 B（0，4）。试进行插补计算并画出进给轨迹。

圆弧插补过程见表 1-3，进给轨迹如图 1-36 所示。

表 1-3　圆弧插补过程

步数	偏差判别	坐标进给	偏差计算	坐标计算	终点判别
起点			$F_0 = 0$	$x_0 = 4, y_0 = 0$	$\sum = 4 + 4 = 8$
1	$F_0 = 0$	$-X$	$F_1 = F_0 - 2x_0 + 1$ $= 0 - 2 \times 4 + 1 = -7$	$x_1 = x_0 - 1 = 3$ $y_1 = 0$	$\sum = 8 - 1 = 7$
2	$F_1 < 0$	$+Y$	$F_2 = F_1 + 2y_1 + 1$ $= -7 + 2 \times 0 + 1 = -6$	$x_2 = 3$ $y_2 = y_1 + 1 = 1$	$\sum = 7 - 1 = 6$
3	$F_2 < 0$	$+Y$	$F_3 = F_2 + 2y_2 + 1$ $= -6 + 2 \times 1 + 1 = -3$	$x_3 = 3$ $y_3 = y_2 + 1 = 2$	$\sum = 6 - 1 = 5$
4	$F_3 < 0$	$+Y$	$F_4 = F_3 + 2y_3 + 1$ $= -3 + 2 \times 2 + 1 = 2$	$x_4 = 3$ $y_4 = y_3 + 1 = 3$	$\sum = 5 - 1 = 4$
5	$F_4 > 0$	$-X$	$F_5 = F_4 - 2x_4 + 1$ $= 2 - 2 \times 3 + 1 = -3$	$x_5 = x_4 - 1 = 2$ $y_5 = 3$	$\sum = 4 - 1 = 3$
6	$F_5 < 0$	$+Y$	$F_6 = F_5 + 2y_5 + 1$ $= -3 + 2 \times 3 + 1 = 4$	$x_6 = 2$ $y_6 = y_5 + 1 = 4$	$\sum = 3 - 1 = 2$
7	$F_6 > 0$	$-X$	$F_7 = F_6 - 2x_6 + 1$ $= 4 - 2 \times 2 + 1 = 1$	$x_7 = x_6 - 1 = 1$ $y_7 = 4$	$\sum = 2 - 1 = 1$
8	$F_7 > 0$	$-X$	$F_8 = F_7 - 2x_7 + 1$ $= 1 - 2 \times 1 + 1 = 0$	$x_8 = x_7 - 1 = 0$ $y_8 = 4$	$\sum = 1 - 1 = 0$

2. 四个象限圆弧插补计算

为叙述方便，用 SR_1、SR_2、SR_3、SR_4 分别表示第一、二、三、四象限的顺圆弧；用 NR_1、NR_2、NR_3、NR_4 分别表示第一、二、三、四象限的逆圆弧。

与直线插补相似，如果插补计算都用坐标的绝对值进行，将进给方向另做处理，那么，四个象限的圆弧插补计算即可统一起来，插补运算就变得简单多了。SR_1、NR_2、SR_3、NR_4 的插补运动趋势都是使 X 轴坐标绝对值增加、Y 轴坐标绝对值减小，这几种圆弧的插补计算公式是一致的，以 SR_1 为代表。NR_1、SR_2、NR_3、SR_4 插补运动趋势都是使 X 轴坐标绝对值减小、Y 轴坐标绝对值增加，这四种圆弧插补计算公式也是一致的，

以 NR_1 为代表。

第一象限逆圆弧 NR_1 的插补运算，每进给一步，动点坐标 x_m 的绝对值减小，y_m 的绝对值增加，其偏差计算公式已由上面推导出。

沿 X 轴进给一步为

$$F_{m+1} = F_m - 2x_m + 1$$

沿 Y 轴进给一步为

$$F_{m+1} = F_m + 2y_m + 1$$

第一象限顺圆弧 SR_1 插补运动的趋势是 X 轴坐标绝对值增加，Y 轴坐标绝对值减少。

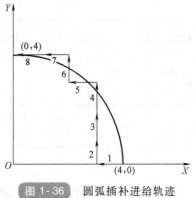

图 1-36　圆弧插补进给轨迹

当 $F_m \geq 0$ 时，动点在圆弧上或圆弧外，应沿 Y 轴负向进给一步，其 Y 轴坐标绝对值减小一个脉冲当量，X 轴坐标绝对值不变，则有

$$y_{m+1} = y_m - 1 \quad x_{m+1} = x_m$$

偏差计算公式可推导出为

$$F_{m+1} = F_m - 2y_m + 1$$

当 $F_m < 0$ 时，动点在圆弧内，应沿 X 轴正向进给一步，其 X 轴坐标绝对值增加一个脉冲当量，Y 轴坐标绝对值不变，则有

$$x_{m+1} = x_m + 1 \quad y_{m+1} = y_m$$

偏差计算公式可推导出为

$$F_{m+1} = F_m + 2x_m + 1$$

如图 1-37 所示，与第一象限逆圆弧 NR_1 相对应的其他三个象限的圆弧有 SR_2、NR_3、SR_4。其中，第二象限顺圆弧 SR_2 与第一象限逆圆弧 NR_1 是关于 Y 轴对称的，起点坐标为 $(-x_0, y_0)$，从图 1-37 中可知，两个圆弧从各自起点插补来的轨迹对于 Y 轴对称，即 Y

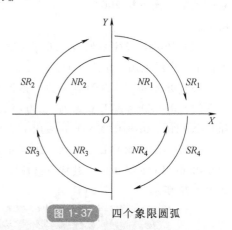

图 1-37　四个象限圆弧

方向的进给相同，X 方向进给相反。数控系统完全按第一象限逆圆弧偏差计算公式进行计算，只需将 X 轴的进给方向变为正向，则走出的就是第二象限顺圆弧 SR_2。在这里，圆弧的起点坐标要取其数字的绝对值，即送入数控系统时，起点坐标为无符号数（x_0，y_0），而 $-x_0$ 的"$-$"号则用于确定象限，从而确定进给方向。

表 1-4 列出了 8 种圆弧的插补计算公式和进给方向。

由逐点比较法插补原理可以看出，逐点比较插补法的特点是以阶梯折线来逼近直线和圆弧等曲线的，它与理论要求的直线或圆弧之间的最大误差为一个脉冲当量。因此只要把脉冲当量取得足够小，就可达到较高的加工精度要求。并且，每插补一次只能一个坐标轴进给，坐标轴不能联动。

表 1-4　8种圆弧的插补计算公式和进给方向

偏差符号 $F_m \geq 0$				偏差符号 $F_m < 0$			
圆弧线型	进给方向	偏差计算	坐标计算	圆弧线型	进给方向	偏差计算	坐标计算
SR_1、NR_2	$-Y$	$F_{m+1}=F_m-$	$x_{m+1}=x_m$	SR_1、NR_4	$+X$	$F_{m+1}=F_m+$	$x_{m+1}=x_m+1$
SR_3、NR_4	$+Y$	$2y_m+1$	$y_{m+1}=y_m-1$	SR_3、NR_2	$-X$	$2x_m+1$	$y_{m+1}=y_m$
NR_1、SR_4	$-X$	$F_{m+1}=F_m-$	$x_{m+1}=x_m-1$	NR_1、SR_2	$+Y$	$F_{m+1}=F_m+$	$x_{m+1}=x_m$
NR_3、SR_2	$+X$	$2x_m+1$	$y_{m+1}=y_m$	NR_3、SR_4	$-Y$	$2y_m+1$	$y_{m+1}=y_m+1$

第三节　典型车床数控系统简介

一、FANUC 系统简介

常见 FANUC 数控系统如下：

（1）0-C/0-D 系列　1985 年开发，系统的可靠性很高，使得其成为世界畅销的数控系统，该系统 2004 年 9 月停产，共生产了 35 万台。至今有很多该系统还在使用中。

（2）16i/18i/21i 系列　1996 年开发，该系统凝聚了 FANUC 过去数控系统开发的技术精华，广泛应用于车床、加工中心、磨床等各类机床。

（3）0i-A 系列　2001 年开发，是具有高可靠性、高性价比的数控系统。

（4）0i-B/0i MATE-B 系列　2003 年开发，是具有高可靠性，高性价比的数控系统，和 0i-A 相比，0i-B/0i MATE-B 采用了 FSSB（串行伺服总线）代替了 PWM 指令电缆。

（5）0i-C/0i MATE-C 系列　2004 年开发，是具有高可靠性，高性价比的数控系统，和 0i-B/0i MATE-B 相比，其特点是数控系统与液晶显示器构成一体，便于设定和调试，如图 1-38 所示。

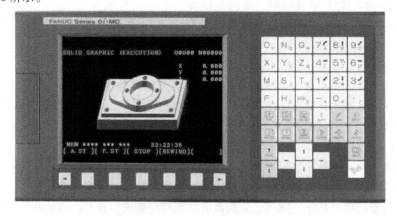

图 1-38　FANUC 0i-MC 数控系统

二、SIEMENS 系统简介

SIEMENS 数控系统由德国 SIEMENS 公司生产，已经形成了一系列的数控系统型号，主要有 SIEMENS3、SIEMENS8、SIEMENS810/820/850/880 和 SIEMENS840 等系列产品。

（1）SIEMENS8/3 系列 SIEMENS8/3 系列产品生产于 20 世纪 70 年代末和 80 年代初，其主要型号有 SIEMENS8M/8ME/8ME-C、Sprint8M/8ME/8ME-C，主要用于数控钻床、铣床和加工中心等机床。其中 SIEMENS8M/8ME/8ME-C 用于大型镗铣床，Sprint 系列具有蓝图编程功能。

（2）SIEMENS810/820/850/880 系列 SIEMENS810/820/850/880 系列产品生产于 20 世纪 80 年代中期和末期，其体系和结构基本相似。

（3）SIEMENS840D 系列 SIEMENS840D 系列产品生产于 1994 年，是全数字化数控系统。系统具有高度模块化及规范化的结构，它将数控和驱动控制集成在一块板子上，将闭环控制的全部硬件和软件集成于 $1cm^2$ 的空间之中，便于操作、编程和监控。

（4）SIEMENS810D 系列 SIEMENS810D 系列产品是在 840D 数控系统的基础上开发的数控系统。该系统配备了强大的软件功能，如提前预测、坐标变换、固定点停止、刀具管理、样条插补、温度补偿等功能，从而大大提高了 810D 的应用范围。

1998 年，在 810D 的基础上，SIEMENS 公司又推出了基于 810D 的现场编程软件 ManulTurn 和 ShopMill，前者适用于数控车床现场编程，后者适用于数控铣床现场编程。

（5）SIEMENS802 系列 该系统主要有 802S、802C 和 802D 等型号。图 1-39 所示 SIEMENS 802S 数控系统采用步进电动机进行控制，因此该型号常用于经济型数控车床。

图 1-39 SIEMENS802S 数控系统

三、华中数控系统简介

华中数控系统是我国具有自主版权的高性能数控系统之一。它以通用的工业计算机

（IPC）和 WINDOWS 操作系统为基础。开放式的体系结构，使华中数控系统的可靠性和质量得到了保证。

华中数控股份有限公司生产的数控系统产品主要有世纪星 HNC-21/22M 铣床（加工中心）数控系统、世纪星 HNC-21/22T 车床数控系统、世纪星 HNC-18i/18xp/19xp 系列数控系统等。世纪星 HNC-21T 数控系统界面如图 1-40 所示。

图 1-40 世纪星 HNC-21T 数控系统界面

"世纪星"系列数控系统采用先进的开放式体系结构，内置嵌入式工业 PC，配置 8.4in 或 10.4in 彩色液晶显示屏和通用工程面板，集成进给轴接口、主轴接口、手持单元接口、内嵌式 PLC 接口于一体，采用电子盘程序存储、软驱存储、DNC 传输、以太网传输等方式进行数据交换。它具有性能高、配置灵活、结构紧凑、易于使用、可靠性高的特点。

四、广数（GSK）系统简介

广数系统是由广州数控设备有限公司研发和生产的数控系统。用于数控车床的系统主要有 GSK928、GSK218、GSK980、GSK983 等多种系列。GSK980T 系统界面如图 1-41 所示。

（1）GSK928 系列 GSK928 系列是广数系统的早期产品。GSK928 系列的数控车床通常采用变频电动机进行控制，属于经济型的数控车床系统。

（2）GSK218 系列 GSK 218 系列产品为广州数控研制的普及型车床数控系统，采用 32 位高性能的 CPU 和超大规模可编程器件，运用实时多任务控制技术和硬件插补技术，可实现微米级精度的运动控制。

（3）GSK980 系列 GSK980 系统有 GSK980T 和 GSK980M 两种系列。该系统采用

图 1-41 GSK980T 系统界面

7.4in 液晶显示器，具备 PLC 梯形图显示、实时监控功能，提供操作面板 I/O 接口，可由用户设计、选配独立的操作面板。GSK980 系统具有卓越的性价比，是中、低档数控车床的最佳选择。

（4）GSK983 系列 GSK983 系列产品采用 8.4/10.4in、800×600 高分辨率、高亮度彩色液晶显示器；采用超大规模高集成电路，全贴片工艺，能极大地提高性能；可实现60000mm/min 的快速定位速度，30000mm/min 的切削进给速度。

第四节 数控车床的安装与调试

数控车床的安装与调试是指数控设备由制造厂运到用户，一直到车床能正常工作这一阶段的工作内容。安装与调试时，应严格按车床制造厂提供的使用说明书及有关的技术标准进行。能否正确地进行设备的安装与调试是数控车床能否正常工作的保障。

一、数控车床的安装

1. 对安装地基和安装环境的要求

车床的重量、工件的重量、切削过程中产生的切削力等作用力，都将通过车床的支承部件最终传至地基。地基质量的好坏，将关系到车床的加工精度、运动平稳性、变形、磨损以及使用寿命。所以，在安装车床之前，应先处理好地基。

在数控车床确定的安放位置上，根据车床说明书中提供的安装地基图进行施工，如图 1-42 所示。同时要考虑车床重量和重心位置，与车床连接的电线、管道的铺设，预留地脚螺栓和预埋件的位置等。一般中小型数控车床无须做单独的地基，只需在硬化好的地面上，采用活动垫铁（图 1-43），稳定车床的床身，用支承件调整车床的水平，如

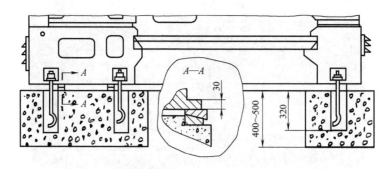

图 1-42　数控车床安装地基图

图 1-44 所示。大型、重型车床需要专门做地基；精密车床应安装在单独的地基上，在地基周围设置防振沟，并用地脚螺栓紧固。常用的各种地脚螺栓及固定方法如图 1-45～图 1-48 所示。地基平面尺寸应大于车床支承面积的外廓尺寸，并考虑安装、调整和维修所需尺寸。此外，车床旁应留有足够的工件运输和存放空间。车床与车床、车床与墙壁之间应留有足够的通道。

图 1-43　活动垫铁

图 1-44　用活动垫铁支承的数控车床

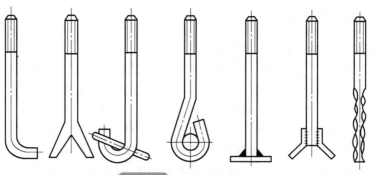

图 1-45　固定地脚螺栓

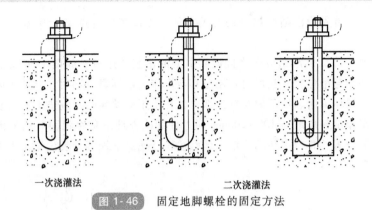

一次浇灌法　　　　　　二次浇灌法

图 1-46　固定地脚螺栓的固定方法

车床的安装位置应远离电焊机、高频机
械等各种干扰源；应避免阳光照射和热辐射
的影响，其环境温度应控制在 0~45℃，相
对湿度在 90%左右，必要时应采取适当措施
加以控制。数控车床不能安装在有粉尘的车
间里，应避免酸、腐蚀气体的侵蚀。

2. 安装步骤

下面以数控车床的安装为例来介绍数控
车床的安装过程。图 1-49 所示为数控车床
的安装流程图。

（1）搬运和拆箱　数控车床应单箱吊

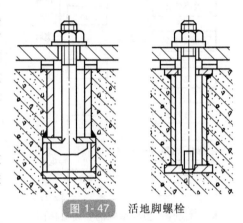

图 1-47　活地脚螺栓

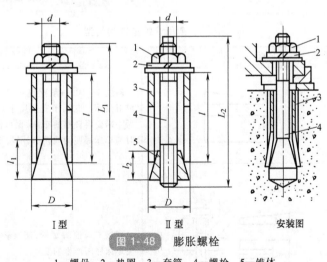

Ⅰ型　　　　　Ⅱ型　　　　　安装图

图 1-48　膨胀螺栓

1—螺母　2—垫圈　3—套筒　4—螺栓　5—锥体

运，防止冲击和振动。用滚子搬运时，滚子直径以 70~80mm 为宜，地面斜坡度不得大
于 15°。拆箱前应仔细检查包装箱外观是否完好无损；拆箱时，先将顶盖拆掉，再拆箱

壁；拆箱后，应首先找出随机携带的有关文件，并按清单清点车床零部件数量和电缆数量。

（2）就位 车床的起吊应严格按说明书上的吊装图进行，如图1-50所示。注意数控车床的重心和起吊位置。起吊时将尾座移至车床右端锁紧，同时注意使车床底座呈水平状态，防止损坏漆面、加工面及突出部件。在使用钢丝绳时，应垫上木块或垫板，以防打滑。待车床吊起离地面100~200mm时，仔细检查悬吊是否稳固。然后再将车床缓缓地送至安装位置，并留出活动垫铁、调整垫铁、地脚螺栓等安装位置。常用调整垫铁类型见表1-5。

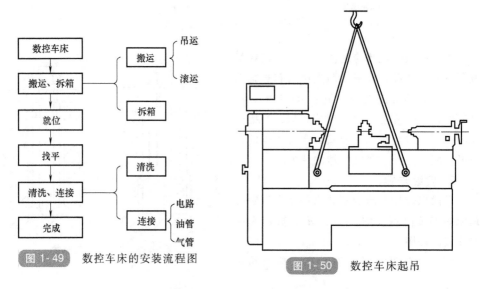

图 1-49 数控车床的安装流程图

图 1-50 数控车床起吊

表 1-5 常用调整垫铁的类型

名　　称	图　　示	特点和用途
斜垫铁		斜度1：10,一般配置在车床地脚螺栓附近,成对使用。它用于安装尺寸小、要求不高、安装后不需要再调整的车床,也可使用单个结构,此时与车床底座为线接触,刚度不高
开口垫铁		直接卡入地脚螺栓,能减轻拧紧地脚螺栓时使车床底座产生的变形

（续）

名　称	图　示	特点和用途
带通孔斜垫铁		套在地脚螺栓上，能减轻拧紧地脚螺栓时使车床底座产生的变形
钩头垫铁		垫铁的钩头部分紧靠在车床底座边缘上，安装调整时起限位作用，用于振动较大或重量为 10~15t 的普通中、小型车床

（3）找平　将数控车床放置于地基上，在自由状态下按车床说明书的要求调整其水平，然后将地脚螺栓均匀地锁紧。应在车床的主要工作面（如车床导轨面或装配基面）上找正安装水平的基准面。对中型以上的数控车床，应采用多点垫铁支承，将床身在自由状态下调成水平。如图 1-51 所示，有 8 副调整水平垫铁，垫铁应尽量靠近地脚螺栓，避免紧固地脚螺栓时使已调整好的水平精度发生变化。水平仪读数应小于说明书中的规定数值。在各支承点都能支承住床身后，再压紧各地脚螺栓。在压紧过程中，床身不能产生额外的扭曲和变形。高精度数控车床可采用弹性支承进行调整，抑制车床振动。

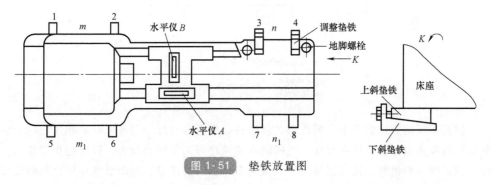

图 1-51　垫铁放置图

找平工作应选取一天中温度较稳定的时候进行。应避免为适应调整水平的需要，使用引起车床产生强迫变形的安装方法，避免引起车床的变形，从而引起导轨精度和导轨相配件的配合和连接的变化，使车床精度和性能受到破坏。另外，考虑水泥地基的干燥有一过程，故要求车床运行数月或半年后再精调一次床身水平，以保证车床长期工作精度，提高车床几何精度的保持性。

（4）清洗和连接　拆除因运输需要而安装的紧固件（如紧固螺钉、连接板、楔铁等），清理各连接面、各运动面上的防锈涂料，清理时不能使用金属或其他坚硬刮具，不得用棉纱或纱布，要用浸有清洗剂的棉布或绸布。清洗后涂上车床规定使用的润滑油，并做好各外表面的清洗工作。

对一些解体运输的车床（如加工中心），待主机就位后，将在运输前拆下的零部件安装在主机上。在组装中，要特别注意各接合面的清理，并去除由于磕碰形成的毛刺，要尽量使用原配的定位元件将各部件恢复到车床拆卸前的位置，以利于下一步的调试。

主机装好后即可连接电缆、油管和气管。每根电缆、油管、气管接头上都有标牌，电气柜和各部件的插座上也有相应的标牌，根据电气接线图、气液压管路图将电缆、管道一一对号入座。在连接电缆的插头和插座时必须仔细清洁和检查有无松动和损坏。安装电缆后，一定要把紧定螺钉拧紧，保证接触完全可靠。良好的接地不仅对设备和人身安全起着重要的保障，同时还能减少电气干扰，保证数控系统及车床的正常工作。数控车床接地方式如图1-52所示。在连接油管、气管时，注意防止异物从接口进入管路，避免造成整个气、液压系统发生故障。每个接头都必须拧紧，否则在试运行时，若发现有油管渗漏或漏气现象，常常要拆卸一大批管子，使安装调试的工作量加大，浪费时间。

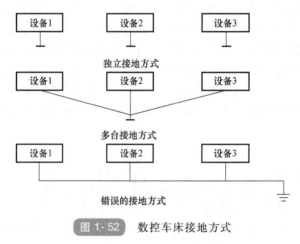

图 1-52　数控车床接地方式

检查车床的数控柜和电气柜内部各接插件接触是否良好。与外界电源相连接时，应重点检查输入电源的电压和相序，电网输入的相序可用相序表检查，错误的相序输入会使数控系统立即报警，甚至损坏器件。接通车床上的液压泵、冷却泵电动机，判断液压泵、冷却泵电动机转向是否正确。液压泵运转正常后，再接通数控系统电源。最后，全面检查各部件的连接状况，检查是否有多余的接线头和管接头等。

注意事项：国产数控车床上常装有一些进口的元器件、部件和电动机等，其工作电压可能与国内标准不一样，需单独配置电源或变压器；接线时必须按车床资料中规定的方法连接；通电前，应确认供电制式是否符合要求。

二、数控车床的调试

1. 试运行

试运行的目的是检查车床的安装是否稳固，各传动、操纵、控制、润滑、液压等系统的工作是否正常、可靠。

首先按车床说明书给车床各润滑点加油。某数控车床润滑点分布如图 1-53 所示，润滑点说明见表 1-6。给油箱注入符合要求的液压油，接通经过干燥脱水的压缩空气气源。

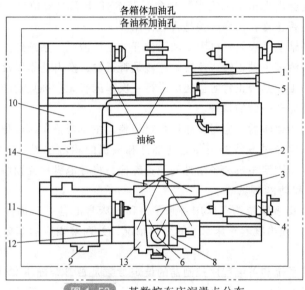

图 1-53　某数控车床润滑点分布

表 1-6　某数控车床润滑点说明

序号	润滑部位	孔数	油类	加油期	换油期
1	丝杠螺母	1	机油	每班一次	
2	溜板与床身滑动面	4	机油	每班一次	
3	横进刀螺母	2	机油	每班一次	
4	尾座	2	机油	每班一次	
5	丝杠支承轴承	1	钙基脂	适量注入	6个月
6	横溜板	2	机油	适量注入	
7	横进刀轴承	1	机油	每班一次	
8	刀架支承轴承	1	钙基脂	适量注入	6个月
9	变速机构	1	机油	每班一次	
10	变速箱	1	L-AN32 号全损耗系统用油	按油标	6个月
11	主轴箱	1	L-AN32 号全损耗系统用油	按油标	6个月
12	溜板箱	1	L-AN32 号全损耗系统用油	按油标	6个月
13	X 向进给箱	1	钙基脂	适量注入	6个月
14	Z 向进给箱	1	钙基脂	适量注入	6个月

其次，接通电源，确认数控系统内部的直流稳压单元提供的+5V（允差±5%）、+24V（允差±10%）等输出端电压是否符合要求。通电时最好先对各部件分别供电，都正确无误后再对整机供电。这样，可首先观察各部位有无故障报警，然后再用手动方式陆续起动各部件，检查安全装置是否起作用。例如：液压系统起动后，先判断液压泵电动机转动方向是否正确，液压管路是否建立起油路压力，各液压元件是否工作正常，液压管路各接头有无渗漏，冷却装置工作是否正常。向数控装置供电，确认数控装置是否正常工作、接口信号是否有误。然后进一步校核车床参数的设置是否符合车床说明书的规定。接通伺服系统电源，并做好按压急停按钮的准备，因为如伺服电动机的反馈信号线接反或断线，均会出现车床"飞车"现象。若 CRT 上无报警信号，可手动操作测试各坐标轴的运动是否正常，倍率开关是否起作用。

然后，检查各轴运动极限软件限位和限位开关工作情况，系统急停、复位按钮能否起作用。再进一步测试主轴正转、反转、停转是否正常，换刀动作以及夹紧装置、润滑装置、排屑装置的工作是否正常等。还应进行一次车床有无基准点功能以及每次返回基准点的位置点是否完全一致的检查。

最后，车床初步运转后，应对车床进行粗调整。主要调整车床床身水平，粗调车床主要几何精度，调整经过拆装的主要运动部件和主机的相对位置。这些调整工作完成后，即可用快干水泥固定主机和各附件的地脚螺栓，将各地脚螺栓预留孔灌平。

2. 车床精度和功能调试

利用地脚螺栓及垫铁精调车床床身水平。移动床身上各运动部件（如溜板、尾座等），在各坐标全行程内观察车床水平的变化情况，并调整相应的车床几何精度，使之均在允差范围内。

仔细检查数控系统和可编程序控制器的设定参数是否符合随机文件中规定的数据，然后检验各主要操作功能、运行行程、常用指令执行情况等，如手动操作方式、点动方式、自动运动方式、行程的极限保护、主轴挂档指令和各级转速指令（S指令）等，执行应正确无误。检查辅助功能及附件的工作是否正常。通过上述检查与调试，为车床的运行试验做好准备。

3. 车床的运行试验

由于数控车床功能很多，为保证工作中长期自动运行性能良好，在其安装调试结束后，必须对其工作可靠性进行检验。一般可通过整机在一定条件下较长时间的自动运行来检验数控车床的工作可靠性。自动运行试验的时间根据国家标准中规定，数控车床为一般为16h。自动运行期间不应发生任何故障，如出现故障或排除故障超出固定时间，应在调整后重新进行自动运行试验。

运行试验一般分为空运行试验和负荷试验。

（1）空运行试验　它包括主传动系统和进给传动系统的空运行试验。试验应按国家颁布的有关标准进行。其中无级变速的主传动，应对不少于12个转速，依次从低到高进行空运转，每个转速运转时间不少于2min。转速的实际偏差，不应超过规定值的±(2~6)%。最高转速运转时间不少于2h。当主轴前后轴承达到稳定温度后测量其温度不得超过 60℃，温升不得超过 30℃。主传动系统的空运转功率按设计规定给予考核。对直线坐标轴上的运动部件，分别以低、中、高进给速度和快速（G00）进行空运行试验，各运动部件应移动平稳，无爬行和振动现象。各级进给速度的实际偏差应小于规定值的±（3~5）％。

车床的功能试验分手动功能试验和自动功能试验。手动功能试验包括：以中速对主轴进行 10 次正转、反转、停止试验；对进给传动系统，进行 10 种变速试验（包括低、中、高速和快速）；对各指示器，按键、旋钮以及外设进行试验；对其他附属装置进行试验。自动功能试验是用程序控制车床各部位的动作进行试验，主要项目有：对车床主轴在中速时连续进行 10 次正转、反转、停止试验；对主传动进行变速试验；对各坐标轴上的运动部件进行低、中、高速变速试验，以及在中速时连续进行正反向的起动、停止和增量进给方式的操作试验；对车床坐标联动、定位、直线和圆弧插补等功能进行试验。

在空运行试验和功能试验之后，应编制一个连续空运行试验程序，进行连续至少 16h 的空运行试验。程序应包括：主轴低、中、高速正转、反转、停止等；各坐标轴上的运动部件以低、中、高进给速度和快速正、反方向运行，运行时应接近最大加工范围，并选任意点进行定位，运行中不允许使用倍率开关，进给速度在高速和快速运行时间应不少于每个循环程序所用时间的 10％；各坐标轴联动运行；其他功能试验。循环程序之间暂停时间不超过 0.5min。

（2）负荷试验　它包括承载工件最大重量试验、主传动系统最大转矩试验、最大切削抗力试验和主传动系统最大功率试验。

1）承载工件最大重量试验。将与设计中规定的承载工件最大重量相当的重物置于工作台上，载荷应均布，以最低、最高进给速度和快速移动工作台。以最低进给速度移动时，应在接近行程的两端和中间进行往复运动，每处移动距离不少于 20mm；以最高进给速度和快速移动时，应在全行程进行。运转应平稳，低速无爬行。

2）主传动系统最大转矩试验。一般使用硬质合金镗刀切削灰铸铁。在主轴恒转矩高速范围内选一转数，调整切削用量，使车床达到设计规定的最大转矩，车床应平稳工作。

3）最大切削抗力试验。试验时使用高速钢麻花钻头切削灰铸铁。在小于或等于车床设计转速范围内选一适当的主轴转速，调整切削用量，使之达到设计规定的最大切削抗力。车床各部件应工作正常，过载保险装置应灵敏、可靠。

4）主传动系统最大功率试验。使用硬质合金镗刀切削钢或铸铁。在主轴恒功率调速范围内选一适当转速，调整切削用量，使之达到最大功率（主电动机达到额定功率），车床工作正常无颤振现象，记录金属切除率。

第五节　数控车床的验收

一、数控车床外观的验收

一台数控车床要进行全部检测验收，工作量大而复杂，试验、检测的技术要求也很高，使用高精度的仪器对车床的机、电、液、气各部分及整机进行综合性能及单项性能检测，包括运行刚度、热变形等一系列试验，最后得出对该车床的综合评价。但是，对一般用户来说都做不到，也没有必要做。因此，实际的验收工作是根据车床出厂合格证上规定的验收条件及用户实际的要求来进行的。

1. 开箱检验

数控车床到厂后，设备管理部门要及时组织有关人员开箱检验。参加检验的人员应包括设备管理人员、设备采购员、设备计划调配员等，如果是进口设备还须有进口商务代理、海关商检人员等。检验的主要内容是：

1）装箱单。

2）核对应有的随机操作、维修说明书，图样资料、合格证等技术文件。

3）按合同规定，对照装箱单清点附件、备件、工具的数量、规格及完好状况。

4）检查主机、数控柜、操作台等有无明显撞碰损伤、变形、受潮、锈蚀等，并逐项如实填写"设备开箱验收登记卡"后入档。

开箱验收如果发现有缺件或型号规格不符及设备遭受损伤、变形、受潮、锈蚀等严重影响设备质量的情况时，应及时向有关部门反映、查询、取证或索赔。

开箱检验虽然是一项清点工作，但也很重要，不能忽视。

2. 外观检查

外观检查包括车床和数控柜外观检查。这里说的外观检查是指不用仪器只用肉眼可以进行的各种检查，如 MDI/CRT 单元、位置显示单元及印制电路板是否有破损、污染；所有的连接电缆、屏蔽线有无破损；各紧固螺钉，如输入变压器、伺服电源变压器、输入单元、直流电源单元等的接线端子的螺钉是否拧紧，各电缆两端的连接器上的紧固螺钉是否拧紧，接插件上的紧固螺钉是否有松动等。如果这些紧固螺钉没有拧紧，接线端子或接插件松动，可能造成接触不良，产生难以查找的时有时无的故障。

3. 车床性能及数控功能检验

（1）车床性能检验　车床性能主要包括主轴系统性能，进给系统性能，自动换刀系统、电气装置、安全装置、润滑装置、气液装置及各附属装置等性能。

车床性能的检验内容一般都有十多项，不同类型车床的检验项目有所不同。有的车床有气压、液压装置，有的车床没有这些装置。有的车床还有自动排屑装置，自动上料装置、主轴润滑恒温装置、接触式测头装置等。车床性能的验收过程要检验这些装置工作是否正常可靠。

数控车床性能的试验与普通车床基本一样，主要是通过"耳闻目睹"和试运转，检查各运动部件及辅助装置在起动、停止和运行中有无异常现象及噪声，润滑系统、油冷却系统以及各风扇等工作是否正常。对于主轴，应检验在高、中、低各种速度下起动、停止、运转时是否平稳可靠。检查安全装置是否齐全可靠，如各运动坐标超程自动保护停机功能、电流过载保护功能、主轴电动机过热过负载自动停机功能，欠压过压保护功能等。

（2）数控功能检验　数控系统的功能随所配车床类型有所不同。数控功能的检测验收包括该车床应具备的主要功能，如快速定位、直线插补、圆弧插补、自动加减速、暂停、坐标选择、固定循环、单程序段、跳读、条件停止、进给保持、紧急停止、程序结束停止、进给速度超调、程序号显示、检索位置显示、刀具位置补偿、刀具长度补偿、刀具半径补偿、螺距误差补偿、反向间隙补偿以及用户宏程序，让车床在空载下连续自动运行16或32h。检验程序中要尽可能把该车床应该有的全部数控功能以及主轴各种转速和坐标轴的各种进给速度、多次换刀和工作台交换等功能全部包括进去。

二、数控车床精度的验收

数控车床精度的验收，必须在安装地基水泥完全干固，并按照《金属切削车床精度检测通则》或《车床检测通则》有关条文调试以后进行。精度检测内容主要包括几何精度、定位精度和切削精度。

1. 车床几何精度的检验

数控车床的几何精度综合反映该车床的各关键零部件组装后的几何形状误差，其检测内容和方法与普通车床相似。

常用车床几何精度检测工具如图1-54所示，主要有框式（合象）水平仪、精密方箱、直角尺、平尺、平行光管、千分表、测微仪、高精度主轴心棒等。检测工具的精度必须比所测的几何精度高一个等级，否则测量的结果将是不可信的。要注意的是几何精度的检测必须在车床精调后一次完成，不允许调整一项检测一项，因为几何精度有些是相互联系和相互影响的，同时还要注意检测工具和测量方法造成的误差，如表架的刚

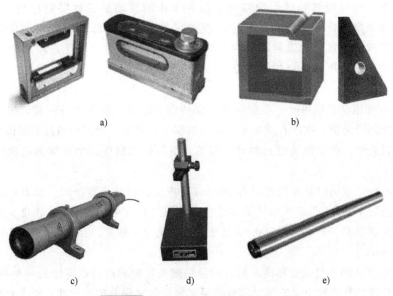

a)　　　　　　　　　　　　　　　　b)

c)　　　　　d)　　　　　e)

图 1-54　常用车床几何精度检测工具

a）框式（合象）水平仪　b）方箱和直角尺　c）平行光管　d）千分表　e）高精度主轴心棒

性、测微仪的重心、检测心棒自身的振摆和弯曲等影响造成的误差。

数控车床几何精度主要检测以下几项。

1）床身导轨在垂直面内的直线度，横向导轨的平行度。

2）床鞍移动轨迹在水平面内的直线度。

3）尾座移动对床鞍移动轨迹的平行度。

4）主轴的轴向窜动。

5）主轴定心轴径的径向圆跳动。

6）主轴锥孔轴心的径向圆跳动。

7）主轴轴线对床鞍移动轨迹的平行度。

8）主轴顶尖的跳动度。

9）床头和尾座两顶尖的等高度。

10）套筒轴线对床鞍移动轨迹的平行度。

11）尾座套筒锥孔轴线对床鞍移动轨迹的平行度。

12）刀架横向移动轨迹对主轴轴线的垂直度。

13）回转刀架工具孔轴线对主轴轴线的重合度。

14）回转刀架附具安装基面与主轴轴线的垂直度。

15）回转刀架工具孔轴线对床鞍移动轨迹的平行度。

16）安装附具定位面的精度。

2. 车床定位精度的检验

数控车床的定位精度又可以理解为车床的运行精度，是指车床各坐标轴在数控系统控制下运动所能达到的位置精度。数控车床的移动是靠数字程序指令实现的，故定位精度决定于数控系统和机械传动误差。车床各运动部件的运动是在数控系统的控制下完成的，各运动部件在程序指令控制下所能达到的精度直接反映加工零件所能达到的精度，所以，定位精度是一项很重要的检测内容。定位精度主要检测以下内容。

（1）直线运动定位精度　直线运动定位精度一般在空载条件下测量，按照国际标准应以激光测量为准。在没有激光干涉仪的情况下，对于一般用户来说也可以用标准刻度尺，配以光学读数显微镜进行测量。但是，测量仪的精度必须比被测的精度高 1～2 个等级。

目前不少厂家仍以基准长度（如 300mm）将全行程分为若干段，取其中误差最大一段的误差的 1/2，作为该坐标轴的定位精度，但这种方法不够全面，不能完全反映多次定位的全部误差。要求任意 300mm 测量长度上的定位精度，普通级是 0.02mm，精密级是 0.01mm。

（2）直线运动重复定位精度　重复定位精度是反映轴运动稳定性的一个基本指标。车床运动精度的稳定性决定着加工零件质量的稳定性和误差的一致性。要求直线运动坐标的重复定位精度，普通级为 0.016mm，精密级为 0.010mm。

（3）直线运动的反向误差　直线运动的反向误差，也称为失动量。它包括传动链的反向死区、反向间隙以及弹性变形等产生的误差。反向误差值，普通级为 0.016mm，精密级为 0.010mm。

（4）直线运动原点复归精度　检测方法是对于每个直线运动轴，从不同位置进行七次复归，测量出其停止位置，以读出的最大差值作为测定值。

常用车床定位精度检测工具如图 1-55 所示，主要有测微仪和成组量块、标准刻度尺、光学读数显微镜、激光干涉仪及平行光管等。

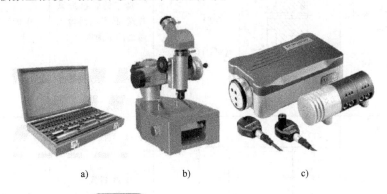

a)　　　　　　　　　　b)　　　　　　　　　　c)

图 1-55 常用车床定位精度检测工具

a）成组量块　b）光学读数显微镜　c）激光干涉仪

3. 车床切削精度的检验

车床切削精度是一项综合精度。它不仅反映了车床的几何精度和定位精度，同时还包括了试样的材料、环境温度、刀具性能以及切削条件等各种因素造成的误差，所以在切削试样和试样的计量时都应尽量减少这些因素的影响。

数控车床切削精度检测可参照 GB/T 25659.1—2010《简式数控卧式车床　第 1 部分：精度检验》有关条文的要求进行，或按车床厂规定的条件，如试样材料、刀具技术要求、主轴转速、背吃刀量、切削进给速度、环境温度以及切削前的车床空运动的时间等进行。数控车床切削精度检验项目见表 1-7。

表 1-7 数控车床切削精度检验项目　　　　　　　　（单位：mm）

序号	检验项目	试样描述	切削条件	公差
1	精车外圆精度：a 是圆度误差，b 是直线度误差	材料：45钢 试样尺寸：$D \geq D_a/8, L = D_a/2$	精车试样的三段外圆，车削后检验外圆的圆度和直径的一致性	a 为 0.005 b 为 0.03/300

（续）

序号	检验项目	试样描述	切削条件	公差
2	精车端面：平面度	 材料：HT200 试样尺寸：$D \geqslant D_a/2$	精车铸铁盘形试样端面，车削后检验端面的平面度	0.025/ϕ300
3	精车螺纹的螺纹精度	 材料：45钢 试样尺寸：d 接近于横丝杠直径，$L \geqslant$ 75mm，螺距小于或等于 Z 轴丝杠螺距之半	用60°螺纹车刀精车试样的外圆柱面螺纹，精车后检验螺纹的螺距精度。车削时，允许使用顶尖	0.025/50 螺纹光洁无凹陷或波纹
4	轮廓车削精度	 材料：45钢 该试样适用于轴类加工车床	采用补偿功能车削，切削用量自定，尺寸误差为实际测量值与指令值之差（试样轮廓参照 GB/T 25659.1—2010 中的有关条文）	直径（D）方向的尺寸误差为 0.015~0.025 长度（L）方向的尺寸误差为 0.025~0.035
		 材料：45钢 该试样适用于盘类加工车床	以心轴装夹，采用补偿功能车削，切削用量自定，尺寸误差为实际测量值与指令值之差（试样轮廓参照 GB/T 25659.1—2010 中的有关条文）	直径（D）方向的尺寸误差为 0.015~0.025 长度（L）方向的尺寸误差为 0.025~0.035

注：D_a 为数控车床的直径规格（通常为 ϕ250~ϕ400）。

☆**考核重点解析**

本章是理论知识考核重点，在考核中约占10%。在数控车工高级理论鉴定试题中常出现的知识点有：数控车床床身的布局形式、滑动导轨与滚动导轨的特点、数控车床对主传动系统的要求、主轴驱动方式、主轴变速方法、主轴轴承、数控车床的进给传动系统、滚珠丝杠螺母副工作原理及其间隙调整、数控车床换刀装置的工作原理、数控系统的插补原理（逐点比较法）、典型数控系统的用途、数控车床的安装与调试、数控车床的验收等。

复习思考题

1. 数控车床机械结构主要包括哪些部分？

2. 数控车床床身有哪五种布局形式？

3. 滑动导轨和滚动导轨各有何优缺点？

4. 数控车床对主传动系统有哪些要求？

5. 数控车床主轴的驱动方式主要有哪四种形式？

6. 数控车床主轴变速的方法有哪些？

7. 在数控车床上，常用主轴轴承有哪些？各有何优缺点？

8. 数控车床对进给传动系统有哪些要求？

9. 数控车床上常用的联轴器有哪些？

10. 简述滚珠丝杠螺母副的工作原理。

11. 滚珠丝杠螺母副常用哪两种循环方式？

12. 调整滚珠丝杠螺母副间隙的方法有哪些？

13. 简述四方刀架换刀过程。

14. 简述转塔刀架换刀过程。

15. 逐点比较法直线插补有哪几个计算步骤？

16. 逐点比较法圆弧插补有哪几个计算步骤？

17. 常用车床典型数控系统有哪些？

18. 简述数控车床的安装流程。

19. 数控车床运行试验一般分为哪两种？

20. 数控车床精度检测内容主要包括哪些项目？

第二章　典型轮廓的数控车削工艺

理论知识要求

1. 掌握车削外圆、端面刀具的选用及其安装。
2. 掌握外圆、端面的车削进给路线。
3. 掌握切槽及切断刀的几何角度及其刃磨。
4. 掌握切槽及切断的加工工艺。
5. 掌握圆锥的车削进给路线。
6. 掌握圆弧的车削进给路线。
7. 掌握轮廓粗车进给路线。
8. 掌握孔加工刀具的选择。
9. 掌握车孔的关键技术。
10. 掌握螺纹车刀的选择及螺纹的车削方法。

操作技能要求

1. 能够刃磨常用外圆、端面车刀。
2. 能够刃磨切槽、切断、孔加工、车螺纹等常用刀具。
3. 能够制定典型轮廓的数控车削工艺。

第一节　外圆面车削工艺

一、外圆车刀及其安装

1. 常用外圆车刀

常用外圆车刀有 90°、75°和 45°三种。

（1）90°车刀　90°车刀俗称为偏刀，其主偏角 κ_r 为 90°，如图 2-1a 所示。按进给方向，偏刀分为左偏刀和右偏刀两种。右偏刀一般用来车削工件的外圆、端面和右台阶，如图 2-2 所示。左偏刀一般用来车削工件的外圆和左台阶，如图 2-2b 所示。

（2）75°车刀　75°车刀刀尖角 ε_r > 90°，刀头强度高，较耐用（图 2-3a）。因此它适用于粗车轴类工件的外圆和强力切削铸件、锻件等余量较大的工件（图 2-3b）。

（3）45°车刀　45°车刀刀尖角 ε_r 为 90°，所以刀体强度和散热条件都比 90°车刀好（图 2-4a、b）。45°车刀常用于车削工件的端面和进行 45°倒角，也可以用来车削长度较短的外圆，如图 2-4c 所示。图 2-4c 中 1、3、5 为左车刀，2、4 为右车刀。

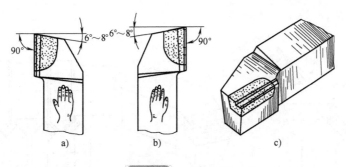

图 2-1 90°车刀

a）右偏刀 b）左偏刀 c）右偏刀外形

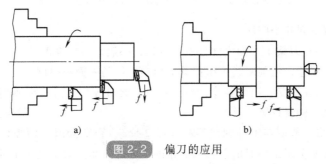

图 2-2 偏刀的应用

a）车外圆、端面和台阶 b）左、右偏刀车外圆、台阶

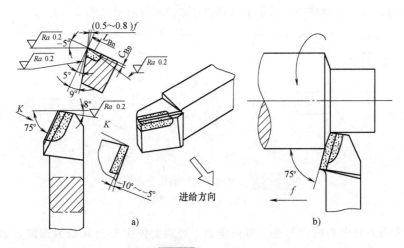

图 2-3 75°车刀

a）硬质合金 75°车刀 b）75°车刀车外圆

2. 车刀的安装

车刀安装的正确与否，将直接影响切削能否顺利进行和工件的加工质量。因此安装

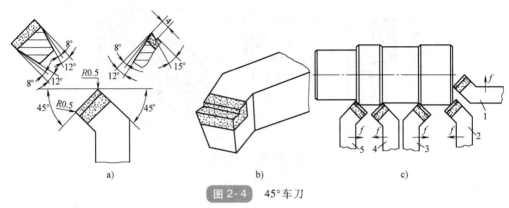

图 2- 4 45°车刀

a）45°右车刀 b）45°右车刀外形 c）45°车刀的使用

车刀时，应注意下列几个问题。

1）车刀安装在刀架上，伸出部分不宜过长，一般为刀杆高度的1～1.5倍。伸出过长会使刀杆刚度变差，切削时易产生振动，影响工件的表面粗糙度。

2）车刀垫铁要平稳，数量要少，垫铁应与刀架对齐。车刀至少要用两个螺钉压紧在刀架上，并逐个轮流拧紧。

3）车刀刀尖一般应与工件轴线等高（图2-5a），否则会因基面和切削平面的位置发生变化，而改变车刀工作时的前角和后角的数值。当车刀刀尖高于工件轴线时，会使后角减小并增大后刀面与工件的摩擦，致使工件质量下降（图2-5b）；当车刀刀尖低于工件轴线时，会使前角减小，切削不顺利，并致使车刀崩刃（图2-5c）。

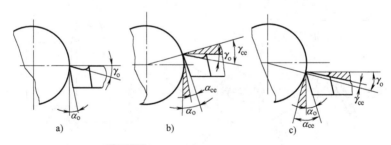

图 2-5 装刀高低对前后角的影响

a）正确 b）太高 c）太低

4）车刀刀杆中心线应与进给方向垂直，否则会使主偏角和副偏角的数值发生变化，如图2-6所示。

二、车外圆的进给路线

车外圆的进给路线如图2-7所示，这样的进给路线可以应用直线插补加工，也可以应用循环加工。

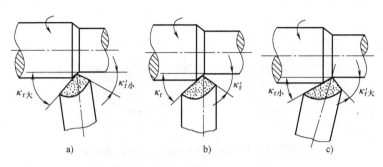

图 2-6　车刀装偏对主、副偏角的影响

a）κ_r 增大　b）装夹正确　c）κ_r 减小

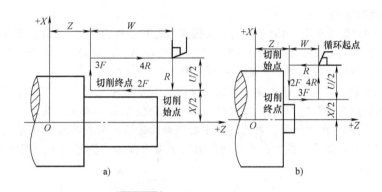

图 2-7　车外圆的进给路线

a）进给路线（一）　b）进给路线（二）

第二节　端面和台阶车削工艺

一、车刀的选择

一般车削端面和台阶常用的车刀为 45°车刀和 90°的左偏刀和右偏刀，也可用 75°左车刀。

二、车刀的安装

车端面时，车刀的刀尖要对准工件的中心，否则车削后工件端面中心处留有凸头，如图 2-8a 所示。使用硬质合金车刀时，如不注意这一点，车削到中心处会使刀尖崩碎，如图 2-8b 所示。

用右偏刀车削台阶时，必须使车刀主切削刃跟工件轴线之间的夹角安装后要等于 90°或大于 90°，否则车出来的台阶面与工件轴线不垂直。

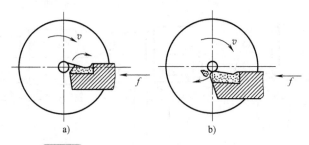

图 2-8　车刀的刀尖不对准工件中心的后果

a）工件端面中心留有凸头　b）刀尖崩碎

三、车削端面和台阶的方法

1. 端面的车削

（1）用 45°车刀车削　45°车刀的刀头强度和散热条件比 90°车刀好，常用于车削工件的端面、倒角（图 2-9）。但由于 45°车刀主偏角较小（κ_r 为 45°），车削外圆时，径向切削力较大，所以一般只车削长度较短的外圆。

（2）用右偏刀车削　用右偏刀车削端面时，若车刀由工件的外缘向中心进给，则是副切削刃切削。当背吃刀量 a_p 较大时，切削力会使车刀扎入工件而形成凹面，如图 2-10a 所示。为防止产生凹面，可改为由中心向外缘进给，用主切削刃切削，如图 2-10b 所示，但背吃刀量要小。或者在车刀副切削刃上磨出前角，使之成为主切削刃来车削，如图 2-10c 所示。

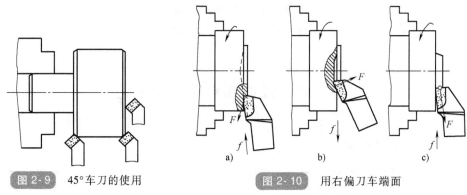

图 2-9　45°车刀的使用

图 2-10　用右偏刀车端面

a）向中心进给　b）由中心向外缘进给　c）在副切削刃上磨前角

（3）用 75°左车刀车削　75°左车刀是用主切削刃进行切削的，如图 2-11 所示。它的刀尖强度和散热条件好，寿命长，适用于车削铸、锻件的大平面。

2. 台阶的车削

当车削相邻两个直径相差不大的台阶时，可用 90°偏刀。这样既车削外圆又车端面，只要控制住台阶长度，就可得到台阶面，如图 2-12a 所示。应当注意车刀安装后的主偏角必须等于 90°。

如果车削相邻两个直径相差较大的台阶，可先用主偏角小于 90°的车刀粗车，再把 90°车刀的主偏角装成 93°~95°，分几次进给，进给时应留精车外圆和端面的余量，如图 2-12b 所示。台阶的车削进给如图 2-13 所示。

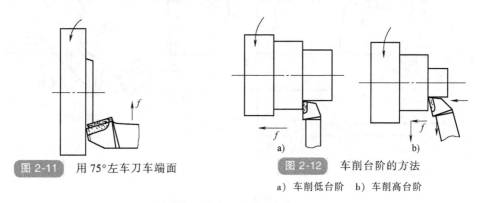

图 2-11　用 75°左车刀车端面

图 2-12　车削台阶的方法

a）车削低台阶　b）车削高台阶

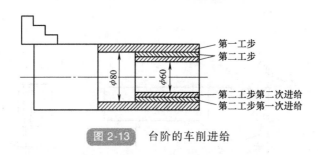

图 2-13　台阶的车削进给

第三节　切槽及切断

一、车刀的选择

1. 切断刀

切断刀以横向进给为主，前端的切削刃为主切削刃，两侧的切削刃为副切削刃。一般切断刀的主切削刃较窄，刀头较长，所以刀头强度较差。常见的切断刀有：高速钢切断刀（图 2-14）、硬质合金切断刀（图 2-15）、反切刀（图 2-16）和弹性切断刀（图 2-17）。

2. 车槽刀

车一般外沟槽时车刀的角度和形状与切断刀基本相同。在切较窄的外沟槽时，切槽刀的主切削刃宽度应与槽宽相等，刀头长度稍大于槽深。切内沟槽和斜沟槽时，可用专用车刀。

3. 端面直槽刀

在端面上车直槽时，端面直槽刀的几何形状是外圆车刀与内孔车刀的综合，端面直

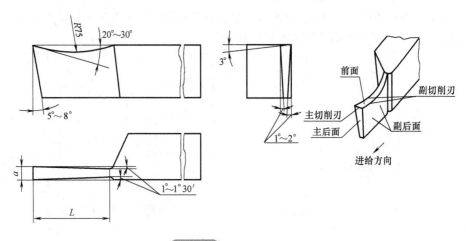

图 2-14　高速钢切断刀

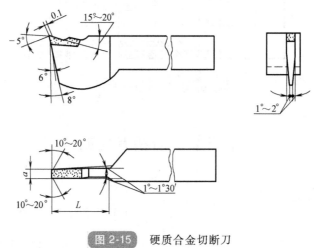

图 2-15　硬质合金切断刀

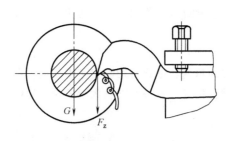

图 2-16　反切刀

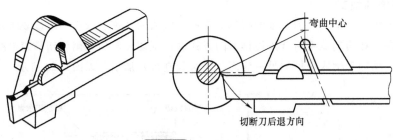

图 2-17 弹性切断刀

槽刀可由外圆切槽刀具刃磨而成，如图 2-18 所示。直槽刀的刀头部分长度＝槽深＋（2～3）mm，刀宽根据需要刃磨。直槽刀主切削刃与两侧副切削刃之间应对称平直。其中，刀尖 a 处的副后刀面的圆弧半径 R 必须小于端面直槽的大圆弧半径，以防左副后刀面与工件端面槽孔壁相碰。

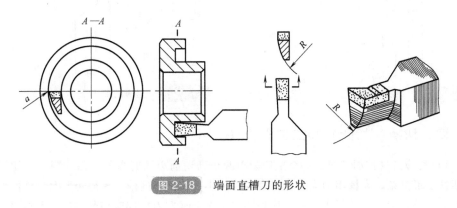

图 2-18 端面直槽刀的形状

二、切断刀的安装

1）安装时，切断刀不宜伸出过长，同时切断刀的中心线必须与工件中心线垂直，以保证两个副偏角对称。

2）切断实心工件时，切断刀的主切削刃必须与工件中心等高，否则不能车到中心，而且易崩刃，甚至折断车刀。

3）切断刀的底平面应平整，以保证两个副后角对称。

三、深槽与宽槽加工工艺

1. 深槽的加工

对于宽度值不大，但深度值较大的深槽零件，为了避免切槽过程中由于排屑不畅，使刀具前面压力过大出现扎刀和折断刀具的现象，应采用分次进给的方式。刀具在切入工件一定深度后，停止进给并回退一段距离，达到断屑和退屑的目的，如图 2-19 所示，同时注意尽量选择强度较高的刀具。

2. 宽槽的加工

通常把大于一个切槽刀宽度的槽称为宽槽。宽槽的宽度、深度的精度要求及表面质量相对较高。在切削宽槽时常采用排刀的方式进行粗切，然后是用精切槽刀沿槽的一侧切至槽底，精加工槽底至槽的另一侧面，并对其进行精加工，如图2-20所示。

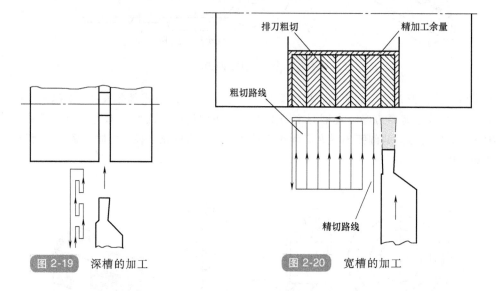

图 2-19　深槽的加工　　　　　　　图 2-20　宽槽的加工

四、切槽（切断）加工工艺特点

1）切槽刀进行加工时，一个主切削刃两个副切削刃同时参与三面切削，被切削材料塑性变形复杂、摩擦阻力大，加工时进给量小、切削厚度薄、平均变形大、单位切削力增大。总切削力与功耗大，一般比外圆加工大20%左右，同时切削热高，散热差，切削温度高。

2）切削速度在加工过程中不断变化，特别是在切断加工时，切削速度由最大一直变化至零。切削力、切削热也不断变化。

3）在槽加工过程中，随着刀具不断切入，实际加工表面形成阿基米德螺旋面，由此造成刀具实际前角、后角都不断变化，使加工过程更为复杂。

4）切深槽时，因刀具宽度窄，相对悬伸长，刀具刚性差，易振动，特别容易断刀。

五、切槽（切断）加工需要注意的问题

1）在加工中，切槽（切断）刀的安装需要特别注意，首先安装刀具的刀尖一定要与工件旋转中心等高，其次刀具安装必须是两边对称，否则在进行深槽加工时会出现槽侧壁倾斜，严重时会断刀。

2）内孔切槽刀选择时需要综合考虑内孔的尺寸与槽的尺寸，并综合考虑刀具切槽后的退刀路线，严防刀具与工件碰撞，同时要保证刀具在加工中能有足够的刚度。

3）端面直槽刀的选用需要考虑端面槽的曲率，合理选择端面直槽刀。

4）注意合理安排切槽进退刀路线，避免刀具与工件相撞。进刀时，宜先 Z 方向进刀再 X 方向进刀，退刀时先 X 方向退刀再 Z 方向退刀。

5）切槽时，切削刃宽度、切削速度和进给量都不宜选太大，并且需要合理匹配，以免产生振动，影响加工质量。

6）选用切槽刀时，要正确选择切槽刀刀宽和刀头长度，以免在加工中引起振动等问题。具体可根据以下经验公式计算：刀头宽度 $a \approx (0.5 \sim 0.6)d$（$d$ 为工件直径）；刀头长度 $L = h + (2 \sim 3)\mathrm{mm}$（$h$ 为切入深度）。

第四节　特征面加工工艺

一、车圆锥的加工路线分析

在车床上车外圆锥时可以分为车正锥和车倒锥两种情况，而每一种情况又有三种加工路线。图 2-21 所示为车正锥的三种加工路线。

1. 阶梯路线

按图 2-21a 所示阶梯路线，先进行粗加工，再进行精加工。此种加工路线，粗车时的背吃刀量相同，但要计算终点位置，精车时进给路线为斜线。

2. 平行锥度路线

按图 2-21b 所示平行锥度路线车正锥时，需要计算终刀距 S。假设圆锥大径为 D，小径为 d，锥长为 L，背吃刀量为 a_p，则由相似三角形可得

$$(D-d)/2L = a_p/S$$

则 $S = 2La_p/(D-d)$。按此种加工路线，刀具切削运动的距离较短。

3. 趋近锥度路线

当按图 2-21c 所示趋近锥度路线加工圆锥时，则不需要计算终刀距 S，只要确定背吃刀量 a_p，即可车出圆锥轮廓，编程方便。但在每次切削中，背吃刀量是变化的，而

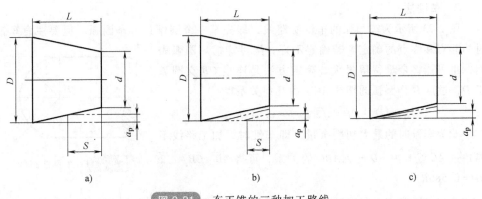

图 2-21　车正锥的三种加工路线

a）阶梯路线　b）平行锥度路线　c）趋近锥度路线

且切削运动的路线较长。

二、车圆弧的加工路线分析

若用一刀就把圆弧加工出来，这样背吃刀量太大，容易打刀。所以，在实际切削时，需要多刀加工，先将大部分余量切除，最后才车得所需圆弧。

1. 车圆法

图 2-22a 所示为车圆弧的车圆法路线，即用不同半径圆来车削，最后将所需圆弧加工出来。此方法在确定了每次背吃刀量后，较易确定 90°圆弧的起点、终点坐标。

2. 移圆法

图 2-22b 所示为车圆弧的移圆法路线，即用相同半径不同圆心的圆切削圆弧。图 2-22a 所示的加工路线较短，图 2-22b 所示的加工路线中空行程时间较长。此方法数值计算简单，编程方便，可适合于加工较复杂的圆弧。

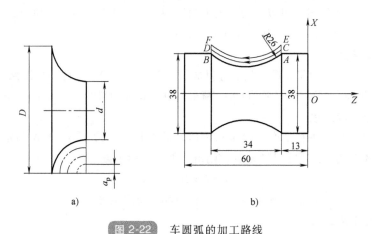

a)   b)

图 2-22 车圆弧的加工路线

a）车圆法路线　b）移圆法路线

3. 车锥法

图 2-23 所示为车圆弧的车锥法路线，即先车一个圆锥，再车圆弧。但要注意车锥时的起点和终点的确定。若确定不好，则可能损坏圆弧表面，也可能将余量留得过大。确定方法是连接 OB 交圆弧于 D，过点 D 作圆弧的切线 AC。由几何关系得

$$BD = OB - OD = \sqrt{2}\,R - R = 0.414R$$

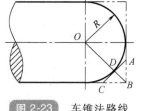

图 2-23 车锥法路线

此为车锥时的最大切削余量，即车锥时，加工路线不能超过 AC 线。由 BD 与 △ABC 的关系，可得 $AB = CB = \sqrt{2}\,BD = 0.586R$。

这样可以确定出车锥时的起点和终点。当 R 不太大时，可取 $AB = CB = 0.5R$。此方法数值计算较繁，但其刀具切削路线较短。

4. 阶梯法

图 2-24 所示为阶梯法车削圆弧的加工路线，图 2-24a 所示为错误的阶梯法路线，图 2-24b 所示为按 1~5 的顺序切削，每次切削所留余量相等，是正确的切削路线。因为在同样背吃刀量的条件下，按图 2-24a 所示方式加工所剩的余量过多。

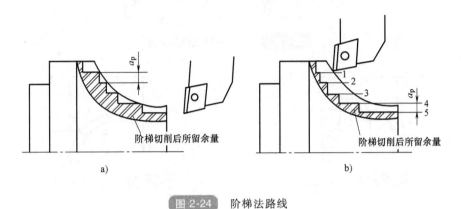

图 2-24　阶梯法路线

5. 双向法

根据数控车床加工的特点，还可以依次采用从轴向和径向进给，沿工件毛坯轮廓进给的车削路线，如图 2-25 所示。

6. 特殊法

当采用尖形车刀加工大圆弧内表面零件时，安排两种不同的进给方法，如图 2-26 所示，其结果也不相同。对于图 2-26a 所示的第一种进给方法（$-Z$ 走向），因切削时尖形车刀的主偏角为 $100°~105°$，这时切削力在 X 向的较大分力 F_p 将沿着图 2-26 所示的 $+X$ 方向作用，当刀尖运动到圆弧的换象限处，即由 $-Z$、$-X$ 向 $-Z$、$+X$ 变换时，背向力 F_p 与横向拖板的传动力方向相同，若螺旋副间有机械传动间隙，就可能使刀尖嵌入零件表面（即扎刀），

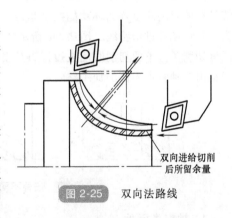

图 2-25　双向法路线

其嵌入量在理论上等于其机械传动间隙量 e（图 2-27）。即使该间隙量很小，由于刀尖在 X 方向换向时，横向拖板进给过程的位移量变化也很小，加上处于动摩擦与静摩擦之间呈过渡状态的拖板惯性的影响，仍会导致横向拖板产生严重的爬行现象，从而大大降低零件的表面质量。

对于图 2-26b 所示的第二种进给方法，因为尖刀运动到圆弧的换象限处，即由 $+Z$、$-X$ 向 $+Z$、$+X$ 变换时，背向力 F_p 与横向拖板的传动力方向相反，不会受螺旋副机械传动间隙的影响而产生扎刀现象，所以图 2-28 所示进给方案是较合理的。

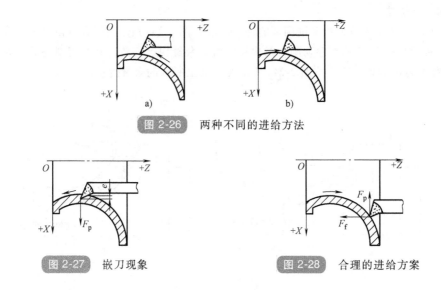

图 2-26　两种不同的进给方法

图 2-27　嵌刀现象

图 2-28　合理的进给方案

三、轮廓粗车加工路线分析

切削进给路线越短，生产率越高，同时能降低刀具损耗。安排切削进给路线时，应同时兼顾工件的刚度和加工工艺性等要求，不要顾此失彼。

图 2-29 所示为三种不同的轮廓粗车切削进给路线，其中图 2-29a 所示为利用数控系统具有的封闭式复合循环功能控制车刀沿着工件轮廓线进行进给的路线；图 2-29b 所示为三角形循环进给路线；图 2-29c 所示为矩形循环进给路线，其路线总长最短，因此在同等切削条件下的切削时间最短，刀具损耗最少。在实际加工中应根据实际情况而定，现给出三种常见零件的加工路线。

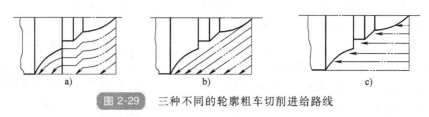

图 2-29　三种不同的轮廓粗车切削进给路线

1. 轴套类零件

安排轴套类零件进给路线的原则是"轴向走刀，径向进给"，循环切除余量的循环终点在粗加工起点，这样可以减少走刀次数，避免不必要的空走刀，节省加工时间，如图 2-30 所示。

2. 轮盘类零件

安排轮盘类零件进给路线的原则是"径向走刀，轴向进给"，循环切除余量的循环终点在粗加工起点。编制轮盘类零件的加工程序时，其进给路线与轴套类零件相反，是从大直径端开始加工，如图 2-31 所示。

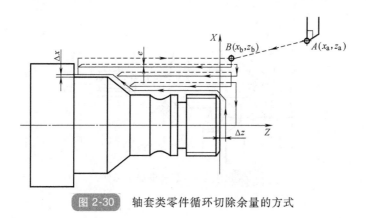

图 2-30　轴套类零件循环切除余量的方式

3. 铸锻件

铸锻件毛坯形状与加工后零件形状相似，留有一定的加工余量。循环切除余量的方式是刀具轨迹按工件轮廓线运动，逐渐逼近图样尺寸。这种方法实质上是采用轮廓车削的方式，如图 2-32 所示。

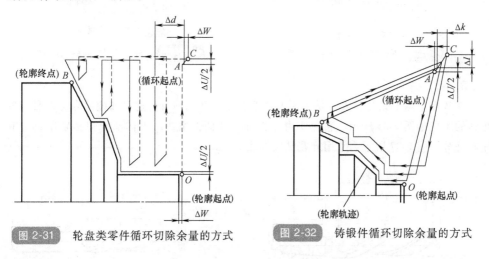

图 2-31　轮盘类零件循环切除余量的方式　　图 2-32　铸锻件循环切除余量的方式

第五节　孔加工工艺

在车床上，可以使用内孔车刀车内孔，也可以使用钻头、扩孔钻、铰刀等定尺寸刀具加工孔。在车床上钻孔、扩孔和铰孔时，应在工件一次装夹中与车外圆、端面一次完成，以保证它们的同轴度、垂直度（图 2-33）。

一、钻孔刀具

钻孔刀具较多，有普通麻花钻、可转位浅孔钻及扁钻等，应根据工件材料、加工尺寸及加工质量要求等合理选用。在加工精度要求较高的情况下，可用中心钻先钻一中

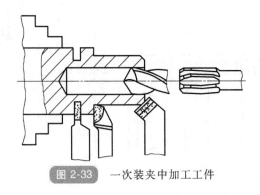

图 2-33　一次装夹中加工工件

心孔。

1. 中心钻

常用中心钻如图 2-34 和图 2-35 所示。

图 2-34　不带护锥中心钻—A 型　　　　图 2-35　带护锥中心钻—B 型

2. 麻花钻

在数控车床上钻孔，大多是采用普通麻花钻。麻花钻有高速钢和硬质合金两种。麻花钻的组成如图 2-36 所示。它主要由工作部分和柄部组成。工作部分包括切削部分和导向部分。图 2-37 所示为常用麻花钻实物图。

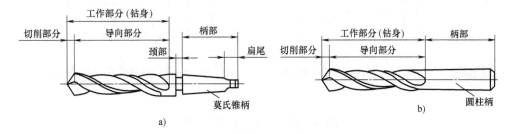

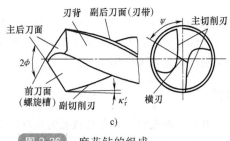

图 2-36　麻花钻的组成

图 2-37　常用麻花钻实物图

a）镶硬质合金直柄麻花钻　b）直柄麻花钻　c）莫氏锥柄麻花钻

d）柄加长麻花钻　e）内冷却锥柄麻花钻

　　麻花钻的切削部分有两个主切削刃、两个副切削刃和一个横刃。两个螺旋槽是切屑流经的表面为前刀面；与工件过渡表面（即孔底）相对的端部两曲面为主后刀面；与工件已加工表面（即孔壁）相对的两条刃带为副后刀面。前刀面与主后刀面的交线为主切削刃，前刀面与副后刀面的交线为副切削刃，两个主后刀面的交线为横刃。横刃与主切削刃在端面上投影间的夹角称为横刃斜角，横刃斜角 $\Psi = 50° \sim 55°$；主切削刃上各点的前角、后角是变化的，外缘处前角约为30°，钻心处前角接近0°，甚至是负值；两条主切削刃在与其平行的平面内的投影之间的夹角为顶角，标准麻花钻的顶角 $2\phi = 118°$。

　　麻花钻导向部分起导向、修光、排屑和输送切削液作用，也是切削部分的后备。根据柄部不同，麻花钻有莫氏锥柄和圆柱柄（直柄）两种。直径为 $\phi 8 \sim \phi 880mm$ 的麻花钻多为莫氏锥柄，可直接装在带有莫氏锥孔的刀柄内，刀具长度不能调节。直径为 $\phi 0.1 \sim \phi 20mm$ 的麻花钻多为圆柱柄，可装在钻夹头刀柄上。中等尺寸麻花钻两种形式均可选用。

　　麻花钻有标准型和加长型，为了提高钻头刚度，应尽量选用较短的钻头，但麻花钻的工作部分应大于孔深，以便排屑和输送切削液。

　　在数控机床上钻孔时，因无夹具钻模导向，受两切削刃上切削力不对称的影响，容易引起钻孔偏斜，故要求钻头的两切削刃必须有较高的刃磨精度（两刃长度一致，顶角 2ϕ 对称于钻头中心线或先用中心钻定中心，再用钻头钻孔）。

3. 可转位浅孔钻

钻削直径在 $\phi20\sim\phi60$mm、孔的深径比小于等于 3 的中等浅孔时，可选用图 2-38 所示的可转位浅孔钻，其结构是在带排屑槽及内冷却通道钻体的头部装有一组刀片（多为凸多边形、菱形和四边形），多采用深孔刀片，通过该中心压紧刀片。靠近钻心的刀片用韧性较好的材料，靠近钻头外径的刀片选择较为耐磨的材料。这种钻头具有切削效率高、加工质量好的特点，最适用于箱体零件的钻孔加工。为了提高刀具的使用寿命，可以在刀片

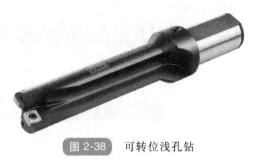

图 2-38　可转位浅孔钻

上涂镀碳化钛涂层。使用这种钻头钻箱体孔，比普通麻花钻提高效率 4~6 倍。

4. 喷吸钻

对深径比大于 5 而小于 100 的深孔，因其加工中散热差，排屑困难，钻杆刚度差，易使刀具损坏和引起孔的轴线偏斜，影响加工精度和生产率，故应选用深孔刀具加工。

图 2-39 所示为用于深孔加工的喷吸钻。工作时，带压力的切削液从进液口流入连接套，其中三分之一从内管四周月牙形喷嘴喷入内管。由于月牙槽缝隙很窄，切削液喷入时产生喷射效应，能使内管里形成负压区。另外约三分之二切削液流入内、外管壁间隙到切削区，汇同切屑被吸入内管，并迅速向后排出。压力切削液流速快，到达切削区时雾状喷出，有利于冷却。经喷口流入内管的切削液流速增大，加强"吸"的作用，提高排屑效果。

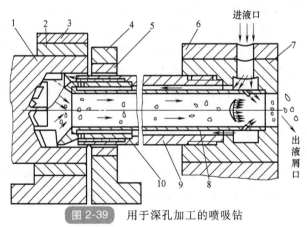

图 2-39　用于深孔加工的喷吸钻

1—工件　2—夹爪　3—中心架　4—引导架　5—向导管　6—支持座
7—连接套　8—内管　9—外管　10—钻头

喷吸钻一般用于加工直径在 $\phi65\sim\phi180$mm 的深孔，孔的公差等级可达 IT7~IT10，表面粗糙度 Ra 可达 $0.8\sim1.6\mu$m。

5. 扁钻

钻削大直径孔时，可采用刚度较好的硬质合金扁钻。扁钻切削部分磨成一个扁平体，主切削刃磨出顶角、后角，并形成横刃，副切削刃磨出后角与副偏角并控制钻孔的直径。扁钻没有螺旋槽，制造简单、成本低，如图 2-40 所示。

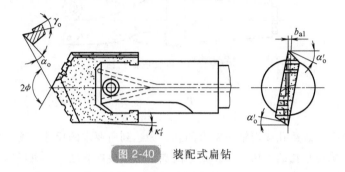

图 2-40 装配式扁钻

二、扩孔刀具

扩孔多采用扩孔钻，也有采用镗刀扩孔的。标准扩孔钻一般有 3~4 条主切削刃、切削部分的材料为高速钢或硬质合金，结构形式有直柄式、锥柄式和套式等。图 2-41a、b、c 所示为锥柄式高速钢扩孔钻、套式高速钢扩孔钻和套式硬质合金扩孔钻。在小批量生产时，常用麻花钻改制。

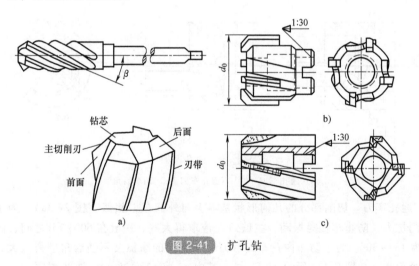

图 2-41 扩孔钻

扩孔直径较小时，可选用直柄式扩孔钻；扩孔直径中等时，可选用锥柄式扩孔钻；扩孔直径较大时，可选用套式扩孔钻。

扩孔钻的加工余量较小，主切削刃较短，因而容屑槽浅、刀体的强度和刚度较好。它无麻花钻的横刃，加之刀齿多，所以导向性好，切削平稳，加工质量和生产率都比麻花钻高。

扩孔直径在 $\phi20 \sim \phi60$mm 之间时，且机床刚度好、功率大，可选用图 2-42 所示的可转位扩孔钻。这种扩孔钻的两个可转位刀片的外刃位于同一个外圆直径上，并且刀片径向可做微量（±0.1mm）调整，以控制扩孔直径。

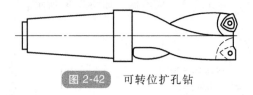

图 2-42　可转位扩孔钻

三、车孔

对于铸造孔、锻造孔或用钻头钻出的孔，为达到所要求的尺寸精度、位置精度和表面粗糙度，可采用车孔的方法。车孔是车削加工的主要内容之一，也可以作为半精加工和精加工。车孔后的公差等级一般可达 IT7 ~ IT8；表面粗糙度 Ra 可达 $1.6 \sim 3.2\mu$m，精车可达 0.8μm。

1. 内孔车刀

（1）内孔车刀的种类　根据不同的加工情况，内孔车刀可分为通孔车刀和不通孔车刀两种，如图 2-43 所示。

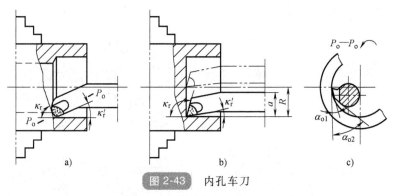

图 2-43　内孔车刀

a）通孔车刀　b）不通孔车刀　c）两个后角

1）通孔车刀。切削部分的几何形状基本上与外圆车刀相似（图 2-43a）。为了减小径向切削抗力，防止车孔时振动，主偏角 κ_r 应取得大些，一般在 $60° \sim 75°$ 之间，副偏角 κ_r' 一般为 $15° \sim 30°$。为了防止内孔车刀后刀面和孔壁的摩擦又不使后角磨得太大，一般磨成两个后角，如图 2-43c 所示 α_{o1} 和 α_{o2}，其中 α_{o1} 取 $6° \sim 12°$。α_{o2} 取 $30°$ 左右。

2）不通孔车刀。不通孔车刀用来车削不通孔或台阶孔，切削部分的几何形状基本上与偏刀相似，它的主偏角 κ_r 大于 $90°$，一般为 $92° \sim 95°$（图 2-43b），后角的要求和通孔车刀一样。不同之处是不通孔车刀夹在刀杆的最前端，刀尖到刀杆外端的距离 a 小于孔半径 R，否则无法车平孔的底面。

如图 2-44 所示，内孔车刀可做成整体式，为节省刀具材料和增加刀柄强度，也可把高速钢或硬质合金做成较小的刀头，安装在碳钢或合金钢制成的刀柄前端的方孔中，并在顶端或上面用螺钉固定。

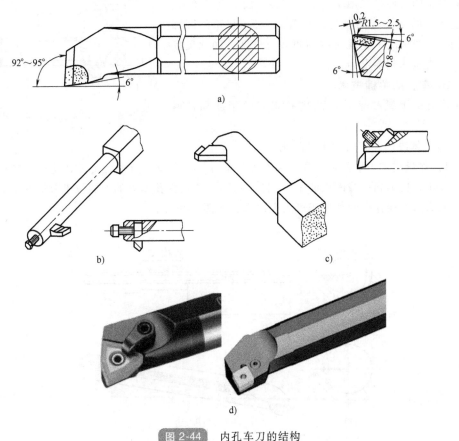

图 2-44　内孔车刀的结构

a）整体式　b）通孔车刀　c）不通孔车刀　d）实物图

（2）内孔车刀的刃磨　内孔车刀的刃磨步骤：粗磨前刀面→粗磨主后刀面→粗磨副后刀面→磨卷屑槽并控制前角和刃倾角→精磨主后刀面、副后刀面→磨过渡刃。

（3）内孔车刀的安装　内孔车刀安装的正确与否，直接影响到车削情况及孔的精度，所以在安装时一定要注意：

1）刀尖应与工件中心等高或稍高。如果装得低于中心，由于切削抗力的作用，容易将刀柄压低而产生扎刀现象，并可造成孔径扩大。

2）刀柄伸出刀架不宜过长，一般比被加工孔长 5～6mm。

3）刀柄基本平行于工件轴线，否则在车削到一定深度时刀柄后半部容易碰到工件孔口。

4）不通孔车刀安装时，内偏刀的主切削刃应与孔底平面成 3°～5°角（图 2-45），并且在车平面时要求横向有足够的退刀余地。

2. 工件的安装

车孔时，工件一般采用自定心卡盘安装；对于较大和较重的工件可采用单动卡盘安装。加工直径较大、长度较短的工件（如盘类工件等），必须找正外圆和端面。一般情况下先找正端面再找正外圆，如此反复几次，直至达到要求为止。

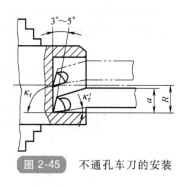

图 2-45　不通孔车刀的安装

3. 车孔的关键技术

车孔的关键技术是解决内孔车刀的刚度和排屑问题。

（1）解决内孔车刀的刚度问题

1）尽量增加刀柄的截面积。通常内孔车刀的刀尖位于刀柄的上面，这样刀柄的截面积较小，还不到孔截面积的 1/4（图 2-46b）。若使内孔车刀的刀尖位于刀柄的中心线上，那么刀柄在孔中的截面积可大大地增加（图 2-46a）。

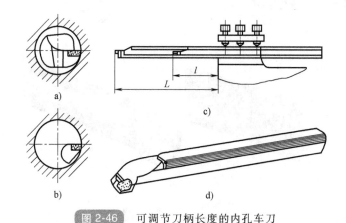

图 2-46　可调节刀柄长度的内孔车刀

a）刀尖位于刀柄中心　b）刀尖位于刀柄上面
c）刀柄伸出长度　d）车刀外形

2）尽可能缩短刀柄的伸出长度，以增加车刀刀柄刚度，减小切削过程中的振动，如图 2-46c 所示。此外还可将刀柄上下两个平面做成互相平行，这样就能很方便地根据孔深调节刀柄伸出的长度。

（2）解决排屑问题　主要是控制切屑流出方向。精车孔时要求切屑流向待加工表面（前排屑），为此，采用正刃倾角的内孔车刀（图 2-47a）；加工不通孔时，应采用负刃倾角，使切屑从孔口排出（图 2-47b）。

四、铰孔刀具

常用的铰刀多是通用标准铰刀，此外还有机夹硬质合金刀片单刃铰刀和浮动铰刀等。加工公差等级为 IT8～IT9、表面粗糙度 Ra 为 $0.8～1.6\mu m$ 的孔时，多选用通用标准

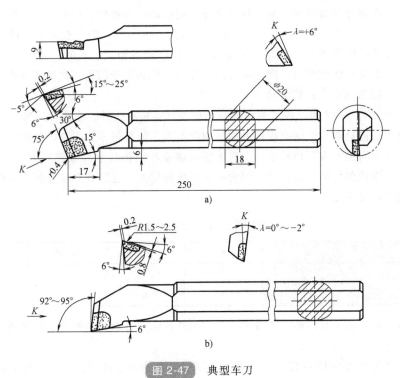

图 2-47 典型车刀

a）前排屑通孔车刀 b）后排屑不通孔车刀

铰刀。

通用标准铰刀如图 2-48 所示，有直柄、锥柄和套式三种。锥柄铰刀直径为 $\phi10 \sim \phi32\text{mm}$，直柄铰刀直径为 $\phi6 \sim \phi20\text{mm}$，小孔直柄铰刀直径为 $\phi1 \sim \phi6\text{mm}$，套式铰刀直径为 $\phi25 \sim \phi80\text{mm}$。

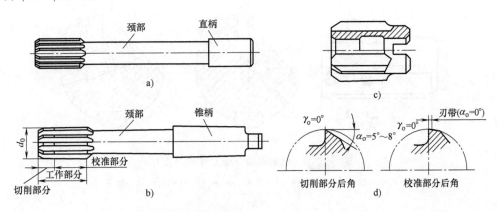

图 2-48 通用标准铰刀

a）直柄机用铰刀 b）锥柄机用铰刀 c）套式机用铰刀 d）切削部分和校准部分角度

铰刀工作部分包括切削部分与校准部分。切削部分为锥形，担负主要切削工作。切削部分的主偏角为 5°～15°，前角一般为 0°，后角一般为 5°～8°。校准部分的作用是找正孔径、修光孔壁和导向。为此，这部分带有很窄的刃带（$\gamma_o = 0$°、$\alpha_o = 0$°）。校准部分包括圆柱部分和倒锥部分。圆柱部分保证铰刀直径和便于测量，倒锥部分可减少铰刀与孔壁的摩擦和减小孔径扩大量。

标准铰刀有 4～12 齿。铰刀的齿数除了与铰刀直径有关外，主要根据加工公差等级的要求选择。齿数对加工表面粗糙度的影响并不大。齿数过多，刀具的制造重磨都比较麻烦，而且会因齿间容屑槽减小，而造成切屑堵塞和划伤孔壁以致使铰刀折断的后果。齿数过少，则铰削时的稳定性差，刀齿的切削负荷增大，且容易产生几何形状误差。铰刀齿数的选择见表 2-1。

表 2-1　铰刀齿数的选择

铰刀直径/mm		1.5～3	3～14	14～40	>40
齿数	一般加工公差等级	4	4	6	8
	高加工公差等级	4	6	8	10～12

应当注意，由工具厂购入的铰刀，需按工件孔的配合和公差等级进行研磨和试切后才能投入使用。

加工公差等级为 IT5～IT7、表面粗糙度 Ra 为 0.7μm 的孔时，可采用机夹硬质合金刀片单刃铰刀。这种铰刀的结构如图 2-49 所示，刀片 3 通过楔套 4 用螺钉 1 固定在刀体 5 上，通过螺钉 7、销子 6 可调节铰刀尺寸。导向块 2 可采用黏结和铜焊固定。机夹单刃铰刀应有很高的刃磨质量。因为精密铰削时，半径上的铰削余量是在 10μm 以下，所以刀片的切削刃口要磨得异常锋利。

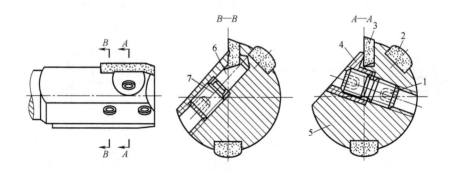

图 2-49　机夹硬质合金刀片单刃铰刀

1、7—螺钉　2—导向块　3—刀片　4—楔套　5—刀体　6—销子

铰削加工公差等级为 IT6～IT7、表面粗糙度 Ra 为 0.8～1.6μm 的大直径通孔时，可选用专为加工中心设计的浮动铰刀。

第六节　螺纹车削工艺

螺纹按牙型分，主要有三角形、矩形、梯形、锯齿形等几种。车削前应将刀头磨成与螺纹牙型相同的形状。车削时，应保证车刀的轴向位移与工件的角位移成正比。换句话说，每当工件转一圈时，车刀相应地在轴向移动一个螺距（对于单线螺纹）或一个导程（对于多线螺纹）。

一、对螺纹车刀的要求

螺纹车刀属于成形车刀，要保证螺纹牙型精确，必须正确刃磨和安装车刀。对螺纹车刀的要求主要有以下几点。

1）车刀的刀尖角一定要等于螺纹的牙型角。

2）精车时车刀的纵向前角应等于 $0°$；粗车时允许有 $5°\sim15°$ 的纵向前角。

3）因受螺纹升角的影响，车刀两侧面的静止后角应刃磨得不相等，进给方向后面的后角较大，一般应保证两侧面均有 $3°\sim5°$ 的工作后角。

4）车刀两侧刃的直线性要好。

二、螺纹车刀

1. 三角形螺纹车刀

图 2-50 所示为常用三角形螺纹车刀。

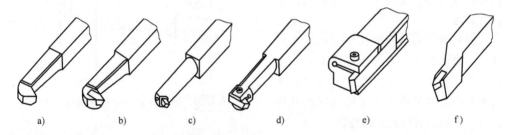

a)　　　　b)　　　　c)　　　　d)　　　　e)　　　　f)

图 2-50　常用三角形螺纹车刀

a)、b) 整体式内螺纹车刀　c)、d) 装配式内螺纹车刀
e) 装配式外螺纹车刀　f) 整体式外螺纹车刀

（1）三角形外螺纹车刀　高速钢三角形外螺纹车刀如图 2-51 所示。为了车削顺利，粗车刀应选用较大的背前角（$\gamma_p = 15°$）。为了获得较正确的牙型，精车刀应选用较小的背前角（$\gamma_p = 6°\sim10°$）。

硬质合金三角形外螺纹车刀如图 2-52 所示。在车削较大螺距（$P > 2\text{mm}$）以及材料硬度较高的螺纹时，在车刀两侧切削刃上磨出宽度为 $0.2\sim0.4\text{mm}$、$\gamma_{o1} = -5°$ 的倒棱。

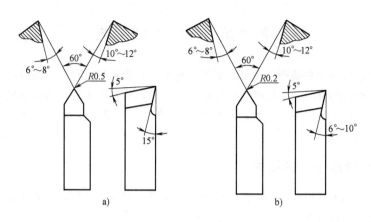

图 2-51　高速钢三角形外螺纹车刀

a）粗车刀　b）精车刀

（2）三角形内螺纹车刀　根据所加工内孔的结构特点来选择合适的内螺纹车刀。由于内螺纹车刀的大小受内螺纹孔的限制，所以内螺纹车刀刀体的径向尺寸应比螺纹孔径小 3～5mm，否则退刀时易碰伤牙顶，甚至无法车削。在选择内螺纹车刀时，也要注意车刀的刚性和排屑问题。

高速钢三角形内螺纹车刀如图 2-53 所示。硬质合金三角形内螺纹车刀如图 2-54 所示。内螺纹车刀除了其切削刃几何形状应具有外螺纹车刀的几何形状特点外，还应具有内孔刀的特点。

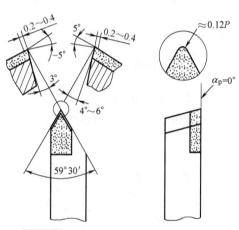

图 2-52　硬质合金三角形外螺纹车刀

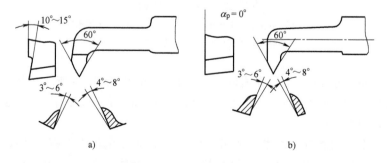

图 2-53　高速钢三角形内螺纹车刀

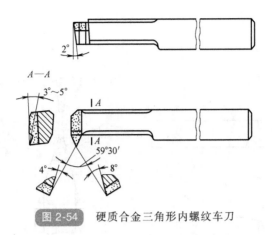

图 2-54 硬质合金三角形内螺纹车刀

2. 梯形螺纹车刀

梯形螺纹车刀有高速钢螺纹车刀和硬质合金螺纹车刀两类。

（1）高速钢梯形外螺纹粗车刀（图 2-55） 车刀刀尖角 ε_r 应小于牙型角 30′，为了便于左右切削并留有精车余量，刀头宽度应小于牙底槽宽 W。

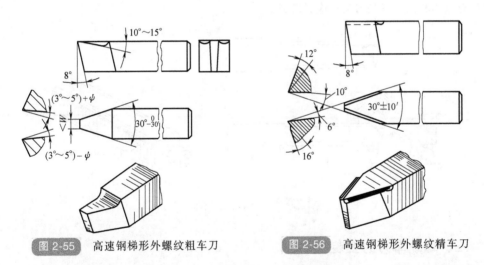

图 2-55 高速钢梯形外螺纹粗车刀   图 2-56 高速钢梯形外螺纹精车刀

（2）高速钢梯形外螺纹精车刀（图 2-56） 车刀背前角 $\gamma_p = 0°$，车刀刀尖角 ε_r 等于牙型角 α。为了保证两侧切削刃切削顺利，车刀都磨有较大前角（$\gamma_o = 12° \sim 16°$）的卷屑槽。但在使用时必须注意，车刀前端切削刃不能参加切削。该车刀主要用于精车梯形外螺纹牙型两侧面。

（3）硬质合金梯形外螺纹车刀 为了提高生产率，在加工一般精度的梯形螺纹时，可采用硬质合金梯形外螺纹车刀进行高速车削，如图 2-57 所示。

在高速车削时，由于三条切削刃同时切削，切削力较大，易引起振动；并且当刀具前面为平面时，切屑呈带状排出，操作很不安全。为此，可在前面上磨出两个圆弧，如

图 2-58 所示。

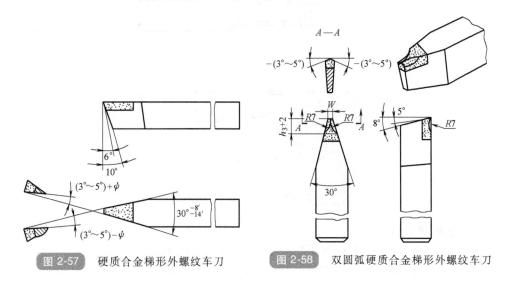

图 2-57　硬质合金梯形外螺纹车刀

图 2-58　双圆弧硬质合金梯形外螺纹车刀

（4）梯形内螺纹车刀　图 2-59 所示为梯形内螺纹车刀，其几何形状和三角形内螺纹车刀基本相同，只是刀尖角应刃磨成 30°。

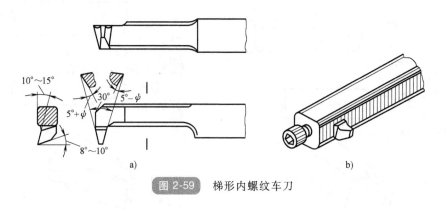

a)

b)

图 2-59　梯形内螺纹车刀

三、螺纹车刀的安装

以梯形螺纹车刀为例，来介绍螺纹车刀的安装。梯形螺纹常作为传动螺纹，一般精度要求较高，除刃磨时保证车刀几何形状正确外，车刀安装正确与否将直接影响精度的高低。若车刀装得过高或过低，会造成纵向前角和纵向后角变化，不仅车削不顺利，更重要的是会影响螺纹牙型角的正确性，车出的螺纹牙型侧面不是直线而是曲线。如果螺纹车刀安装得高低正确但左右偏斜，这种情况下车出的螺纹牙型半角不对称。

安装梯形螺纹车刀的方法是：首先使车刀对准工件中心，保证车刀高低正确，然后用对刀板对刀（最好用游标万能角度尺），保证车刀不左右歪斜（图 2-60）。另外车刀伸出不要太长，压紧力要适当。其他螺纹车刀的安装与梯形螺纹车刀相类似，这里不进

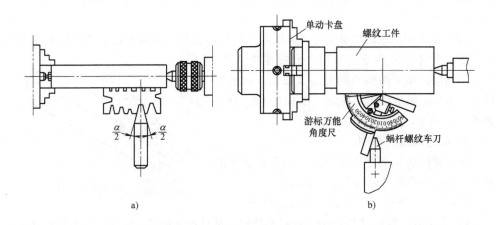

图 2-60 梯形螺纹车刀的安装方法

a) 用对刀板对刀 b) 用游标万能角度尺对刀

行赘述。

四、螺纹的车削方法

1. 三角形螺纹的车削

车削三角形螺纹的方法有低速车削和高速车削两种。低速车削使用高速钢螺纹车刀，高速车削使用硬质合金螺纹车刀。低速车削精度高，表面粗糙度小，但效率低。高速车削效率高（可提高15~20倍），措施合理的情况下也可获得较小的表面粗糙度。因此高速车削螺纹在实践中应用较广。

（1）低速车削三角形螺纹 低速车削三角形螺纹有三种方法，如图2-61所示。

1）直进法。车削时只用中滑板横向进给，在几次行程中螺纹车削成形，如图2-61a所示。这种加工容易保证牙型的正确性，但车削时车刀刀尖和两侧切削刃同时进行切削，切削力较大，容易产生扎刀现象，因此只用于车削较小螺距的螺纹。

2）左右切削法。车削螺纹时，除直进外，同时用刀架把车刀向左右微量进给（俗称为赶刀），几次行程后把螺纹车削成形（图2-61b）。这种方法车削螺纹时，车刀只有一个侧面进行切削，不仅排屑顺利，而且还不容易扎刀，但注意左右进给量一定要小。

3）斜进法。粗车时为操作方便，除直进外，刀架只向一个方向做微量进

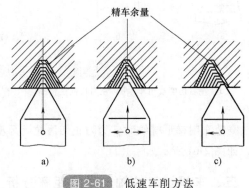

图 2-61 低速车削方法

a) 直进法 b) 左右切削法 c) 斜进法

给，几次行程后把螺纹车削成形（图2-61c）。该方法操作方便、排屑顺利，不易扎刀，但只适于粗车。

（2）高速车削三角形螺纹 高速车削三角形螺纹只能用直进法，而不能采用左右切削法，否则会拉毛牙型侧面，影响螺纹精度。高速车削时，车刀两侧刃同时参加切削，切削力较大。为防止振动及扎刀现象，常采用弹性刀杆，如图2-62所示。

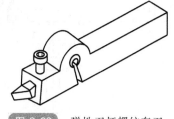

图 2-62 弹性刀杆螺纹车刀

2. 梯形螺纹的车削

梯形螺纹的车削方法有低速车削和高速车削两种，精度要求高时采用低速车削法。

低速车削梯形螺纹的方法，如图2-63所示。

1）车削较小螺距（$P<4mm$）的梯形螺纹，可只用一把梯形螺纹车刀采用直进法并用少量的左右进给车削成形，如图2-63a所示。

2）粗车螺距大于4mm的梯形螺纹时，可采用左右切削法或车直槽法，如图2-63c所示。

3）粗车螺距大于8mm的梯形螺纹时，可采用车阶梯槽法，如图2-63d所示。

4）粗车螺距大于18mm的梯形螺纹时，由于螺距大、牙槽深、切削面积大，车削比较困难，为操作方便，提高车削效率可采用分层切削法，如图2-63e所示。

以上四种方法只适用于粗车，精车时应采用带有卷屑槽的精车刀精车成形，如图2-63b所示。

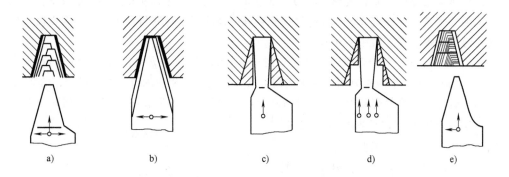

a)	b)	c)	d)	e)

图 2-63 低速车削梯形螺纹的方法

a）左右切削法粗车 b）左右切削法精车 c）车直槽法 d）车阶梯槽法 e）分层切削法

高速车削梯形螺纹时，为防止切屑拉毛牙型侧面，不能用左右切削法，只能用直进法，如图2-64所示。

五、车螺纹时的轴向进给距离分析

在数控车床上车螺纹时，沿螺距方向的 Z 向进给应和车床主轴的旋转保持严格的

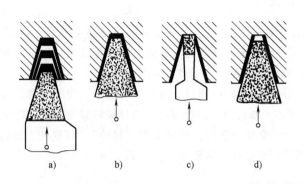

图 2-64 高速车削梯形螺纹

a）直进法 b）粗车成形 c）车牙底至尺寸 d）精车成形

速比关系，因此应避免在进给机构加速或减速的过程中切削。为此要有引入距离 δ_1 和超越距离 δ_2，如图 2-65 所示。δ_1 和 δ_2 的数值与车床拖动系统的动态特性、螺纹的螺距和精度有关。δ_1 一般为 2～5mm，对大螺距和高精度的螺纹取大值；δ_2 一般为 1～2mm。这样在切削螺纹时，能保证在升速后使刀具接触工件，刀具离开工件后再降速。另外 δ_1 和 δ_2 也可以由经验公式计算得出，即

$$\delta_1 = \frac{3.605SF}{1800}$$

$$\delta_2 = \frac{SF}{1800}$$

式中　S——主轴转速（r/min）；

　　　F——螺纹导程（mm）。

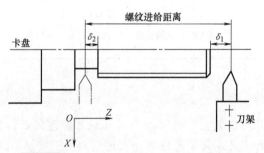

图 2-65 车螺纹时的引入距离和超越距离

数控车床加工螺纹时，因其传动链的改变，原则上其转速只要能保证主轴每转一周刀具沿主进给轴（多为 Z 轴）方向位移一个螺距即可，不应受到限制。但数控车螺纹时，会受到以下几方面的影响。

1）螺纹加工程序段中指令的螺距值，相当于以进给量 f（mm/r）表示的进给速度 F，如果将机床的主轴转速选择过高，其换算后的进给速度 v_f（mm/min）则必定大大超

过正常值。

2）刀具在其位移过程的始/终，都将受到伺服驱动系统升/降频率和数控装置插补运算速度的约束，由于升/降频率满足不了加工需要等原因，则可能因主进给运动产生出的"超前"和"滞后"而导致部分螺距不符合要求。

3）车削螺纹必须通过主轴的同步运行功能而实现，即车削螺纹需要有主轴脉冲发生器（编码器）。当其主轴转速选择过高时，通过编码器发出的定位脉冲（即主轴每转一周时所发出的一个基准脉冲信号）将可能因"过冲"（特别是当编码器的质量不稳定时）而导致工件螺纹产生乱纹，俗称为"烂（乱）牙"。

六、多线螺纹的加工

多线螺纹的加工可以采用周向起始点偏移法或轴向起始点偏移法，如图 2-66 所示。周向起始点偏移法车多线螺纹时，不同螺旋线在同一起点切入，利用 SF 周向错位 $360°/n$（n 为螺纹线数）的方法分别进行车削。轴向起始点偏移法车多线螺纹时，不同螺旋线在轴向错开一个螺距位置切入，采用相同的 SF（可共用默认值）。

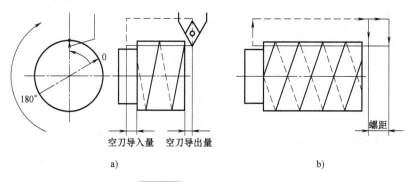

图 2-66 多线螺纹的加工

a）周向起始点偏移法 b）轴向起始点偏移法

☆考核重点解析

本章是理论知识考核重点，常涉及刀具知识和工艺知识，在考核中约占 15%。在技能考核中刀具和工艺决定了考件的加工过程和加工质量，因此要重视刀具知识和工艺知识。

复习思考题

1. 常用外圆车刀有哪三种？各有何用途？

2. 安装车刀时，应注意哪些问题？

3. 简述深槽与宽槽的加工工艺。

4. 切槽（切断）加工需要注意哪些问题？

5. 常用车圆锥的工艺路线有哪些？

6. 常用车圆弧的工艺路线有哪些？

7. 常用轮廓粗车的工艺路线有哪些？

8. 常用孔加工刀具有哪些？各有何用途？

9. 车孔的关键技术是什么？

10. 常用螺纹车削方法有哪些？

11. 数控车螺纹时，会受到哪些方面的影响？

第三章　数控车床编程基础

第一节　数控编程概述

一、数控编程的定义

为了使数控机床能根据零件加工的要求动作，必须将这些要求以机床数控系统能识别的指令形式告知数控系统，这种数控系统可以识别的指令称为程序，制作程序的过程称为数控编程。

数控编程的过程不仅仅单一指编写数控加工指令的过程，它还包括从零件分析到编写加工指令再到制成控制介质以及程序校验的全过程。

在编程前首先要进行零件的加工工艺分析，确定加工工艺路线、工艺参数、刀具的运动轨迹、位移量、切削参数（切削速度、进给量、背吃刀量）以及各项辅助功能（换刀、主轴正反转、切削液开关等）；然后根据数控机床规定的指令及程序格式编写加工程序单；再把这一程序单中的内容记录在控制介质上（如软磁盘、移动存储器、硬盘），检查正确无误后采用手工输入方式或计算机传输方式输入数控机床的数控装置，从而指挥机床加工零件。

二、数控编程的分类

数控编程可分为手工编程和自动编程两种。

1. 手工编程

手工编程是指所有编制加工程序的全过程，即图样分析、工艺处理、数值计算、编写程序单、制作控制介质、程序校验都是由手工来完成。

手工编程不需要计算机、编程器、编程软件等辅助设备，只需要有合格的编程人员即可完成。手工编程具有编程快速及时的优点，但其缺点是不能进行复杂曲面的编程。手工编程比较适合批量较大、形状简单、计算方便、轮廓由直线或圆弧组成的零件的加工。对于形状复杂的零件，特别是具有非圆曲线、列表曲线及曲面的零件，采用手工编程则比较困难，最好采用自动编程的方法进行编程。

2. 自动编程

自动编程是指通过计算机自动编制数控加工程序的过程。

自动编程的优点是效率高，程序正确性好。自动编程由计算机替代人完成复杂的坐标计算和书写程序单的工作，可以解决许多手工编程无法完成的复杂零件的编程难题，但其缺点是必须具备自动编程系统或编程软件。

实现自动编程的方法主要有语言式自动编程和图形交互式自动编程两种。前者是通过高级语言的形式，表示出全部加工内容，计算机采用批处理方式，一次性处理、输出加工程序。后者是采用人机对话的处理方式，利用 CAD/CAM 功能生成加工程序。

CAD/CAM 软件编程与加工过程为：图样分析、工艺分析、三维造型、生成刀具轨迹、后置处理生成加工程序、程序校验、程序传输并进行加工。

三、数控编程的内容与步骤

数控编程的步骤如图 3-1 所示，其内容主要有以下几个方面。

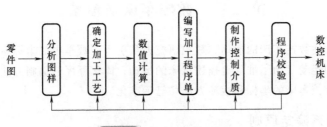

图 3-1　数控编程的步骤

1）分析图样。零件轮廓分析，零件尺寸精度、几何精度、表面粗糙度、技术要求的分析，零件材料、热处理等要求的分析。

2）确定加工工艺。选择加工方案，确定加工路线，选择定位与夹紧方式，选择刀具，选择各项切削参数，选择对刀点、转刀点等。

3）数值计算。选择编程坐标系原点，对零件轮廓上各基点或节点进行准确数值计算，为编写加工程序单做好准备。

4）编写加工程序单。根据数控机床规定的指令及程序格式编写加工程序单。

5）制作控制介质。简单的数控加工程序，可直接通过键盘进行手工输入。当需要自动输入加工程序时，必须预先制作控制介质。现在大多数程序采用软盘、移动存储器、硬盘作为存储介质，采用计算机传输进行自动输入。目前，老式的穿孔纸带已很少使用了。

6）程序校验。加工程序必须经过校验并确认无误后才能使用。程序校验一般采用机床空运行的方式进行，有图形显示功能的机床可直接在显示屏上进行校验，另外还可采用计算机数控模拟等方式进行校验。

四、数控车床编程特点

1）在一个程序段中，根据图样上标注的尺寸，可以采用绝对或增量方式编程，也可采用两者混合编程。在 SIEMENS 系统中用 G90/G91 指令来指定绝对尺寸与增量尺寸，而在某些数控系统（如 FANUC）中则规定直接用地址符 U、W 分别指定 X、Z 坐标轴上的增量值。

2）由于被车削零件的径向尺寸在图样标注和测量时均采用直径尺寸表示，所以在直径方向编程时，X（U）均以直径量表示。

3）为提高工件的径向尺寸精度，X 向的脉冲当量取 Z 向的 1/2。

4）由于车削加工时常用棒料或锻料作为毛坯，加工余量较多，为了简化编程，数控系统采用了不同形式的固定循环，便于进行多次重复循环切削。

5）在数控编程时，常将车刀刀尖作为一个点，而实际的刀尖通常是一个半径不大的圆弧。为了提高工件的加工精度，在编制采用圆弧形车刀的加工程序时，常采用 G41 或 G42 指令来对车刀的刀尖圆弧半径进行补偿。

第二节　数控车床坐标系

为了便于描述数控车床的运动，数控研究人员引入了数学中的坐标系，用机床坐标系来描述机床的运动。为了准确地描述机床的运动，简化程序的编制方法及保证记录数据的互换性，数控车床的坐标和运动方向均已标准化。

一、坐标系确定原则

1. 刀具相对于静止工件而运动的原则

这一原则使编程人员能在不知道是刀具移近工件还是工件移近刀具的情况下，就可根据零件图样，确定零件的加工过程。

2. 标准坐标（机床坐标）系的规定

数控车床的动作是由数控装置来控制的，为了确定机床上的成形运动和辅助运动，必须先确定机床上运动的方向和运动的距离，这就需要一个坐标系才能实现，这个坐标系就称为机床坐标系。

标准的机床坐标系是一个右手笛卡儿直角坐标系，如图 3-2 所示，图中规定了 X、Y、Z 三个直角坐标轴的方向。伸出右手的大拇指、食指和中指，并互为 90°，大拇指代表 X 坐标轴，食指代表 Y 坐标轴，中指代表 Z 坐标轴。大拇指的指向为 X 坐标轴的正方向，食指的指向为 Y 坐标轴的正方向，中指的指向为 Z 坐标轴的正方向。围绕 X、Y、Z 坐标轴的旋转坐标分别用 A、B、C 表示，根据右手螺旋定则，大拇指的指向为 X、Y、Z 坐标轴中任意轴的正向，则其余四指的旋转方向即为旋转坐标 A、B、C 的正向。

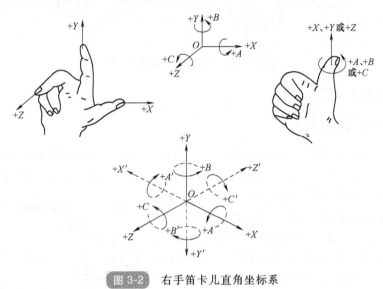

图 3-2　右手笛卡儿直角坐标系

3. 运动方向的规定

对于各坐标轴的运动方向，均将增大刀具与工件距离的方向确定为各坐标轴的正方向。

二、坐标轴的确定

1. Z 坐标轴

Z 坐标轴的运动方向是由传递切削力的主轴所决定的，与主轴轴线平行的标准坐标轴即为 Z 坐标轴，其正方向是增加刀具和工件之间距离的方向，如图 3-3 所示。

2. X 坐标轴

X 坐标轴平行于工件装夹面，一般在水平面内，它是刀具或工件定位平面内运动的主要坐标。对于数控车床，X 坐标轴的方向是在工件的径向上，且平行于横滑座。X 坐标轴的正方向是安装在横滑座的主要刀架上的刀具离开工件回转中心的方向，如图 3-3 所示。

3. Y 坐标轴

在确定 X 和 Z 坐标轴后，可根据 X 和 Z 坐标轴的正方向，按照右手笛卡儿坐标系

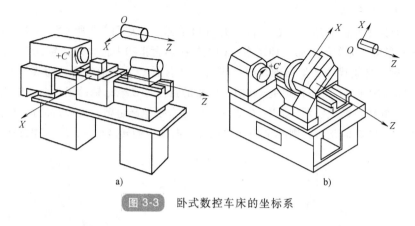

图 3-3　卧式数控车床的坐标系

来确定 Y 坐标轴及其正方向。

三、机床坐标系

机床坐标系是数控车床的基本坐标系，是以机床原点为坐标原点建立起来的 X、Z 轴直角坐标系，如图 3-4 所示。机床原点是由生产厂家决定的，是数控车床上的一个固定点。卧式数控车床的机床原点一般取在主轴前端面与中心线交点处，但这个点不是一个物理点，而是一个定义点，是通过机床参考点间接确定的。机床参考点是一个物理点，其位置由 X、Z 向的挡块和行程开关确定。对于某台数控车床来讲，机床参考点与机床原点之间有严格的位置关系，机床出厂前已调试准确，确定为某一固定值，这个值就是机床参考点在机床坐标系中的坐标。

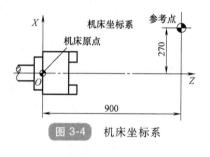

图 3-4　机床坐标系

在机床每次通电之后，必须进行回机床零点操作（简称为回零操作），使刀架运动到机床参考点，其位置由机械挡块确定。这样通过机床回零操作，确定了机床原点，从而准确建立机床坐标系。

四、工件坐标系

数控车床加工时，工件可以通过卡盘夹持于机床坐标系下的任意位置。这样一来用机床坐标系描述刀具轨迹就显得不大方便。为此编程人员在编写零件加工程序时通常要选择一个工件坐标系，也称为编程坐标系，这样刀具轨迹就变为工件轮廓在工件坐标系下的坐标了。编程人员就不用考虑工件上的各点在机床坐标系下的位置，从而使问题大大简化。

工件坐标系是人为设定的，设定的依据是既要符合尺寸标注的习惯，又要便于坐标计算和编程。一般工件坐标系的原点最好选择在工件的定位基准、尺寸基准或夹具的适当位置上。根据数控车床的特点，工件原点通常设在工件左、右端面的中心或卡盘前端面的中心。图 3-5 所示为以工件右端面为工件原点。

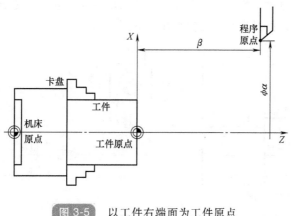

图 3-5 以工件右端面为工件原点

五、刀具相关点

1. 刀位点

刀具在机床上的位置是由"刀位点"的位置来表示的。所谓刀位点，是指刀具的定位基准点。不同的刀具刀位点不同，对于车刀，各类车刀的刀位点如图 3-6 所示。

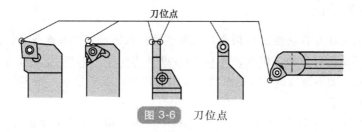

图 3-6 刀位点

2. 对刀点

对刀点是数控加工中刀具相对工件运动的起点，也可以称为程序起点或起刀点。通过对刀点，可以确定机床坐标系和工件坐标系之间的相互位置关系。对刀点可选在工件上，也可选在工件外面（如夹具上或机床上），但必须与工件的定位基准有一定的尺寸关系。图 3-7 所示为某车削零件的对刀点。对刀点选择的原则：找正容易，编程方便，对刀误差小，加工时检查方便、可靠。

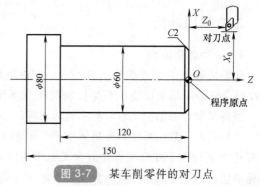

图 3-7 某车削零件的对刀点

3. 换刀点

换刀点是零件程序开始加工或是

加工过程中更换刀具的相关点（图3-8）。设立换刀点的目的是在更换刀具时让刀具处于一个比较安全的区域。换刀点可在远离工件和尾座处，也可在便于换刀的任何地方，但该点与程序原点之间必须有确定的坐标关系。

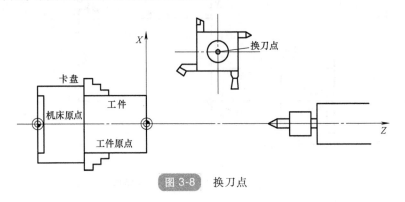

图 3-8　换刀点

第三节　数控机床的有关功能

数控系统常用的系统功能有准备功能、辅助功能、其他功能三种，这些功能是编制数控程序的基础。

一、准备功能

准备功能也称为 G 功能或 G 指令，是用于数控机床做好某些准备动作的指令。它由地址 G 和后面的两位数字组成，从 G00~G99 共 100 种，如 G01、G02 等。目前，随着数控系统功能的不断提高，有的系统已采用三位数的功能指令，如 SIEMENS 系统中的 G450、G451 等。

虽然从 G00~G99 共有 100 种 G 指令，但并不是每种指令都有实际意义，实际上有些指令在国际标准（ISO）或我国原机械工业部标准中并没有指定其功能，这些指令主要用于将来修改标准时指定新功能。还有一些指令，即使在修改标准时也永不指定其功能，这些指令可由机床设计者根据需要定义其功能，但必须在机床的出厂说明书中予以说明。

二、辅助功能

1. 辅助功能简介

辅助功能也称为 M 功能或 M 指令。它由地址 M 和后面的两位数字组成，从 M00~M99 共 100 种。辅助功能主要是控制机床或系统的开、关等辅助动作的功能指令，如开、停冷却泵，主轴正反转，程序的结束等。

同样，由于数控系统以及机床生产厂家的不同，其 M 指令的功能也不尽相同，甚至有些 M 指令与 ISO 标准指令的含义也不相同。因此，一方面迫切需要对数控指令进行标准化；另一方面，在进行数控编程时，一定要按照机床说明书的规定进行。

在同一程序段中，既有 M 指令又有其他指令时，M 指令与其他指令执行的先后次序由机床系统参数设定。因此，为保证程序以正确的次序执行，有很多 M 指令如 M30、M02、M98 等最好以单独的程序段进行编程。

2. 常用 M 指令

不同的机床生产厂家对有些 M 指令定义了不同的功能，但有部分 M 指令，在所有机床上都具有相同的意义。常用 M 指令见表 3-1。

表 3-1　常用 M 指令

序号	指令	功能	序号	指令	功能
1	M00	程序暂停	7	M30	程序结束
2	M01	程序选择停止	8	M08	切削液开
3	M02	程序结束	9	M09	切削液关
4	M03	主轴正转	10	M98	调用子程序
5	M04	主轴反转	11	M99	返回主程序
6	M05	主轴停转	12	M06	刀具交换指令

（1）程序暂停（M00）　执行 M00 指令后，机床所有动作均被切断，以便进行某种手动操作，如精度的检测等，重新按下"循环启动"按钮后，再断续执行 M00 指令后的程序。该指令常用于粗加工与精加工之间精度检测时的暂停。

（2）程序选择停止（M01）　M01 指令的执行过程和 M00 指令类似，不同的是只有按下机床控制面板上的"选择停止"按钮后，该指令才有效，否则机床继续执行后面的程序。该指令常用于检查工件的某些关键尺寸。

（3）程序结束（M02）　M02 程序结束指令执行后，表示本加工程序内所有内容均已完成，但程序结束后，机床显示屏上的执行光标不返回程序开始段。

（4）程序结束（M30）　在老式的数控机床上，M30 指令表示纸带结束。目前已广泛用作程序结束指令，其执行过程和 M02 指令相似。不同之处在于当程序内容结束后，随即关闭主轴、切削液等所有机床动作，机床显示屏上的执行光标返回程序开始段，为加工下一个工件做好准备。

（5）主轴功能（M03/M04/M05）　M03 指令用于主轴逆时针方向旋转（简称为正转），M04 指令用于主轴顺时针方向旋转（简称为反转），主轴停转用 M05 指令表示。

（6）切削液开、关（M08/M09）　切削液开用 M08 指令表示，切削液关用 M09 指令表示。

（7）子程序调用指令（M98/M99）　在 FANUC 系统中，M98 规定为调用子程序指令，调用子程序结束后返回其主程序时用 M99 指令。在 SIEMENS 系统中，规定用 M17、M02 指令或符号"RET"为子程序结束指令。

三、其他功能

1. 坐标功能

坐标功能字（又称为尺寸功能字）用来设定机床各坐标的位移量。它一般使用 X、

Y、Z、U、V、W、P、Q、R、（用于指定直线坐标）和 A、B、C、D、E（用于指定角度坐标）及 I、J、K（用于指定圆心坐标点位置）等地址，在地址后跟"＋"或"－"号及一串数字，如 X100.0、A+30.0、I-10.0 等。

2. 刀具功能

刀具功能是指系统进行选刀或换刀的功能，也称为 T 功能。刀具功能用地址 T 及其后数字来表示。常用刀具功能指定方法有 T4 位数法和 T2 位数法。

（1）T4 位数法　T4 位数法可以同时指定刀具和选择刀具补偿，其 4 位数的前两位数用于指定刀具号，后两位数用于指定刀具补偿存储器号，刀具号与刀具补偿存储器号不一定要相同。目前大多数数控车床采用 T4 位数法。

T0101；表示选用 1 号刀具及选用 1 号刀具补偿存储器号中的补偿值。

T0102；表示选用 1 号刀具及选用 2 号刀具补偿存储器号中的补偿值。

（2）T2 位数法　T2 位数法仅能指定刀具号，刀具补偿存储器号则由其他代码（如 D 或 H 代码）进行选择。同样，刀具号与刀具补偿存储器号不一定要相同。目前 SIE-MENS 系统数控车床采用 T2 位数法，如 T05 D01 表示选用 5 号刀具及选用 1 号刀具补偿存储器号中的补偿值。

3. 进给功能

用来指定刀具相对于工件运动的速度功能称为进给功能，由地址 F 和其后数字组成。根据加工的需要，进给功能分每分钟进给和每转进给两种。

（1）每分钟进给　直线运动的单位为毫米/分钟（mm/min）；如果主轴是回转轴，则其单位为度/分钟（°/min）。每分钟进给通过准备功能 G98（部分数控车床系统采用 G94）来指定，其值为大于零的常数。

G98 G01 X20.0 F100；表示进给速度为 100mm/min。

（2）每转进给　在加工螺纹、镗孔过程中，常使用每转进给来指定进给速度，其单位为毫米/转（mm/r），通过准备功能 G99（部分数控车床系统采用 G95）来指定。

G99 G01 X20.0 F0.2；表示进给速度为 0.2mm/r。

在编程时，进给速度不允许用负值来表示，一般也不允许用 F0 来控制进给停止。但在实际操作过程中，可通过机床操作面板上的"进给倍率"来对进给速度值进行修正，因此，通过"进给倍率"，可以控制进给速度的值为 0。至于机床开始与结束进给过程中的加、减速运动，则由数控系统来自动实现，编程时无须进行考虑。

4. 主轴功能

用来控制主轴转速的功能称为主轴功能，也称为 S 功能，由地址 S 和其后数字组成。根据加工的需要，主轴的转速分为转速 n 和线速度 v 两种，如图 3-9 所示。

（1）转速 n　转速 n 的单位是转/分钟（r/min），通过准备功能 G97 来指定，其值为大于 0 的常数。

G97 S1000；表示主轴转速为 1000r/min。

（2）线速度 v　有时，在加工过程中为了保证工件表面

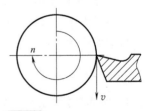

图 3-9　线速度 v 与转速 n

的加工质量，转速常用线速度来指定，线速度的单位为米/分钟（m/min），通过准备功能 G96 来指定。采用线速度进行编程时，为防止转速过高引起的事故，有很多系统都设有最高转速限定指令。

G96 S100；表示主轴线速度为 100m/min。

线速度 v 与转速 n 之间可以相互换算，其换算关系为

$$v = \pi Dn/1000$$

$$n = 1000v/\pi D$$

式中　v——线速度（m/min）；

　　D——刀具直径（mm）；

　　n——主轴转速（r/min）。

在编程时，主轴转速不允许用负值来表示，但允许用 S0 使转速停止。在实际操作过程中，可通过机床操作面板上的"主轴倍率"来对主轴转速值进行修正，一般其调整范围为 50%～120%。

（3）主轴的启、停　在程序中，主轴的正转、反转、停转由辅助功能 M03/M04/M05 进行控制。其中，M03 指令表示主轴正转，M04 指令表示主轴反转，M05 指令表示主轴停转。

G97 M03 S300；表示主轴正转，转速为 300r/min。

M05；表示主轴停转。

四、常用功能指令的属性

1．指令分组

所谓指令分组，就是将系统中不能同时执行的指令分为一组，并以编号区别。例如：G00、G01、G02、G03 就属于同组指令，其编号为 01 组。类似的同组指令还有很多，详见 FANUC 与 SIEMENS 指令一览表。

同组指令具有相互取代作用，同组指令在一个程序段内只能有一个生效，当在同一程序段内出现两个或两个以上的同组指令时，一般以最后输入的指令为准，有的机床还会出现机床系统报警。因此，在编程过程中要避免将同组指令编入同一程序段内，以免引起混淆。对于不同组的指令，在同一程序段内可以进行不同的组合。

G98 G40 G21；该程序段是规范的程序段，所有指令均为不同组指令。

G01 G02 X30.0 Z30.0 R30.0 F100；该程序段是不规范的程序段，其中 G01 与 G02 是同组指令。

2．模态指令

模态指令（又称为续效指令）表示该指令一经在一个程序段中指定，在接下来的程序段中一直持续有效，直到出现同组的另一个指令时，该指令才失效。与其对应的仅在编入的程序段内才有效的指令称为非模态指令（或称为非续效指令），如 G 指令中的 G04 指令、M 指令中的 M00、M06 等指令。

模态指令的出现，避免了在程序中出现大量的重复指令，使程序变得清晰明了。同

样，尺寸功能字如出现前后程序段的重复，则该尺寸功能字也可以省略。如下例程序中有下划线的指令可以省略。

G01 X20.0 Z20.0 F150.0;

<u>G01</u> X30.0 <u>Z20.0</u> <u>F150.0</u>;

G02 <u>X30.0</u> Z-20.0 R20.0 F100.0;

因此，以上程序可写成如下形式。

G01 X20.0 Z20.0 F150.0;

X30.0;

G02 Z-20.0 R20.0 F100.0;

对于模态指令与非模态指令的具体规定，通常情况下，绝大部分的 G 指令与所有的 F、S、T 指令均为模态指令，M 指令的情况比较复杂，请查阅有关系统出厂说明书。

3. 开机默认指令

为了避免编程人员出现指令遗漏，数控系统中对每一组的指令，都选取其中的一个作为开机默认指令，该指令在开机或系统复位时可以自动生效，因而在程序中允许不再编写。

常见的开机默认指令有 G01、G18、G40、G54、G99、G97 等。如当程序中没有 G96 或 G97 指令，用指令"M03 S200;"指定主轴正转转速是 200r/min。

五、坐标功能指令规则

1. 绝对坐标与增量坐标

（1）FANUC 系统数控车床的绝对坐标与增量坐标　在 FANUC 车床系统及部分国产系统中，不采用指令 G90/G91 来指定绝对坐标与增量坐标，而直接以地址符 X、Z 组成的坐标功能字表示绝对坐标，而用地址符 U、W 组成的坐标功能字表示增量坐标。绝对坐标地址符 X、Z 后的数值表示工件原点至该点间的矢量值，增量坐标地址符 U、W 后的数值表示轮廓上前一点到该点的矢量值。在图 3-10 所示 AB 与 CD 轨迹中，其点 B 与点 D 的坐标如下。

点 B 的绝对坐标 X20.0 Z10.0；增量坐标 U-20.0 W-20.0；

点 D 绝对坐标 X40.0 Z0；增量坐标 U40.0 W-20.0；

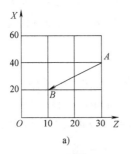
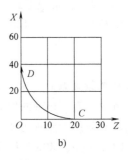

a)　　　　　　　　　　b)

图 3-10　　绝对坐标与增量坐标

（2）SIEMENS 系统中的绝对坐标与增量坐标　在 SIEMENS 数控车床和数控铣床/加工中心系统中，绝对坐标用 G90 表示，增量坐标用 G91 表示。两指令可以相互切换，但不允许混合使用。在图 3-10 中，点 B 与点 D 的坐标如下。

点 B 的绝对坐标 G90 X20.0 Z10.0；增量坐标 G91 X−20 Z−20.0；

点 D 的绝对坐标 G90 X40.0 Z0；增量坐标 G91 X40.0 Z−20.0；

在 SIEMENS 系统中，除采用 G90 和 G91 分别表示绝对坐标和增量坐标外，有些系统（如 802D）还可用符号"AC"和"IC"通过赋值的形式来表示绝对坐标和增量坐标，该符号可与 G90 和 G91 混合使用，其格式如下：

=AC（）（绝对坐标，赋值必须要有一个等于符号，数值写在括号中）

= IC（）（增量坐标）

图 3-10 中的轨迹 AB 与 CD，如采用混合编程则其程序段分别为

AB：G90 G01 X20.0 Z=IC（−20.0）F100；

CD：G91 G02 X40.0 Z=AC（0）CR=20 F100；

2. 公制与英制编程

坐标功能字是使用公制还是英制，多数系统用准备功能字来选择，如 FANUC 系统采用 G21/G20 来进行公、英制的切换，而 SIEMENS 系统和 A-B 系统则采用 G71/G70 来进行公、英制的切换。其中 G21 或 G71 表示公制，而 G20 或 G70 表示英制。

G91 G20 G01 X20.0；（或 G91 G70 G01 X20.0；）表示刀具向 X 正方向移动 20in。

G91 G21 G01 X50.0；　（或 G91 G71 G01 X50.0；）则表示刀具向 X 正方向移动 50mm。

公英制对旋转轴无效，旋转轴的单位总是度（deg）。

3. 小数点编程

数字单位以公制为例分为两种，一种是以毫米（mm）为单位，另一种是以脉冲当量即机床的最小输入单位为单位，现在大多数机床常用的脉冲当量为 0.001mm。

对于数字的输入，有些系统可省略小数点，有些系统则可以通过系统参数来设定是否可以省略小数点，而大部分系统小数点则不可省略。对于不可省略小数点编程的系统，当使用小数点进行编程时，数字以毫米：mm（英制为英寸：inch；角度为度：deg）为输入单位，而当不用小数点编程时，则以机床的最小输入单位作为输入单位。

如从点 A（0，0）移动到点 B（50，0）有以下三种表达方式。

X50.0

X50.　　　　　（小数点后的零可省略）

X50 000　　　　（脉冲当量为 0.001mm）

以上三组数值均表示 X 坐标值为 50mm，50.0 与 50 000 从数学角度上看两者相差了 1000 倍。因此，在进行数控编程时，不管哪种系统，为保证程序的正确性，最好不要省略小数点的输入。此外，脉冲当量为 0.001 的系统采用小数点编程时，其小数点后的位数超过三位时，数控系统按四舍五入处理。例如：当输入 X50.1234 时，经系统处理后的数值为 X50.123。

第四节　数控加工程序的格式与组成

每一种数控系统，根据系统本身的特点与编程的需要，都有一定的程序格式。对于不同的数控系统，其程序格式也不尽相同。因此，编程人员在按数控程序的常规格式进行编程的同时，还必须严格按照系统说明书的格式进行编程。

一、程序组成

一个完整的程序由程序号、程序内容和程序结束三部分组成。

O0001；程序号

N10 G98 G40 G21；

N20 T0101；

N30 G00 X100.0 Z100.0；

N40 M03 S800；　　　　　　　　　　程序内容

…

N200 G00 X100.0 Z100.0；

N210 M30；程序结束

1. 程序号

每一个存储在系统存储器中的程序都需要指定一个程序号以相互区别。这种用于区别零件加工程序的代号称为程序号。因为程序号是加工程序开始部分的识别标记（又称为程序名），所以同一数控系统中的程序号不能重复。

程序号写在程序的最前面，必须单独占一行。

FANUC 系统程序号的书写格式为 O××××，其中 O 为地址符，其后为四位数字，数值从 O0000 到 O9999，在书写时其数字前的零可以省略不写，如 O0020 可写成 O20。

SIEMENS 系统中，程序号由任意字母、数字和下划线组成，一般情况下，程序号的前两位多以英文字母开头，如 AA123、BB456 等。

2. 程序内容

程序内容是整个加工程序的核心，由许多程序段组成，每个程序段由一个或多个指令构成。它表示数控机床中除程序结束外的全部动作。

3. 程序结束

结束部分由程序结束指令构成，其必须写在程序的最后。

可以作为程序结束标记的 M 指令有 M02 和 M30。它们代表零件加工程序的结束。为了保证最后程序段的正常执行，通常要求 M02/M30 单独占一行。

此外，子程序结束的结束标记因不同的系统而各异，如 FANUC 系统中用 M99 表示子程序结束后返回主程序；而在 SIEMENS 系统中则通常用 M17、M02 或字符"RET"作为子程序的结束标记。

二、程序段组成

1. 程序段基本格式

程序段是程序的基本组成部分，每个程序段由若干个数据字构成，而数据字又由表示地址的英文字母、特殊文字和数字构成，如 X30.0、G50 等。

程序段格式是指一个程序段中字、字符、数据的排列、书写方式和顺序。在通常情况下，程序段格式有使用地址符程序段格式、使用分隔符程序段格式、固定程序段格式三种。后两种程序段格式除在线切割机床中的"3B"或"4B"指令中还能见到外，已很少使用了。因此，这里主要介绍使用地址符程序段格式。

使用地址符程序段格式如下

N__ G__ X__ Y__ Z__ F__ S__ T__ M__ LF

程序　准备　　　尺寸　　进给　主轴　刀具　辅助　结束
段号　功能字　　功能字　功能　功能　功能　功能　标记
　　　　　　　　　　　　字　字　字　字

如 N50 G01 X30.0 Z30.0 F100 S800 T01 M03；

2. 程序段的组成

（1）程序段号　程序段号由地址符"N"开头，其后为若干位数字。

在大部分系统中，程序段号仅作为"跳转"或"程序检索"的目标位置指示。因此，它的大小及次序可以颠倒，也可以省略。程序段在存储器内以输入的先后顺序排列，而程序的执行是严格按信息在存储器内的先后顺序一段一段地执行，也就是说执行的先后次序与程序段号无关。但是，当程序段号省略时，该程序段将不能作为"跳转"或"程序检索"的目标程序段。

程序段号也可以由数控系统自动生成，程序段号的递增量可以通过"机床参数"进行设置，一般可设定增量值为10。

（2）程序段内容　程序段的中间部分是程序段内容，其应具备六个基本要素，即准备功能字、尺寸功能字、进给功能字、主轴功能字、刀具功能字和辅助功能字，但并不是所有程序段都必须包含所有功能字，有时一个程序段内可仅包含其中一个或几个功能字也是允许的。

如图 3-11 所示，为了将刀具从点 P_1 移到点 P_2，必须在程序段中明确以下几点。

1）移动的目标是哪里？

2）沿什么样的轨迹移动？

3）移动速度有多大？

4）刀具的切削速度是多少？

5）选择哪一把刀移动？

6）机床还需要哪些辅助动作？

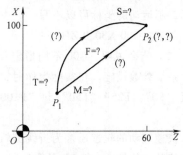

图 3-11　程序段内容

对于图 3-11 中的直线刀具轨迹，其程序段可写成如下格式。

N10 G01 X100.0 Z60.0 F100 S300 T01 M03;

如果在该程序段前已指定了刀具功能、主轴功能、辅助功能，则该程序段可写成

N10 G01 X100.0 Z60.0 F100;

（3）程序段结束　程序段以结束标记"CR（或 LF）"结束，实际使用时，常用符号"；"或"＊"表示"CR（或 LF）"。

3. 程序的斜杠跳跃

有时，在程序段的前面有"/"符号，该符号称为斜杠跳跃符号，该程序段称为可跳跃程序段，如下列程序段。

/N10 G00 X100.0;

这样的程序段，可以由操作者对程序段和执行情况进行控制。当操作机床使系统的"跳过程序段"信号生效时，程序执行时将跳过这些程序段；当"跳过程序段"信号无效时，程序段照常执行，该程序段和不加"/"符号的程序段相同。

4. 程序段注释

为了方便检查、阅读数控程序，在许多数控系统中允许对程序进行注释，注释可以作为对操作者的提示显示在显示器上，但注释对机床动作没有丝毫影响。

程序的注释应放在程序的最后，不允许将注释插在地址和数字之间。FANUC 系统的程序注释用"（）"括起来，SIEMENS 系统的程序注释则跟在"；"之后。本书为了便于读者阅读，一律用"；"表示程序段结束，而用"（）"表示程序注释。

第五节　数控车床编程中的常用功能指令

一、常用功能指令

1. 快速点定位指令（G00）

（1）指令格式

G00 X __ Z __；

X、Z 为刀具目标点坐标。当使用增量方式时，X、Z 为目标点相对于起始点的增量坐标，不运动的坐标可以不写。

例如：G00 X30.0 Z10.0；

（2）指令说明　G00 不用指定移动速度，其移动速度由机床系统参数设定。在实际操作时，也能通过机床面板上的按钮"F0""F25""F50"和"F100"对 G00 移动速度进行调节。

快速移动的轨迹通常为折线型轨迹，如图 3-12 所示，图中快速移动轨迹 OA 和 BD 的程序段如下。

OA：G00 X20.0 Z30.0；

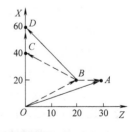

图 3-12　G00 轨迹实例

BD：G00 X60.0 Z0；

对于 *OA* 程序段，刀具在移动过程中先在 *X* 和 *Y* 轴方向移动相同的增量，即图 3-12 中的 *OB* 轨迹，然后再从点 *B* 移动至点 *A*。同样，对于 *BD* 程序段，则由轨迹 *BC* 和 *CD* 组成。

由于 G00 的轨迹通常为折线型轨迹。因此，要特别注意采用 G00 方式进、退刀时，刀具相对于工件、夹具所处的位置，以避免在进、退刀过程中刀具与工件、夹具等发生碰撞。

2. 直线插补指令（G01）

（1）指令格式

G01 X __ Z __ F __；

X、Z 为刀具目标点坐标。当使用增量方式时，X、Z 为目标点相对于起始点的增量坐标，不运动的坐标可以不写。

F 为刀具切削进给的进给速度。

图 3-13 中切削运动轨迹 *CD* 的程序段为：G01 X40.0 Z0 F0.2；

（2）指令说明　G01 指令是直线运动指令，命令刀具在两坐标轴间以插补联动的方式按指定的进给速度做任意斜率的直线运动。因此，执行 G01 指令的刀具轨迹是直线型轨迹，是连接起点和终点的一条直线。

在 G01 程序段中必须含有 F 指令。如果在 G01 程序段中没有 F 指令，而在 G01 程序段前也没有指定 F 指令，则机床不运动，有的系统还会出现系统报警。

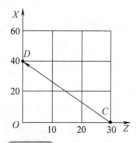

图 3-13　G01 轨迹实例

（3）编程示例　试采用 G00 和 G01 指令编写图 3-14 所示工件右端轮廓的精加工程序。

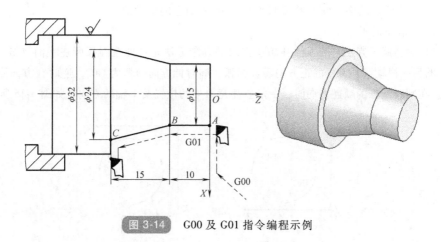

图 3-14　G00 及 G01 指令编程示例

工件的加工程序见表 3-2。

表 3-2　工件的加工程序

FANUC 0i 系统程序	SIEMENS 802D 系统程序	程序说明
O0001；	AA01. MPF；	程序号
G99 G40 G21；	G95 G71 G40；	程序初始化
T0101；	T1D1；	换刀
G00 X100.0 Z100.0；	G00 X100.0 Z100.0；	
M03 S600；	M03 S600；	主轴正转，600r/min
G00 X34.0 Z2.0；	G00 X34.0 Z2.0；	刀具定位
X15.0；	X15.0；	
G01 Z-10.0 F0.2；	G01 Z-10.0 F0.2；	进给速度为 0.2mm/r
X24.0 Z-25.0；	X24.0 Z-25.0；	车圆锥面
X34.0；	X34.0；	X 向切出
G00 X100.0 Z100.0；	G00 X100.0 Z100.0；	刀具快速退刀
M05；	M05；	主轴停转
M30；	M02；	程序结束

3. 圆弧插补指令（G02/G03）

（1）指令格式

G02（03）X __ Z __ R __（CR = __）；

G02（03）X __ Z __ I __ K __；

G02 表示顺时针圆弧插补；G03 表示逆时针圆弧插补。

X、Z 为圆弧的终点坐标值，其值可以是绝对坐标，也可以是增量坐标。在增量方式下，其值为圆弧终点坐标相对于圆弧起点坐标的增量值。

R 为圆弧半径。在 SIEMENS 系统中，圆弧半径用符号 "CR =" 表示。

I、K 为圆弧的圆心相对圆弧起点在 X 和 Z 轴上的增量值。

（2）指令说明

1）顺逆圆弧判断。圆弧插补顺逆方向的判断方法是：处在圆弧所在平面（如 ZX 平面）的另一根轴（Y 轴）的正方向看该圆弧，顺时针方向圆弧为 G02，逆时针方向圆弧为 G03。在判断圆弧的顺逆方向时，一定要注意刀架的位置及 Y 轴的方向，如图 3-15 所示。

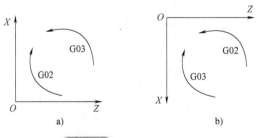

图 3-15　圆弧顺逆判断

a）后置刀架、Y 轴朝上　b）前置刀架、Y 轴朝下

2）I、K 值判断。在判断 I、K 值时，一定要注意该值为矢量值。如图 3-16 所示圆弧在编程时的 I、J 值均为负值。

图 3-17 所示轨迹 AB，用圆弧插补指令编写的程序段如下。

AB_1　G03 X40.0 Z2.68 R20.0；

　　　　G03 X40.0 Z2.68 I-10.0 K-17.32；

AB_2　G02 X40.0 Z2.68 R20.0；

　　　　G02 X40.0 Z2.68 I10.0 K-17.32；

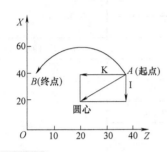

图 3-16　圆弧编程中的 I、K 值

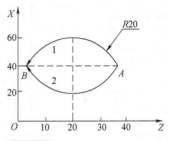

图 3-17　R 及 I、K 编程举例

3）圆弧半径的确定。圆弧半径 R 有正值与负值之分。当圆弧圆心角小于或等于 180°（如图 3-18 所示圆弧 AB_1）时，R 取正值。当圆弧圆心角大于 180°并小于 360°（如图 3-18 中圆弧 AB_2）时，R 负值。需要注意的是，该指令格式不能用于整圆插补的编程，整圆插补需用 I、J、K 方式编程。

图 3-18 中轨迹 AB，用 R 指令格式编写的程序段如下。

AB_1　G03 X60.0 Z40.0 R50.0 F100；

AB_2　G03 X60.0 Z40.0 R-50.0 F100；

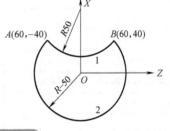

图 3-18　圆弧半径正负值的判断

（3）圆弧编程示例　试编写图 3-19 所示工件的圆弧加工程序（外圆轮廓已加工完成）。

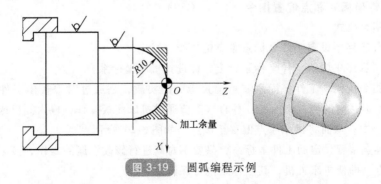

图 3-19　圆弧编程示例

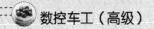

本示例采用圆弧偏移法去除加工余量，其加工程序见表3-3。

表 3-3　圆弧加工程序

FANUC 0i 系统程序	SIEMENS 802D 系统程序	程序说明
O0002;	AA02. MPF;	程序号
G99 G40 G21;	G95 G71 G40;	程序初始化
G28 U0 W0;	G74 X0 Z0;	
T0101;	T1D1;	换刀
G00 X100.0 Z100.0;	G00 X100.0 Z100.0;	
M03 S1000;	M03 S1000;	主轴正转,1000r/min
G00 X22.0 Z7.0;	G00 X22.0 Z7.0;	刀具定位
X0.0;	X0.0;	
G03 X20.0 Z-3.0 R10.0 F0.2;	G03 X20.0 Z-3.0 CR = 10.0 F0.2;	
G00 X22.0 Z4.0;	G00 X22.0 Z4.0;	
X0.0;	X0.0;	
G03 X20.0 Z-6.0 R10.0;	G03 X20.0 Z-6.0 CR = 10.0;	圆弧 Z 向偏移并分多刀去除余量
G00 X22.0 Z1.0;	G00 X22.0 Z1.0;	
X0.0;	X0.0;	
G03 X20.0 Z-9.0 R10.0;	G03 X20.0 Z-9.0 CR = 10.0;	
G00 X22.0 Z0.0;	G00 X22.0 Z0.0;	
G01 X0.0;	G01 X0.0;	精加工圆弧
G03 X20.0 Z-10.0 R10.0 F50;	G03 X20.0 Z-10.0 CR = 10.0F0.1;	
G00 X100.0 Z100.0;	G00 X100.0 Z100.0;	刀具退出
M05;	M05;	主轴停转
M02;	M02;	程序结束

二、与坐标系相关的功能指令

1. 工件坐标系零点偏置指令（G54～G59）

（1）指令格式

G54；（程序中设定工件坐标系零点偏移指令）

G53；（程序中取消工件坐标系设定，即选择机床坐标系）

（2）指令说明　工件坐标系零点偏置指令的实质，是通过对刀找出工件坐标系原点在机床坐标系中的绝对坐标值，并将这些值通过机床面板操作，输入到机床偏置存储器（参数）中，从而将机床原点偏移至该点，如图3-20所示。

通过零点偏置设定的工件坐标系，只要不对其进行修改、删除操作，该工件坐标系将永久保存，即使机床关机，其坐标系也将保留。

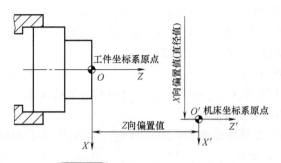

图 3-20 工件坐标系零点偏置

零点偏置的数据，可以设定多个：在 FANUC 及 SIEMENS 802D 系统中可设置 G54~

G59 共 6 个能通过系统参数设定的偏置指令；而在 SIEMENS 802C/S 系统中，则规定可设置 G54~G57 共 4 个能通过系统参数设定的偏置指令。这些指令均为同组的模态指令。在编程及加工过程中可以通过 G54 等指令对不同的工件坐标系进行选择，如图 3-21 及其程序所示。

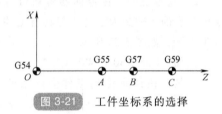

图 3-21 工件坐标系的选择

O0050；

……

G54 G00 X0 Z0；（选择与机床坐标系重合的 G54 坐标系，快速定位到点 O）

M98 P100；

G55 X0 Z0；（选择 G55 坐标系，重新快速定位到点 A）

M98 P100；

G57 X0 Z0；（选择 G57 坐标系，重新快速定位到点 B）

M98 P100；

G59 X0 Z0；（选择 G59 坐标系，重新快速定位到点 C）

M98 P100；

M02；（程序结束）

执行该程序，刀具将在各个坐标系的原点间移动并执行子程序的内容。

2. 返回参考点指令

机床返回参考点多通过开机后先进行手动返回参考点的操作实现，也可以通过编程指令自动实现。FANUC 系统与返回参考点相关的编程指令主要有 G27、G28、G30 三种，这三种指令均为非模态指令。

（1）返回参考点校验指令 G27

1）指令格式。

G27 X(U)___ Z(W)___；

X、Z 为参考点在工件坐标系中的坐标值。

2）指令说明。返回参考点校验指令 G27 用于检查刀具是否正确返回到程序中指定的参考点位置。在执行该指令时，如果刀具已正确定位到参考点上，则对应轴的返回参考点指示灯亮，否则将产生机床系统报警。

（2）自动返回参考点指令 G28

1）指令格式。G28 X（U）__ Z（W）__；（FANUC 系统返回参考点指令）G74 X0 Z0；（SIEMENE 系统返回参考点指令）

X（U）、Z（W）为返回过程中经过的中间点，其坐标值可以用增量值也可以用绝对值，增量值用 U、W 表示。

X0、Z0 为 SIEMENS 系统返回参考点指令中的固定格式，该值不是指返回过程中经过的中间点坐标值，当编入其他坐标值时也不被识别。

2）指令说明。在返回参考点过程中，设定中间点的目的是为了防止刀具与工件或夹具发生干涉，如图 3-22 所示。

例如：G28 X50.0 W0.0；

刀具先快速定位到工件坐标系的中间点（50.0，-20.0）处，再返回机床 X、Z 轴的参考点。该功能主要体现可通过编程方式使刀架自动返回机床设置的参考点，其作用与在手动方式下进行开机回参考点的作用相同。

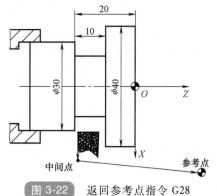

图 3-22　返回参考点指令 G28

（3）从参考点返回指令 G29

1）指令格式。

G29 X __ Z __；

X、Z 从参考点返回后刀具所到达的终点坐标。可用 G91/G90 来决定该值是增量值还是绝对值。如果是增量值，则该值是指刀具终点相对于 G28 中间点的增量值。

2）指令说明。执行 G29 指令时，刀具从参考点出发，经过一个中间点到达 G29 指令所指定的位置。

G29 中间点的坐标与前面 G28 所指定的中间点坐标为同一坐标值，因此，这条指令只能出现在 G28 指令的后面。

（4）返回参考点指令 G30

1）指令格式。

G30 P2/P3/P4 X __ Z __；（FANUC 系统返回参考点指令）

G75 X0 Z0；（SIEMENS 系统返回参考点指令）

P2 为第 2 参考点，P3、P4 分别为第 3 和第 4 参考点。

X、Z 为中间点坐标值。

X0、Z0 为 SIEMENS 系统返回参考点指令中的固定格式，该值不是指返回过程中经过的中间点坐标值，当编入其他坐标值时也不被识别。

2）指令说明。执行这条指令时，可以使刀具从当前点出发，经过一个中间点到达第 2、第 3、第 4 参考点位置。

三、倒角与倒圆指令

1. FANUC 系统的倒角与倒圆指令格式

（1）倒角指令格式

G01 X/U ＿ C ＿ F ＿；

G01 Z/W ＿ C ＿ F ＿；

X/U 为倒角前轮廓尖角处（如图 3-23 所示的点 A 和点 C）在 X 向的绝对坐标或增量坐标。

Z/W 为倒角前轮廓尖角处（如图 3-23 所示的点 A 和点 C）在 Z 向的绝对坐标或增量坐标。

C 为倒角的直角边边长。

（2）倒圆指令格式

G01 X/U ＿ R ＿ F；

G01 Z/W ＿ R ＿ F；

X/U 为倒圆前轮廓尖角处（如图 3-23 所示的点 B）在 X 向的绝对坐标或增量坐标。

Z/W 为倒圆前轮廓尖角处（如图 3-23 所示的点 B）在 Z 向的绝对坐标或增量坐标。

R 为倒圆半径。

（3）使用倒角与倒圆指令时的注意事项

1）倒角与倒圆指令中的 R 值与 C 值有正负之分。当倒角与倒圆的方向指向另一坐标轴的正方向时，其 R 值与 C 值为正，反之则为负。

2）FANUC 系统中的倒角与倒圆指令仅适用于两直角边间的倒角与倒圆。

3）倒角与倒圆指令格式可用于凸、凹形尖角轮廓。

（4）编程示例　采用倒角与倒圆指令格式编写图 3-23 所示刀具从点 O 到点 D 的加工程序。

O0302；

……

G01 X30.0 C-5.0 F100；（倒角指向另一轴 Z 的负方向，C 为负值）

W-20.0 R5.0；（倒圆指向另一轴 X 的正方向，R 为正值）

X50.0 C-2.0；（倒角指向另一轴 Z 的负方向，C 为负值）

…

2. SIEMENS 系统的倒角与倒圆指令格式

（1）倒角指令

G01 X ＿ Z ＿ CHF＝＿ F ＿；

X、Z 为倒角前轮廓尖角处的坐标值（如图 3-24 所示的点 A）。

CHF＝为倒角轮廓的边长。

（2）倒圆指令

G01 X ___ Z ___ RND = ___ F ___；

X、Z 为倒圆前轮廓尖角处的坐标值（如图 3-24 所示的点 C）。

RND = 为倒圆半径。

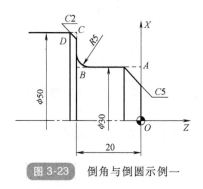

图 3-23　倒角与倒圆示例一

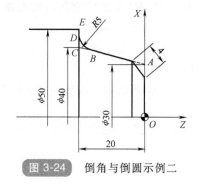

图 3-24　倒角与倒圆示例二

（3）使用倒角与倒圆指令时的注意事项

1）编写倒角、倒圆程序段时，应注意在其指令"CHF"和"RND"与其数值间，必须写入"="，否则出错。

2）应特别注意"CHF"为倒角后得到新轮廓的边长，不是被倒去原轮廓上两条边的边长。

3）倒角后得到其新轮廓边的中垂线，必通过倒角前轮廓尖角处（如图 3-24 所示的点 A）。

4）倒圆的圆弧均与原轮廓形成相切关系。

5）SIEMENS 系统的倒角与倒圆指令格式适用面很广，可用于任何角度的两相交直线及两相交圆弧，或直线与圆弧相交等轮廓的倒角与倒圆。

（4）编程示例采用 SIEMENS 系统规定的倒角与倒圆指令编写图 3-24 所示刀具从点 O 到点 E 的加工程序。

O0302；

…

G01 X0 Z0 F100；

X30 CHF = 4；

X40 Z-20　RND = 5；

X50；

…

四、程序开始与结束

针对不同的数控机床，其程序开始部分和结束部分的内容都是相对固定的，包括一些信息，如程序初始化、换刀、工件原点设定、快速点定位、主轴起动、切削液开启等。因此，程序的开始和程序的结束可编成相对固定格式，从而减少编程的重复工作量。

FANUC 系统和 SIEMENS 系统的程序开始部分与程序结束部分见表 3-4。

表 3-4 FANUC 系统和 SIEMENS 系统的程序开始与程序结束部分

程序段号	FANUC 0i 系统程序	SIEMENS 802D 系统程序	程序说明
	O0021;	AA21. MPF;	程序号
N10	G99 G40 G21;	G90 G95 G71 G40;	程序初始化
N20	T0101;	T1D1;	换刀并设定刀具补偿
N30	M03 S __;	M03 S __;	主轴正转
N40	G00 X100.0 Z100.0;	G00 X100.0 Z100.0;	刀具至目测安全位置
N50	X __ Z __;	X __ Z __;	刀具定位至循环起点
…	…	…	工件车削加工
N150	G00 X100.0 Z100.0; （或 G28 U0 W0；）	G00 X100 Z100; （或 G74 X0 Z0；）	刀具退出
N160	M05;	M05;	主轴停转
N170	M30;	M02;	程序结束

注：N10~N50 为程序开始段，N150~N170 为程序结束段。

五、综合编程示例

例 3-1 根据表 3-5 中的数控车削加工程序，试画出刀具在 *ZX* 坐标平面内从轮廓车削的起点 *A* 到其终点 *H* 的刀具轨迹并描绘加工后工件的轮廓形状。

表 3-5 数控车削加工程序

FANUC 0i 系统程序	SIEMENS 802D 系统程序	程序说明
O0011;	AA11. MPF;	程序号
G99 G40 G21;	G90 G95 G71 G40;	程序初始化
T0101;	T1D1;	换刀
G00 X100.0 Z100.0;	G00 X100.0 Z100.0;	
M03 S1000;	M03 S1000;	主轴正转，1000r/min
G00 X52.0 Z2.0;	G00 X52.0 Z2.0;	刀具定位
X0.0;	X0.0;	
G01 Z0.0 F0.1;	G01 Z0.0 F0.1;	点 *O*
G03 X22.0 Z−11.0 R11.0;	G03 X22.0 Z−11.0 CR = 11.0;	点 *A*
G01 X26.0;	G01 X26.0;	点 *B*
Z−13.0;	Z−13.0;	点 *C*
G02 X30.06 Z−22.43 R8.0;	G02 X30.06 Z−22.43 CR = 8.0;	点 *D*
G03 X30.0 Z−37.59 R10.0;	G03 X30.0 Z−37.59 CR = 10.0;	点 *E*
G01 Z−46.0;	G01 Z−46.0;	点 *F*

（续）

FANUC 0i 系统程序	SIEMENS 802D 系统程序	程序说明
X40.0 Z−50.0;	X40.0 Z−50.0;	点 G
X48.0;	X48.0;	点 H
G00 X100.0 Z100.0;	G00 X100.0 Z100.0;	退刀
M05;	M05;	主轴停转
M30;	M02;	程序结束

该加工程序从点 O 到点 H 的刀具轨迹如图 3-25a 所示，加工后的轮廓形状如图 3-25b 所示。

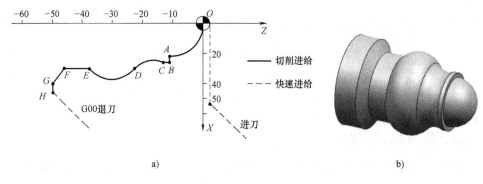

a)

b)

图 3-25 刀具轨迹和轮廓形状

例 3-2 如图 3-26 所示工件，毛坯为 $\phi50\text{mm}×90\text{mm}$ 的 45 钢，试编写其数控车加工程序并进行加工。

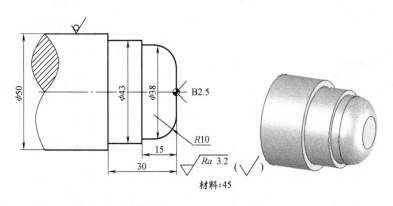

图 3-26 简单零件编程示例

本例工件采用分层切削的方式加工外圆，再采用变半径车圆法加工圆弧轮廓，其加工程序见表 3-6。

表 3-6　简单零件编程示例加工程序

FANUC 0i 系统程序	SIEMENS 802D 系统程序	程序说明
O0021；	AA21. MPF；	程序号
G99 G40 G21；	G90 G95 G71 G40；	程序初始化
T0101；	T1D1；	换 1 号外圆车刀
M03 S600；	M03 S600；	主轴正转,600r/min
G00 X100. 0 Z100. 0 M08；	G00 X100. 0 Z100. 0 M08；	刀具至目测安全位置
X52. 0 Z2. 0；	X52. 0 Z2. 0；	刀具定位至循环起点
G01 X47. 0 F0. 2；	G01 X47. 0 F0. 2；	第一次分层加工外圆 ϕ43mm
Z-30. 0；	Z-30. 0；	
X52. 0；	X52. 0；	
G00 Z2. 0；	G00 Z2. 0；	
G01 X44. 0；	G01 X44. 0；	第二次分层加工外圆 ϕ43mm,留出单边 0.5mm 精加工余量
Z-30. 0；	Z-30. 0；	
X52. 0；	X52. 0；	
G00 Z2. 0；	G00 Z2. 0；	
G01 X41. 0；	G01 X41. 0；	第一次分层加工外圆 ϕ38mm
Z-15. 0；	Z-15. 0；	
X45. 0；	X45. 0；	
G00 Z2. 0；	G00 Z2. 0；	
G01 X39. 0；	G01 X39. 0；	第二次分层加工外圆 ϕ38mm,留出单边 0.5mm 精加工余量
Z-15. 0；	Z-15. 0；	
X45. 0；	X45. 0；	
G00 Z2. 0；	G00 Z2. 0；	
G01 X33. 0 Z0；	G01 X33. 0 Z0；	第一次分层切削圆弧
G03 X39. 0 Z-3. 0 R3. 0；	G03 X39. 0 Z-3. 0 CR=3. 0；	
G00 X40. 0 Z2. 0；	G00 X40. 0 Z2. 0；	
G01 X27. 0 Z0；	G01 X27. 0 Z0；	第二次分层切削圆弧
G03 X39. 0 Z-6. 0 R6. 0；	G03 X39. 0 Z-6. 0 CR=6. 0；	
G00 X40. 0 Z2. 0；	G00 X40. 0 Z2. 0；	
G01 X21. 0 Z0；	G01 X21. 0 Z0；	第三次分层切削圆弧,留出单边 0.5mm 精加工余量
G03 X39. 0 Z-9. 0 R9. 0；	G03 X39. 0 Z-9. 0 CR=9. 0；	
G00 X40. 0 Z2. 0；	G00 X40. 0 Z2. 0；	
G01 X18. 0 Z0 F0. 1 S1000；	G01 X18. 0 Z0 F0. 1 S1000；	精加工转速与进给量

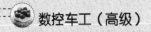

（续）

FANUC 0i 系统程序	SIEMENS 802D 系统程序	程序说明
G03 X38.0 Z−10.0 R10.0；	G03 X38.0 Z−10.0 CR＝10.0；	精加工轮廓
G01 Z−15.0；	G01 Z−15.0；	
X43.0；	X43.0；	
Z−30.0；	Z−30.0；	
X52.0；	X52.0；	
G00 X100.0 Z100.0；	G00 X100.0 Z100.0；	刀具退出
M05；	M05；	主轴停转
M30；	M02；	程序结束

第六节　数控车床的刀具补偿功能

一、数控车床用刀具的交换功能

1. FANUC 系统刀具交换指令

T××××；

T 后跟四位数，前两位为刀具号，后两位为刀具补偿号。如 T0101，前面 01 表示换 1 号刀具，后面的 01 表示使用 1 号刀具补偿。刀具号与刀具补偿号可以相同，也可以不同。

2. SIEMENS 系统刀具交换指令

T××D××；

T 后跟两位数，表示刀具号；D 为跟两位数，表示刀具补偿号。如 T04D01，表示换 4 号刀具，并采用 1 号刀具补偿。

二、刀具补偿功能

在数控编程过程中，为使编程工作更加方便，通常将数控刀具的刀尖假想成一个点，该点称为刀位点或刀尖点。在编程时，一般不考虑刀具的长度与刀尖圆弧半径，只需考虑刀位点与编程轨迹重合。但在实际加工过程中，由于刀尖圆弧半径与刀具长度各不相同，在加工中会产生很大的加工误差。因此，实际加工时必须通过刀具补偿指令，使数控机床根据实际使用的刀具尺寸，自动调整各坐标轴的移动量，确保实际加工轮廓和编程轨迹完全一致。数控机床根据刀具实际尺寸，自动改变机床坐标轴或刀具刀位点位置，使实际加工轮廓和编程轨迹完全一致的功能，称为刀具补偿（系统画面上为"刀具补正"）功能。

数控车床的刀具补偿分为刀具偏移（也称为刀具长度补偿）和刀尖圆弧半径补偿两种。

三、刀具偏移

1. 刀具偏移的定义

刀具偏移是用来补偿假定刀具长度与基准刀具长度之长度差的功能。车床数控系统规定 X 轴与 Z 轴可同时实现刀具偏移。

刀具偏移分为刀具几何偏移和刀具磨损偏移两种。由于刀具几何形状不同和刀具安装位置不同而产生的刀具偏移称为刀具几何偏移，由于刀具刀尖的磨损产生的刀具偏移则称为刀具磨损偏移（又称为磨耗）。以下叙述的刀具偏移主要指刀具几何偏移。

刀具偏移示例如图 3-27 所示。以 1 号刀作为基准刀具，工件原点采用 G54 设定，则其他刀具与基准刀具的长度差值（短用负值表示）及转刀后刀具从刀位点到点 A 的移动距离见表 3-7。

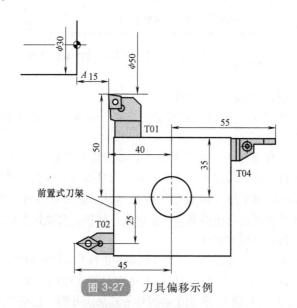

图 3-27 刀具偏移示例

表 3-7 刀具偏移示例 （单位：mm）

刀具 项目	T01(基准刀具)		T02		T04	
	X(直径)	Z	X(直径)	Z	X(直径)	Z
长度差值	0	0	−10	15	10	5
刀具移动距离	20	15	30	30	10	20

当更转为 2 号刀后，由于 2 号刀比基准刀具短 5mm，直径方向短 10mm；Z 方向比基准刀远 15mm（40mm−25mm＝15mm）。因此，与基准刀具相比，2 号刀具的刀位点从换刀点移动到点 A 时，在 X 方向要多移动 10mm，而在 Z 方向要多移动 15mm。4 号刀具移动的距离计算方法与 2 号刀具相同。

FANUC 系统刀具几何偏移参数设置如图 3-28 所示。如要进行刀具磨损偏移设置则只需按下软键"磨耗"即可进入相应的设置画面。具体参数设置过程请参阅本书 FANUC 系统机床操作部分的有关内容。图 3-28 中的代码"T"指刀沿类型，不是指刀具号，也不是指刀补号。

```
┌─────────────────────────────────────────────────┐
│  工具补正/形状                      O0001 N0000   │
│                                                   │
│  番号      X          Z          R        T       │
│  G01     0.000      0.000      0.000      0        │
│  G02   −10.000      5.000      0.000      0        │
│  G03     0.000      0.000      0.000      0        │
│  G04    10.000     10.000      1.500      3        │
│  G05     0.000      0.000      0.000      0        │
│  G06     0.000      0.000      0.000      0        │
│  G07     0.000      0.000      0.000      0        │
│  G08     0.000      0.000      0.000      0        │
│  现在位置(绝对坐标)                                 │
│       X50.000  Z30.000                            │
│                               S  0  T0000         │
│  [磨耗] [形状] [工件移动] [  ] [  ]                 │
└─────────────────────────────────────────────────┘
```

图 3-28　FANUC 系统刀具几何偏移参数设置

2. 利用刀具几何偏移进行对刀操作

（1）对刀操作的定义　调整每把刀的刀位点，使其尽量重合于某一理想基准点，这一过程称为对刀。

采用 G54 设定工件坐标系后进行对刀时，必须精确测量各刀具安装后相对于基准刀具的刀具长度差值，给对刀带来了诸多不便，而且基准刀具的对刀误差还会直接影响其他刀具的加工精度。当采用 G50 设定工件坐标系后进行对刀时，原设定的坐标系如遇关机即丢失，并且程序起点还不能为任意位置。所以，在数控车床的对刀操作中，目前普遍采用刀具几何偏移的方法进行。

（2）对刀操作的过程　直接利用刀具几何偏移进行对刀操作的过程，如图 3-29 所示。首先手动操作加工端面，记录下这时刀位点的 Z 向机械坐标值（图 3-29 中 Z 向机械坐标值为相对于机床原点的坐标值）。再用手动操作方式加工外圆，记录下这时刀位点的 X 向机械坐标值（图 3-29 中 X_1 值），停机测量工件直径 ϕD，并计算出主轴中心的机械坐标值 X。再将 X、Z 值输入相应的刀具几何偏移存储器中，完成该刀具的对刀操作。

其余刀具的对刀操作与上述方法相似，不过不能采用试切法进行，而用刀具的刀位点靠到工件表面即记录下相应的 Z 及 X_1，通过测量计算后将相应的 X、Z 值输入相应的刀具几何偏移存储器中。

（3）利用刀具几何偏移进行对刀操作的实质　利用刀具几何偏移进行对刀操作的实质就是利用刀具几何偏移使工件坐标系原点与机床原点重合。这时，假想的基准刀具位于机床原点，长度为零，刀架上的实际刀具则通过对刀操作及刀具几何偏移设置后，使每把刀比基准刀具的长度相差一个对应的 X 与 Z 值（X 与 Z 的绝对值为机床回参考点后，工件坐标系原点相对于刀架工作位置上各刀具刀位点的轴向距离），每把刀如要移到机床原点则必须多移动相应的 X 与 Z 值，从而使刀位点移到工件坐标系原点

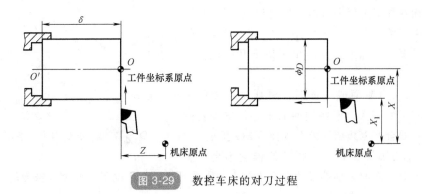

图 3-29　数控车床的对刀过程

处。此时程序中所有坐标值均为相对于机床原点的坐标值。

3. 刀具偏移的应用

利用刀具偏移功能，可以修整因对刀不正确或刀具磨损等原因造成的工件加工误差。

当加工外圆表面时，如果外圆直径比要求的尺寸大了 0.2mm，此时只需将刀具偏移存储器中的 X 值减小 0.2，并用原刀具及原程序重新加工该零件，即可修整该加工误差。同样，如出现 Z 方向的误差，则其修整办法相同。

四、刀尖圆弧半径补偿（G40、G41、G42）

1. 刀尖圆弧半径补偿的定义

在实际加工中，由于刀具产生磨损及精加工的需要，常将车刀的刀尖修磨成半径较小的圆弧，这时的刀位点为刀尖圆弧的圆心。为确保工件轮廓形状，加工时不允许刀具刀尖圆弧的圆心运动轨迹与被加工工件轮廓重合，而应与工件轮廓偏移一个半径值，这种偏移称为刀尖圆弧半径补偿。圆弧形车刀的切削刃半径偏移也与其相同。

目前，较多车床数控系统都具有刀尖圆弧半径补偿功能。在编程时，只要按工件轮廓进行编程，再通过系统补偿一个刀尖圆弧半径即可。但有些车床数控系统却没有刀尖圆弧半径补偿功能。对于这些系统（机床），如要加工精度较高的圆弧或圆锥表面时，则要通过计算来确定刀尖圆心运动轨迹，再进行编程。

2. 假想刀尖与刀尖圆弧半径

在理想状态下，总是将尖形车刀的刀位点假想成一个点，该点即为假想刀尖（图3-30 中的点 A），在对刀时也是以假想刀尖进行对刀。但实际加工中的车刀，由于工艺或其他要求，刀尖往往不是一个理想的点，而是一段圆弧（图 3-30 中的圆弧 BC）。

刀尖圆弧半径是指车刀刀尖圆弧所构成的假想圆半径（图 3-30 中的 r）。在实践中，所有车刀均有大小不等或近似的刀尖圆弧，假想刀尖在实际加工中是不存在的。

3. 未使用刀尖圆弧半径补偿时的加工误差分析

用圆弧刀尖的外圆车刀切削加工时，圆弧车刀（图 3-30）的对刀点分别为点 B 和点 C，所形成的假想刀位点为点 A，但在实际加工过程中，刀具切削点在刀尖圆弧上变动，从而在加工过程中可能产生过切或少切现象。因此，采用圆弧车刀在不使用刀尖圆弧半径补偿功能的情况下，加工工件会出现以下几种误差情况。

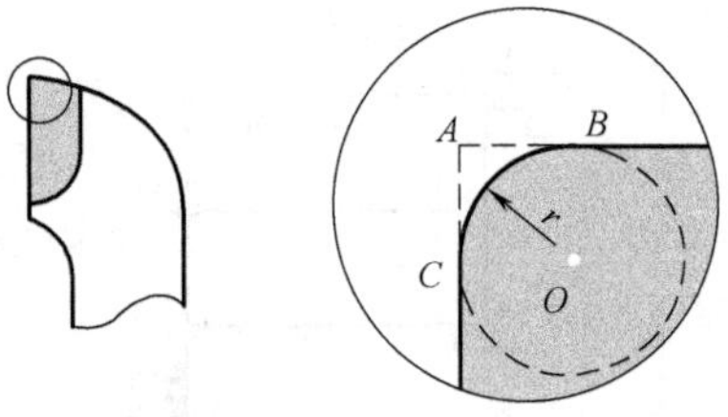

1）加工台阶面或端面时，对加工表面的尺寸和形状影响不大，但在端面的中心位置和台阶的清角位置会产生残留误差，如图3-31a所示。

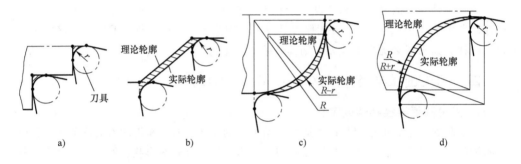

图 3-30　假想刀尖示意图

2）加工圆锥面时，对圆锥的锥度不会产生影响，但对锥面的大小端尺寸会产生较大的影响，在通常情况下，会使外锥面的尺寸变大（图3-31b），而使内锥面的尺寸变小。

3）加工圆弧时，会对圆弧的圆度和圆弧半径产生影响。加工外凸圆弧时，会使加工后的圆弧半径变小，其值=理论轮廓半径 R － 刀尖圆弧半径 r，如图3-31c所示。加工内凹圆弧时，会使加工后的圆弧半径变大，其值=理论轮廓半径 R+刀尖圆弧半径 r，如图3-31d所示。

a)　　　　b)　　　　c)　　　　d)

图 3-31　未使用刀尖圆弧半径补偿时的加工误差分析

4. 刀尖圆弧半径补偿指令

（1）指令格式

G41 G01/G00　X ___ Z ___ F ___;（刀尖圆弧半径左补偿）

G42 G01/G00　X ___ Z ___ F ___;（刀尖圆弧半径右补偿）

G40 G01/G00　X ___ Z ___;（取消刀尖圆弧半径补偿）

（2）指令说明　编程时，刀尖圆弧半径补偿偏置方向的判别如图3-32所示。向着 Y 坐标轴的负方向并沿刀具的移动方向看，当刀具处在加工轮廓左侧时，称为刀尖圆弧半径左补偿，用 G41 表示；当刀具处在加工轮廓右侧时，称为刀尖圆弧半径右补偿，用 G42 表示。

在判别刀尖圆弧半径补偿偏置方向时，一定要沿 Y 轴由正方向向负方向观察刀具所处的位置，故应特别注意后置刀架（图3-32a）和前置刀架（图3-32b）对刀尖圆弧半径补偿偏置方向的区别。对于前置刀架，为防止判别过程中出错，可在图样上将工件、刀具及 X 轴同时绕 Z 轴旋转180°后再进行偏置方向的判别，此时+Y 轴向外，刀补的偏

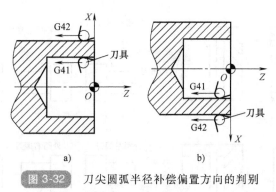

图 3-32　刀尖圆弧半径补偿偏置方向的判别

a）后置刀架，+Y 轴向外　　b）前置刀架，+Y 轴向内

置方向则与后置刀架的判别方向相同。

5. 圆弧车刀刀沿位置的确定

数控车床采用刀尖圆弧半径补偿进行加工时，如果刀具的刀尖形状和切削时所处的位置（即刀沿位置）不同，那么刀具的补偿量与补偿方向也不同。根据各种刀尖形状及刀尖位置的不同，数控车刀的刀沿位置如图 3-33 所示，共有 9 种。部分典型刀具的刀沿号如图 3-34 所示。

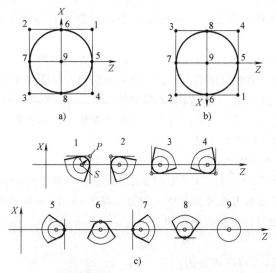

图 3-33　数控车床的刀沿位置

a）后置刀架，+Y 轴向外　b）前置刀架，+Y 轴向内　c）刀位点位置

P—假想刀位点　S—刀沿圆心位置　r—刀尖圆弧半径

除 9 号刀沿外，数控车床的对刀均是以假想刀位点来进行的，也就是说，在刀具偏移存储器中或 G54 坐标系设定的值是通过假想刀位点（图 3-33c 中点 P）进行对刀后所得的机床坐标系中的绝对坐标值。

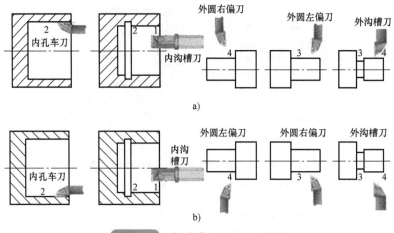

图 3-34 部分典型刀具的刀沿号

a) 后置刀架的刀沿号　　b) 前置刀架的刀沿号

数控车床刀尖圆弧半径补偿 G41/G42 的指令后不带任何补偿号。在 FANUC 系统中，该补偿号（代表所用刀具对应的刀尖半径补偿值）由 T 指令指定，其刀尖圆弧半径补偿号与刀具偏移补偿号对应，如图 3-28 所示的"G04"设置。在 SIEMENS 系统中，其补偿号由 D 指令指定，其后的数字表示刀具偏移存储器号，其设置请参阅第五章。

在判别刀沿位置时，同样要沿 Y 轴由正方向向负方向观察刀具，同时也要特别注意前、后置刀架的区别。前置刀架的刀沿位置判别方法与刀尖圆弧半径补偿偏置方向判别方法相似，也可将刀具、工件、X 轴绕 Z 轴旋转 180°，使+Y 轴向外，从而使前置刀架转换成后置刀架来进行判别。例如：当刀尖靠近卡盘侧时，不管是前置刀架还是后置刀架，其外圆车刀的刀沿号均为 3 号。

6. 刀尖圆弧半径补偿过程

刀尖圆弧半径补偿的过程分为三步：即刀补建立，刀补进行和刀补取消。补偿过程通过图 3-35（外圆车刀的刀沿号为 3 号）和加工程序 O0010 共同说明。

图 3-35 所示补偿过程的加工程序如下：

O0010；

N10 G99 G40 G21；（程序初始化）

N20 T0101；（转 1 号刀，执行 1 号刀补）

N30 M03 S1000；（主轴按 1000r/min 正转）

N40 G00 X85.0 Z10.0；（快速点定位）

N50 G42 G01 X40.0 Z5.0 F0.2；（刀补建立）

N60　　　Z-18.0；

N70　　　X80.0；　　　　　（刀补进行）

N80 G40 G00 X85.0 Z10.0；（刀补取消）

N90 G28 U0 W0;（返回参考点）

N100 M30；

（1）刀补建立 刀补建立指刀具从起点接近工件时，车刀圆弧刃的圆心从与编程轨迹重合过渡到与编程轨迹偏离一个偏置量的过程。该过程的实现必须与 G00 或 G01 功能在一起才有效。

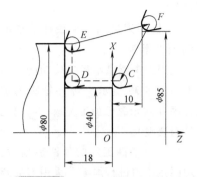

图 3-35 刀尖圆弧半径补偿过程

FC—刀补建立 CDE—刀补进行
EF—刀补取消

刀具补偿过程通过 N50 程序段建立。当执行 N50 程序段后，车刀圆弧刃的圆心坐标位置由以下方法确定：将包含 G42 语句的下边两个程序段（N60、N70）预读，连接在补偿平面内最近两移动语句的终点坐标（图 3-35 中的连线 CD），其连线的垂直方向为偏置方向，根据 G41 或 G42 来确定偏向哪一边，偏置的大小由刀尖圆弧半径值（设置在图 3-28 所示画面中）决定。经补偿后，车刀圆弧刃的圆心位于图 3-35 中的点 C 处，其坐标值为 [（40+刀尖圆弧半径×2），5.0]。

（2）刀补进行 在 G41 或 G42 程序段后，程序进入补偿模式，此时车刀圆弧刃的圆心与编程轨迹始终相距一个偏置量，直到刀补取消。

在该补偿模式下，机床同样要预读两段程序，找出当前程序段所示刀具轨迹与下一程序段偏置后的刀具轨迹交点，以确保机床把下一段工件轮廓向外补偿一个偏置量，如图 3-35 中的点 D、点 E 等。

（3）刀补取消 刀具离开工件，车刀圆弧刃的圆心轨迹过渡到与编程轨迹重合的过程称为刀补取消。

刀补取消用 G40 来执行，需要特别注意的是，G40 必须与 G41 或 G42 成对使用。

7. 进行刀尖圆弧半径补偿时应注意的事项

1）刀尖圆弧半径补偿模式的建立与取消程序段只能在 G00 或 G01 移动指令模式下才有效。虽然现在有部分系统也支持 G02、G03 指令，但为防止出现差错，在半径补偿建立与取消程序段最好不使用 G02、G03 指令。

2）G41/G42 不带参数，其补偿号（代表所用刀具对应的刀尖半径补偿值）由 T 指令指定。该刀尖圆弧半径补偿号与刀具偏移补偿号对应。

3）采用切线切入方式或法线切入方式建立或取消刀补。对于不便于沿工件轮廓线方向或法向切入、切出时，可根据情况增加一个过渡圆弧的辅助程序段。

4）为了防止在刀尖圆弧半径补偿建立与取消过程中刀具产生过切现象，在建立与取消补偿时，程序段的起始位置与终点位置最好与补偿方向在同一侧。

5）在刀尖圆弧半径补偿模式下，一般不允许存在连续两段以上的补偿平面内非移动指令，否则刀具也会出现过切等危险动作。补偿平面内非移动指令通常指：仅有 G、M、S、F、T 指令的程序段（如 G90，M05）及程序暂停程序段（如 G04 X10.0）。

6）在选择刀尖圆弧偏置方向和刀沿位置时，要特别注意前置刀架和后置刀架的区别。

8. 使用刀尖圆弧半径补偿功能时的加工示例

试用刀尖圆弧半径补偿功能等指令编写图 3-36 所示工件外轮廓的加工程序（内轮廓已加工完成，以内孔定位与装夹）。

精加工本例工件的外圆表面时，选用圆弧车刀进行加工，采用刀尖圆弧半径补偿进行编程，以保证工件轮廓的尺寸精度、形状精度及表面粗糙度。使用刀尖圆弧半径补偿功能加工程序见表 3-8。

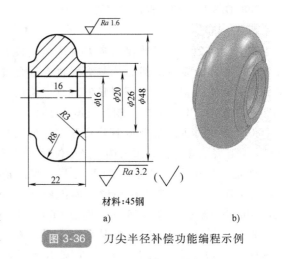

材料:45钢

a)   b)

图 3-36　刀尖半径补偿功能编程示例

表 3-8　使用刀尖圆弧半径补偿功能加工程序

FANUC 0i 系统程序	SIEMENS 802D 系统程序	程序说明
O0021;	AA21.MPF;	程序号
G99 G21 G40 F0.2;	G95 G71 G40 G90 F0.2;	程序初始化
T0101;	T1D1;	换 1 号外圆粗车刀
M03 S600;	M03 S600;	主轴正转,600r/min
G00 X100.0 Z100.0 M08;	G00 X100.0 Z100.0 M08;	刀具至目测安全位置
X52.0 Z2.0;	X52.0 Z2.0;	刀具定位至循环起点
…	…	去余量粗加工
G28 U0 W0;	G74 X0 Z0;	返回参考点
/M00 M05;	/M00 M05;	粗加工后的暂停
T0202;	T2D1;	换 2 号圆弧车刀
M03 S1200;	M03 S1200;	精加工转速为 1200r/min
G00 X52.0 Z4.0;	G00 X52.0 Z4.0;	精加工起点
G42 G01 X26.0 F0.1;	G42 G01 X26.0 F0.1;	
Z0;	Z0;	
G02 X32.0 Z–3.0 R3.0;	G02 X32.0 Z–3.0 CR=3.0;	精加工,取刀尖圆弧半径右补偿
G03 Z–19.0 R8.0;	G03 Z–19.0 CR=8.0;	
G02 X26.0 Z–22.0 R3.0;	G03 X26.0 Z–22.0 CR=3.0;	
G01 Z–26.0;	G01 Z–26.0;	
G40 G00 X52.0;	G40 G00 X52.0;	取消刀尖圆弧半径补偿
G28 U0 W0;	G74 X0 Z0;	刀具返回参考点
M05;	M05;	主轴停转
M30;	M02;	程序结束

第七节 手工编程中的数学处理

根据零件图样，按照已确定的加工路线和允许的编程误差，计算数控系统所需输入的数据，称为数控加工的数值计算。

一、基点、节点的概念

1. 基点的概念

一个零件的轮廓往往是由许多不同的几何元素组成，如直线、圆弧、二次曲线以及其他公式曲线等。构成零件轮廓的这些不同几何元素的连接点称为基点，如图 3-37 所示的 A、B、C、D、E 和 F 都是该零件轮廓上的基点。显然，相邻基点间只能是一个几何元素。

2. 节点的概念

当采用不具备非圆曲线插补功能的数控机床加工非圆曲线轮廓的零件时，在加工程序的编制工作中，常常需要用直线或圆弧去近似代替非圆曲线，称为拟合处理。拟合线段的交点或切点就称为节点，如图 3-38 所示的 P_1、P_2、P_3、P_4、P_5 为直线拟合非圆曲线时的节点。

图 3-37 零件轮廓上的基点　　　　图 3-38 零件轮廓中的节点

二、基点计算方法

常用的基点计算方法有列方程求解法、三角函数法、计算机绘图求解法等。其中，计算机绘图求解法最为简便，在近几年的数控加工中的应用也最为普及。

1. 列方程求解法

（1）列方程求解法中的常用方程　由于基点计算主要内容为直线和圆弧的端点、交点、切点的计算。因此，列方程求解法中用到的直线与圆弧方程如下。

直线的一般方程为

$$Ax + By + C = 0$$

式中　A、B、C——任意实数，并且 A、B 不能同时为零。

直线的标准方程为

$$y = kx + b$$

式中 k——直线的斜率，即倾斜角的正切值；

b——直线在 Y 轴上的截距。

圆的标准方程为

$$(x-a)^2+(y-b)^2=R^2$$

式中 a、b——圆心的横、纵坐标；

R——圆的半径。

圆的一般方程为

$$x^2+y^2+Dx+Ey+F=0$$

式中 D——常数，并等于 $-2a$，a 为圆心的横坐标；

E——常数，并等于 $-2b$，b 为圆心的纵坐标；

F——常数，并等于 $a^2+b^2-R^2$，其圆半径 $R=\dfrac{1}{2}\sqrt{D^2+E^3-4F}$。

（2）列方程求解直线与圆弧和圆弧与圆弧的交点或切点 为了叙述上的方便，把直线与圆弧和圆弧与圆弧的关系及其列方程求解法归纳为表 3-9 中的两种类型。

表 3-9 求直线与圆弧和圆弧与圆弧的交点或切点

类型	类型图与已知条件	联立方程与推导计算公式	说　明
（一）直线与圆弧相交	已知 $k,b,(x_0,y_0),R$。求 (x_C,y_C)	方程：$\begin{cases}(x-x_0)^2+(y-y_0)^2=R^2\\ y=kx+b\end{cases}$ 公式：$A=1+k^2$ $B=2[k(b-y_0)-x_0]$ $C=x_0^2+(b-y_0)^2-R^2$ $x_C=\dfrac{-B\pm\sqrt{B^2-4AC}}{2A}$ $y_C=kx_C+b$	公式也可用于求解直线与圆弧相切时的切点坐标。当直线与圆弧相切时，取 $B^2-4AC=0$，此时 $x_C=-B/(2A)$，其余计算公式不变
（二）圆弧与圆弧相交	已知 $(x_1,y_1),R_1,(x_2,y_2),R_2$。求 (x_C,y_C)	方程：$\begin{cases}(x-x_1)^2+(y-y_1)^2=R_1^2\\ (x-x_2)^2+(y-y_2)^2=R_2^2\end{cases}$ 公式：$\Delta x=x_2-x_1$，$\Delta y=y_2-y_1$ $D=\dfrac{(x_2^2+y_2^2-R_2^2)-(x_1^2+y_1^2-R_1^2)}{2}$ $A=1+\left(\dfrac{\Delta x}{\Delta y}\right)^2$ $B=2\left[\left(y_1-\dfrac{D}{\Delta y}\right)\dfrac{\Delta x}{\Delta y}-x_1\right]$ $C=\left(y_1-\dfrac{D}{\Delta y}\right)^2+x_1^2-R_1^2$ $x_C=\dfrac{-B\pm\sqrt{B^2-4AC}}{2A}$ $y_C=\dfrac{D-\Delta x x_C}{\Delta y}$	当两圆弧相切时，$B^2-4AC=0$，因此公式也可用于求两圆弧相切的切点

（3）列方程求解法示例

例3-3　如表3-9类型（一），假设直线与水平方向夹角为35°，且过点（15，18），圆心坐标为（20，10），半径为30mm，试求交点 C 和 D 的坐标。

解　利用上面的公式，计算如下。

$k = \tan 35° = 0.700，b = y - kx = 18 - 0.7 \times 15 = 7.5$

$A = 1 + k^2 = 1.49，B = -43.5\quad C = -493.75$

$x_C = (43.5 - 69.53)/2.98 = -8.74 \qquad x_D = (43.5 + 69.53)/2.98 = 37.93$

$y_C = 0.7 \times (-8.74) + 7.5 = 1.38 \qquad y_D = 0.7 \times 37.93 + 7.5 = 34.05$

例3-4　如表3-9类型（二），假设 $R_1 = 15.0$mm，圆心坐标为（5，10）；$R_2 = 18.0$mm，圆心坐标为（20，16），试求交点 C 和 D 的坐标。

解　利用两圆弧相交求交点的推导公式，计算如下。

$\Delta x = 15，\Delta y = 6，D = [(20^2 + 16^2 - 18^2) - (5^2 + 10^2 - 15^2)]/2 = 216$

$A = 1 + (15/6)^2 = 7.25，B = 2[(10 - 216/6) \times 15/6 - 5] = -140$

$C = (10 - 216/6)^2 + 5^2 - 15^2 = 476$

$x_C = 4.405，y_C = 24.988；x_D = 14.906，y_D = -1.264$。

例3-5　如图3-39所示的直线和圆弧，试求其交点 A 和交点 B 的坐标。

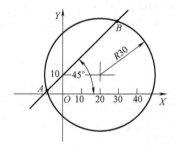

直线方程为：$y = x + 10$

圆方程为：$(x - 20)^2 + (y - 10)^2 = 30^2$

图 3-39　列方程求解法示例

解　将直线方程代入圆方程后得

$$x^2 - 20x - 250 = 0$$

求得

$$x_1 = -8.71，x_2 = 28.71$$

则

$$Y_1 = 1.29，Y_2 = 38.71$$

所以点 A 坐标为（-8.71，1.29），点 B 坐标为（28.71，38.71）。

2. 三角函数法

（1）三角函数法中常用的定理　在手工编程工作中，三角函数法是进行数学处理时应重点掌握的方法之一。三角函数法常用的三角函数定理的表达式如下。

正弦定理：

$$\frac{a}{\sin A} = \frac{b}{\sin B} = \frac{c}{\sin C} = 2R$$

余弦定理：

$$\cos A = \frac{b^2 + c^2 - a^2}{2bc}$$

其中　　a、b、c——分别为角 A、B、C 所对边的边长；R 为三角形外接圆半径。

（2）三角函数法求解直线与圆弧和圆弧与圆弧的交点或切点　　同样为了叙述上的方便，把直线与圆弧和圆弧与圆弧的关系及其三角函数法求解方法归纳为表 3-10 中的四种类型。

表 3-10　三角函数法求解直线与圆弧和圆弧与圆弧的交点或切点

类型	类型图与已知条件	推导计算公式	说　明
（一）直线与圆弧相切	已知 (x_1, y_1)，(x_2, y_2)，R。求 (x_c, y_c)	$\Delta x = x_2 - x_1$，$\Delta y = y_2 - y_1$ $\alpha_1 = \arctan(\Delta y / \Delta x)$ $\alpha_2 = \arcsin \dfrac{R}{\sqrt{\Delta x^2 + \Delta y^2}}$ $\beta = \lvert \alpha_1 \pm \alpha_2 \rvert$ $x_c = x_2 \pm R \lvert \sin\beta \rvert$ $y_c = y_2 \pm R \lvert \cos\beta \rvert$	公式中的角度是有向角。由于过已知点与圆的切线有两条，具体是哪条切线由 α_2 前面"±"号选取，沿基准线的逆时针方向为"+"
（二）直线与圆弧相交	已知 (x_1, y_1)，α_1，(x_2, y_2)，R。求 (x_c, y_c)	$\Delta x = x_2 - x_1$，$\Delta y = y_2 - y_1$ $\alpha_2 = \arcsin \left\lvert \dfrac{\Delta x \sin\alpha_1 - \Delta y \cos\alpha_1}{R} \right\rvert$ $\beta = \lvert \alpha_1 \pm \alpha_2 \rvert$ $x_c = x_2 \pm R \lvert \cos\beta \rvert$ $y_c = y_2 \pm R \lvert \sin\beta \rvert$	公式中的角度 α_1 是有向角，直线相对于 X 轴逆时针方向为"+"，反之为"-"
（三）两圆弧相交	已知 (x_1, y_1)，R_1，(x_2, y_2)，R_2。求 (x_c, y_c)	$\Delta y = x_2 - x_1$，$\Delta y = y_2 - y_1$ $d = \sqrt{\Delta x^2 + \Delta y^2}$ $\alpha_1 = \arctan(\Delta y / \Delta x)$ $\alpha_2 = \arccos \dfrac{R_1^2 + d^2 - R_2^2}{2R_1 d}$ $\beta = \lvert \alpha_1 \pm \alpha_2 \rvert$ $x_c = x_1 \pm R_1 \cos\lvert \beta \rvert$ $y_c = y_1 \pm R_1 \sin\lvert \beta \rvert$	两圆弧相切时，α_2 等于 0，计算较为方便，两圆弧相交的另一交点坐标根据公式中的"±"选取，注意 x 和 y 值相互间的搭配关系

（续）

类型	类型图与已知条件	推导计算公式	说　明
（四）直线与两圆弧相切	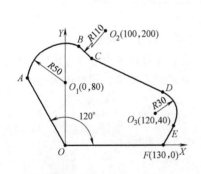 已知 (x_1,y_1)，R_1，(x_2,y_2)，R_2。 求 (x_{C2},y_{C2})	$\Delta x = x_2 - x_1$，$\Delta y = y_2 - y_1$ $\alpha_1 = \arctan(\Delta y/\Delta x)$ $\alpha_2 = \arcsin \dfrac{R_2 \pm R_1}{\sqrt{\Delta x^2 + \Delta y^2}}$ $\beta = \lvert \alpha_1 \pm \alpha_2 \rvert$ $x_{C1} = x_1 \pm R_1 \sin\beta$ $y_{C1} = y_1 \pm R_1 \lvert \cos\beta \rvert$ 同理，$x_{C2} = x_2 \pm R_2 \sin\beta$ $y_{C2} = y_2 \pm R_2 \lvert \cos\beta \rvert$	求 α_2 角度值时，内公切线用"+"，外公切线用"–"

（3）三角函数法示例

例 3-6　如图 3-40 所示，试采用三角函数法求解基点 A、B、C、D、E 的坐标。

解　点 A：按表 3-10 中的类型（二）求得 $x_A = -49.64$，$y_A = 85.98$。

点 B：按表 3-10 中的类型（三）求得 $x_B = 18.04$，$y_B = 126.63$。

点 C 与点 D：按表 3-10 中的类型（四）求得 $x_C = 57.69$，$y_C = 98.46$，$x_D = 131.54$，$y_D = 67.69$。

点 E：按表 3-10 中的类型（一）求得 $x_E = 145.26$，$y_E = 23.81$。

例 3-7　采用三角函数法分析图 3-41 中切点 P 和 Q 的坐标。

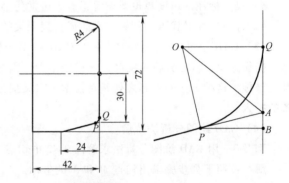

图 3-40　三角函数法求基点坐标示例（一）

图 3-41　三角函数法求基点坐标示例（二）

解　如图 3-41 所示，$\angle PAB = \arctan(PB/AB) = \arctan(24/6) = 75.96°$，$\angle AOP = \angle AOQ = 37.98°$，$AQ = AP = OP \times \tan 37.98 = 3.123$，$AB = AP \times \cos 75.96° = 3.123 \times 0.24 = 0.75$，$PB = AP \times \sin 75.96° = 3.123 \times 0.97 = 3.03$，则相对于编程原点，点 P 坐标为（30.75，−3.03），点 Q 坐标为（26.877，0）。

3. CAD 绘图分析法

（1）常用 CAD 绘图软件　当前在国内常用的 CAD 绘图软件有 Auto CAD 和 CAXA 电子图板等。此外，国内外常用的 CAM 软件也常用作基点和节点分析的软件。常用的 CAM 软件有 UG、Pro/E、Mastercam 和 CAXA 制造工程师等。

Auto CAD 是 Autodesk 公司的主导产品，是当今最为流行的绘图软件之一，具有强大的二维功能，如绘图、编辑、填充和图案绘制、尺寸标注以及二次开发等功能，同时还具有部分三维绘图功能。该软件界面亲和力强，简便易学。因此，它受到工程技术人员的广泛欢迎。在国内，当前使用的版本为 Auto CAD2010、Auto CAD2013、Auto CAD2015 等简体中文版。

CAXA 电子图板软件由北航海尔公司研制开发，是我国自行开发的全国产化软件。该软件不仅具有强大的二维绘图功能，还有专门针对机械设计而制作的零件库。因此，该软件受到了大量机械类工程技术人员青睐。由于 CAXA 电子图板为全国产化软件。因此，全中文界面也特别适用于技校、职校学生和技术工人的学习与使用。当前，该软件常用的版本为 CAXA 2013 和 CAXA 2015 等。

（2）CAD 绘图分析基点坐标　采用 CAD 绘图来分析基点坐标时，首先应学会一种 CAD 软件的使用方法，然后用该软件绘制出零件二维零件图并标出相应尺寸（通常是基点与工件坐标系原点间的尺寸），最后根据坐标系的方向及所标注的尺寸确定基点的坐标。

采用这种方法分析基点坐标时，要注意以下几方面的问题。

1）绘图要细致认真，不能出错。

2）图形绘制时应严格按 1：1 的比例进行。

3）尺寸标注的精度单位要设置正确，通常为小数点后三位。

4）标注尺寸时找点要精确，不能捕捉到无关的点上去。

（3）CAD 绘图分析法特点　采用 CAD 绘图分析法可以避免了大量复杂的人工计算，操作方便，基点分析精度高，出错概率少。因此，建议尽可能采用这种方法来分析基点坐标。这种方法的不利之处是对技术工人又提出了新的学习要求，同时还增加了设备的投入。

（4）CAD 绘图分析法示例

例 3-8　用 CAD 绘图分析法求解图 3-42 中切点 M 和 N 的坐标。

解　按照下列步骤求出切点 M 和 N 的坐标。

1）作一条任意的水平线 H_1 和垂直线 V_1（两直线相交）。

2）将水平线分别偏移 9mm、7.5mm 作 H_3 和 H_2。

3）将垂直线偏移 4.5mm 作 V_2，连接交点 C 和交点 D。

4）直线 V_1 和 CD 间倒圆角 $R0.8$，完成的草图，如图 3-43a 所示。

5）对曲线进行修剪并删除多余线条。

6）标注切点 M 和 N 相对于工件坐标系原点间的尺寸，完成后如图 3-43b 所示。

7）根据标注的尺寸，通过分析计算求出点 M 和点 N 的坐标。

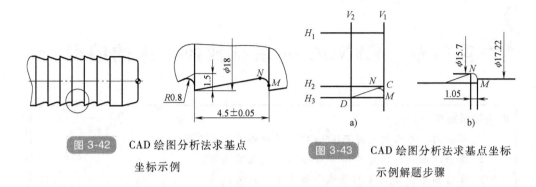

图 3-42 CAD 绘图分析法求基点
坐标示例

图 3-43 CAD 绘图分析法求基点坐标
示例解题步骤

☆**考核重点解析**

本章是理论知识考核重点，在考核中约占 20%。在数控车工高级理论鉴定试题中常出现的知识点有：数控编程的概念及步骤、数控车床的坐标系、数控加工程序及其代码、常用功能指令、刀具补偿功能、基点与节点的概念及其坐标的求解等。

复习思考题

1. 什么是数控编程？数控编程的步骤有哪些？

2. 数控编程的方法主要有哪两种？

3. 数控车床坐标系确定的原则有哪些？

4. 对刀点、刀位点、换刀点三者有何区别？

5. 数控系统常用功能有哪些？

6. 常用 M 功能指令有哪些？各有何作用？

7. 恒转速和恒线速有何区别？

8. 模态指令与非模态指令有何区别？

9. 一个完整的程序有哪几部分组成？

10. 地址符程序段格式主要有哪几部分组成？

11. G00 与 G01 有何区别？

12. 如何判断圆弧的顺逆？

13. 如何确定圆弧半径为正值还是负值？

14. G27 与 G28 有何区别？

15. 刀尖圆弧半径补偿的目的是什么？

16. 刀尖圆弧半径补偿指令有哪些？各有何作用？

17. 实现刀尖圆弧半径补偿需要哪三个步骤？

18. 使用刀尖圆弧半径补偿指令时应注意哪些问题？

19. 什么是基点？什么是节点？

20. 国内常用的 CAD 绘图软件有哪些？

第四章　FANUC 0i 系统数控车床的编程

理论知识要求

1. 掌握内、外圆切削循环 G90 指令编程格式及其应用。

2. 掌握端面切削循环 G94 指令编程格式及其应用。

3. 掌握粗车循环 G71 指令编程格式及其应用。

4. 掌握端面粗车循环 G72 指令的编程格式及其应用。

5. 掌握多重复合循环 G73 指令的编程格式及其应用。

6. 掌握切槽复合固定循环 G75 指令的编程格式及其应用。

7. 掌握端面切槽循环 G74 指令的编程格式及其应用。

8. 掌握螺纹加工 G32、G34 及其固定循环 G92、G76 指令的编程格式及其应用。

9. 掌握子程序的编程及其调用。

10. 掌握 B 类宏程序的编制。

操作技能要求

1. 能够应用循环指令编写复杂零件的加工程序。

2. 能够应用宏程序编写非圆曲线零件的加工程序。

3. 能够应用螺纹指令编写螺纹加工程序。

4. 能够应用子程序编写复杂类零件的加工程序。

第一节　单一固定循环

一、内、外圆切削循环 G90

1. 圆柱面切削循环

（1）指令格式

G90 X(U)＿ Z(W)＿ F ＿;

X(U)、Z(W) 为循环切削终点（图 4-1 中点 C）处的坐标，U 和 W 后面数值的符号取决于轨迹 AB 和 BC 的方向。

F 为循环切削过程中的进给速度，该值可沿用到后续程序中去，也可沿用循环程序前已经指令的 F 值。

（2）本指令的运动轨迹及工艺说明　圆柱面切削循环（即矩形循环）的运动轨迹，如图 4-1 所示。刀具从循环起始点 A 开始以 G00 方式径向移动至指令中的 X 坐标处（点 B），再以 G01 的方式沿轴向切削进给至终点坐标处（点 C），然后退至循环开始的 X 坐

标处（点 D），最后以 G00 方式返回循环起始点 A 处，准
备下个动作。

该指令与简单的编程指令（如 G00，G01 等）相比，
即将 AB、BC、CD、DA 四条直线指令组合成一条指令进
行编程，从而达到了简化编程的目的。

对于数控车床的所有循环指令，要特别注意正确选
择程序循环起始点的位置，因为该点既是程序循环的起
点，又是程序循环的终点。对于该点，一般宜选择在离
开工件或毛坯 1~2mm 的地方。

图 4-1 圆柱面切削循环
的运动轨迹

（3）编程示例

例 4-1 试用 G90 指令编写图 4-1 所示工件的加工程序。

O0401；

G99 G21 G40；（程序初始化）

T0101；（转 1 号刀并调用 1 号刀补）

M03 S600；（主轴正转，转速 600r/min）

G00 X52.0 Z2.0；（固定循环起点）

G90 X46.0 Z-30.0 F0.2；（调用固定循环加工圆柱表面）

X42.0；（固定循环模态调用，以下同）

X38.0；

X34.0；

X30.5；（精加工余量为 0.5mm）

X30.0 F0.1；（精加工进给速度）

G00 X100.0 Z100.0；

M30；（主轴停转，程序结束，并返回程序开头）

例 4-2 试用 G90 指令编写图 4-2 所示工件中孔 ϕ36mm 的加工程序（其他轮廓已
加工）。

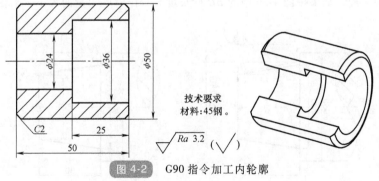

技术要求
材料:45钢。

$\sqrt{Ra\ 3.2}$ $\sqrt{\ }$

图 4-2 G90 指令加工内轮廓

O0402；

G99 G21 G40；（程序初始化）

T0101；（转 1 号刀并调用 1 号刀补）

M03 S600；（主轴正转，转速 600r/min）

G00 X22.0 Z2.0；（固定循环起点）

G90 X28.0 Z-25.0 F0.2；（调用固定循环加工圆柱表面）

X32.0；

X35.5；（精加工余量为 0.5mm）

X36.0 F0.1 S1200；（变换精加工的进给速度和转速）

G00 X100.0 Z100.0；

M30；（主轴停转，程序结束，并返回程序开头）

2. 圆锥面切削循环

（1）指令格式

G90 X(U)__ Z(W)__ R __ F __；

X(U)、Z(W) 为循环切削终点处的坐标。

F 为循环切削过程中进给速度的大小。

R 为圆锥面切削起点（图 4-3a 中的点 *B*）*X* 坐标值与切削终点（图 4-3a 中的点 *C*）*X* 坐标值的差的二分之一，带有方向。

（2）本指令的运动轨迹与工艺说明　本指令的运动轨迹如图 4-3 所示，相似于圆柱面切削循环。

G90 循环指令中的 R 值有正负之分，当切削起点处的半径小于终点处的半径时，R 为负值，如图 4-3a 所示 R 值即为负值，反之则为正值。

为了保证圆锥面加工时锥度的正确性，该循环的循环起点一般应在离工件 *X* 向 1~2mm 和 *Z* 向为 Z0 的位置处，如图 4-3b 所示。当加工直线段 *CD* 时，如果 *Z* 向起刀点处在 Z2.0 位置时，其实际的加工路线为 *ED*，从而产生了锥度误差。解决其锥度误差的另一种办法是在直线 *CD* 的延长线上起刀（图 4-3b 中的点 *G*），但这时要重新计算 R 值。

对于圆锥面加工，背吃刀量应参照最大加工余量来确定，即以图 4-3b 中 *CF* 段的长度进行平均分配。如果按图 4-3b 中的 *BD* 段长度来分配背吃刀量的大小，则在加工过程

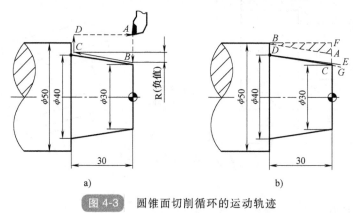

a)　　　　　　　　　　　b)

图 4-3　圆锥面切削循环的运动轨迹

中会使第一次执行循环时的开始处背吃刀量过大，如图 4-3b 中 *ABF* 区域所示，即在切削开始处的背吃刀量为 10mm。

（3）编程示例

例 4-3　试用 G90 指令编写图 4-3a 所示工件的加工程序。

O0403；

……

G00 X52.0 Z0.0；（固定循环起点，Z 向为 Z0）

G90 X56.0 Z−30.0 R−5.0 F0.2；（调用固定循环，在 X46.0、Z0 处开始切削）

X52.0；（固定循环模态调用，以下同）

X48.0；

X44.0；

X40.5；（精加工余量为 0.5mm）

X40.0 F0.1；（起始点为 X30.0 Z0.0）

G00 X100.0 Z100.0；

M30；

二、端面切削循环 G94

1. 平端面切削循环

这里所指的端面是与 *X* 坐标轴平行的端面，称为平端面。

（1）指令格式

G94 X(U)__ Z(W)__ F；

X(U)、Z(W)、F 的含义与 G90 中的相同。

（2）本指令的运动轨迹及工艺说明　本指令的运动轨迹如图 4-4 所示。刀具从循环起始点 *A* 开始以 G00 方式快速到达指令中的 *Z* 坐标处（图 4-4 中点 *B*），再以 G01 的方式切削进给至终点坐标处（图 4-4 中点 *C*），并退至循环起始的 *Z* 坐标处（图 4-4 中点 *D*），再以 G00 方式返回循环起始点 *A*，准备下个动作。

执行该指令的工艺过程与 G90 工艺过程相似，不同之处在于切削进给速度及背吃刀量应略小，以减小切削过程中的刀具振动。

（3）编程示例

例 4-4　试用 G94 指令编写图 4-4 所示工件的加工程序。

O0404；

…

G00 X52.0 Z2.0；（固定循环起点）

G94 X20.0 Z−2.0 F0.2；（调用固定循环加工平端面）

Z−4.0；（固定循环模态调用，以下同）

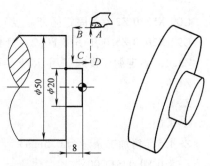

图 4-4　平端面切削循环的运动轨迹

Z-6.0;

Z-7.5;（精加工余量为0.5mm）

Z-8.0 F0.1;

G00 X100.0 Z100.0;

M30;

2. 斜端面切削循环

当圆锥母线在X轴上的投影长大于其在Z轴上的投影长时，该端面称为斜端面。

（1）指令格式

G94 X(U)＿ Z(W)＿ R＿ F＿；

X(U)、Z(W)、F的含义与G90中的相同。

R为斜端面切削起点（图4-5中的点B）处的Z坐标减去终点（图4-5中的点C）处的Z坐标之差。

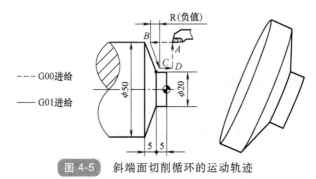

图 4-5　斜端面切削循环的运动轨迹

（2）本指令的运动轨迹及工艺说明　本指令的运动轨迹及工艺说明与G90相似。G94和G90加工意义有所区别，G94是在工件的端面上形成斜面，而G90是在工件的外圆上形成锥度。

（3）编程示例

例4-5　试用G94指令编写图4-5所示工件的加工程序。

O0405;

…

G00 X53.0 Z2.0;（固定循环起点）

G94 X20.0 Z5.0 R-5.5 F0.2;（延长线上开始切削,且R为负值）

Z3.0;（固定循环模态调用,以下类同）

Z1.0;

Z-1.0;

Z-3.0;

Z-4.5;（精加工余量为0.5mm）

Z-5.0 F0.1 S1 200;

G00 X100.0 Z100.0;

M30；

三、使用单一固定循环（G90、G94）时应注意的事项

1）如何使用固定循环 G90、G94，应根据坯件的形状和工件的加工轮廓进行适当选择，一般情况下的选择如图 4-6 所示。

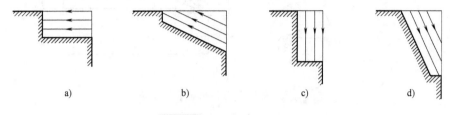

    a)   b)   c)   d)

图 4-6 　固定循环的选择

a）圆柱面切削循环 G90 　　b）圆锥面切削循环 G90（R）

c）平端面切削循环 G94 　　d）斜端面切削循环 G94（R）

2）由于 X（U）、Z（W）和 R 的数值在固定循环期间是模态的，所以，如果没有重新指令 X（U）、Z（W）和 R，则原来指定的数据有效。

3）如果在使用固定循环的程序段中指定了 EOB 或零运动指令，则重复执行同一固定循环。

4）如果在固定循环方式下，又指令了 M、S、T 功能，则固定循环和 M、S、T 功能同时完成。

5）如果在单段运行方式下执行循环，则每一循环分 4 段进行，执行过程中必须按 4 次循环启动按钮。

6）采用不同的切削方式时，其选择的刀具类型也不相同。如选用 G90 指令加工外圆时，可选择如图 4-7a 所示的外圆车刀；而选用 G94 指令加工端面时，则应选择如图 4-7b 所示的端面车刀。

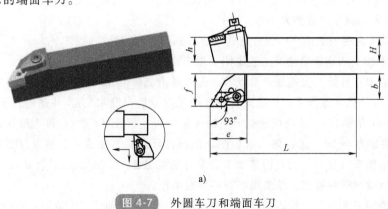

a)

图 4-7 　外圆车刀和端面车刀

a）外圆车刀

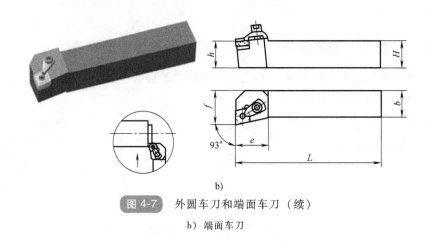

图 4-7　外圆车刀和端面车刀（续）

b）端面车刀

第二节　复合固定循环

一、毛坯切削循环

1. 粗车循环

（1）指令格式

G71 U（Δd）R（e）；

G71 P（ns）Q（nf）U（Δu）W（Δw）F__ S__ T__；

Δd 为 X 向背吃刀量（半径量指定），不带符号，且为模态值。

e 为退刀量，其值为模态值。

ns 为精车程序第一个程序段的段号。

nf 为精车程序最后一个程序段的段号。

Δu 为 X 向精车余量的大小和方向，用直径量指定（另有规定则除外）。

Δw 为 Z 向精车余量的大小和方向；

F、S、T 为粗加工循环中的进给速度、主轴转速与刀具功能。

（2）本指令的运动轨迹及工艺说明　粗车循环的运动轨迹如图 4-8 所示，刀具从循环起点（点 C）开始，快速退刀至点 D，退刀量由 Δw 和 Δu/2 值确定；再快速沿 X 向进给 Δd（半径值）至点 E；然后按 G01 进给至点 G 后，沿 45°方向快速退刀至点 H（X 向退刀量由 e 值确定）；Z 向快速退刀至循环起始的 Z 值处（I 点）；再次沿 X 向进给至 J 点（进给量为 $e+\Delta d$）进行第二次切削；如该循环至粗车完成后，再进行平行于精加工表面的半精车（这时，刀具沿精加工表面分别留出 Δw 和 Δu 的加工余量）；半精车完成后，快速退回循环起点，结束粗车循环所有动作。

指令中的 F 和 S 值是指粗加工循环中的进给速度和主轴转速，该值一旦指定，则在程序段段号"ns"和"nf"之间所有的 F 和 S 值均无效。另外，该值也可以不加指定而沿用前面程序段中的值，并可沿用至粗、精加工结束后的程序中去。

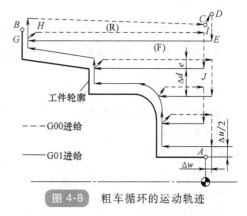

图 4-8　粗车循环的运动轨迹

在通常情况下，FANUC 0i 系统粗加工循环中的轮廓外形必须采用单调递增或单调递减的形式，否则会产生凹形轮廓不是分层切削而是在半精加工时一次性切削的情况（图 4-9）。当加工凹圆弧 AB 段时，阴影部分的加工余量在粗车循环时，因其 X 向的递增与递减形式并存，故无法进行分层切削而在半精加工时一次性进行切削。

在 FANUC 系列的 G71 循环中，顺序号"ns"程序段必须沿 X 向进给，且不能出现 Z 轴的运动指令，否则系统会出现程序报警。

N100 G01 X30.0；（正确的"ns"程序段）

N100 G01 X30.0 Z2.0；（错误的"ns"程序段，程序段中出现了 Z 轴的运动指令）

（3）编程示例

例 4-6　试用复合固定循环指令编写图 4-10 所示工件的粗加工程序。

图 4-9　粗车内凹轮廓

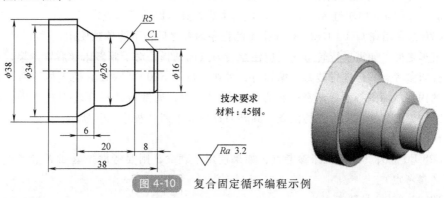

技术要求
材料：45钢。

$\sqrt{Ra\ 3.2}$

图 4-10　复合固定循环编程示例

O0406；

G99 G40 G21；

T0101；

G00 X100.0 Z100.0；

M03 S600；

G00 X42.0 Z2.0；（快速定位至粗车循环起点）

G71 U1.0 R0.3；（粗车循环，指定背吃刀量与退刀量）

G71 P100 Q200 U0.3 W0.0 F0.2；（指定循环所属的首、末程序段，精车余量与进给

速度）

N100 G00 X14.0;（也可用 G01 进给,不能出现 Z 坐标字）

G01 Z0.0 F0.1 S1200;（精车时的进给速度和主轴转速）

X16.0 Z-1.0;

Z-8.0;

G03 X26.0 Z-13.0 R5.0;

G01 Z-22.0;

X34.0 Z-28.0;

X38.0;

Z-38.0;

N200 G01 X42.0;

G00 X100.0 Z100.0;

M30;

2. 精车循环

（1）指令格式

G70 P __(ns) Q __(nf);

ns 为精车程序第一个程序段的段号。

nf 为精车程序最后一个程序段的段号。

（2）本指令的运动轨迹及工艺说明 执行 G70 循环时，刀具沿工件的实际轨迹进行切削，如图 4-8 中轨迹 AB 所示。循环结束后刀具返回循环起点。

G70 指令用在 G71、G72、G73 指令的程序内容之后，不能单独使用。

精车之前，如需进行转刀，则应注意转刀点的选择。对于倾斜床身后置刀架，一般先回机床参考点，再进行转刀，编程时，可在上例的 N200 程序段后插入如下列"程序一"的内容。而选择水平床身前置刀架的转刀点时，通常应选择在转刀过程中，刀具不与工件、夹具、顶尖干涉的位置，其转刀程序如下列"程序二"所示。

程序一：

G28 U0 W0;（返回机床参考点，如果使用了顶尖，则要考虑先返回 X 参考点，再返回 Z 参考点）

T0202;（转 2 号精车刀）

G00 X42.0 Z2.0;（返回循环起点）

程序二：

G00 X100.0 Z100.0;或 G00 X150.0 Z20.0;（前一程序段未考虑顶尖位置,后一程序段则已考虑了顶尖位置）

T0202;

G00 X42.0 Z2.0;（返回循环起点）

G70 执行过程中的 F 和 S 值，由段号"ns"和"nf"之间给出的 F 和 S 值指定，如前例中 N100 的后一个程序段所示。

精车余量的确定：精车余量的大小受机床、刀具、工件材料、加工方案等因素影响，故应根据前、后工步的表面质量、尺寸、位置及安装精度进行确定，其值不能过大也不宜过小。确定加工余量的常用方法有经验估算法、查表修正法、分析计算法三种。车削内、外圆时的加工余量采用经验估算法，一般取 0.2~0.5mm。另外，在 FANUC 系统中，还要注意加工余量的方向性，即外圆的加工余量为正，内孔的加工余量为负。

（3）编程示例

例 4-7　试用 G71 与 G70 指令编写图 4-11 所示工件内轮廓（坯孔直径为 φ18mm）粗、精车的加工程序。

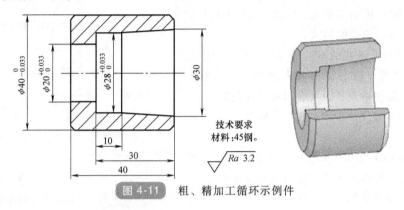

技术要求
材料:45钢。
$\sqrt{}$ Ra 3.2

图 4-11　粗、精加工循环示例件

O0407；

G99 G40 G21；

T0101；

G00 X100.0 Z100.0；

M03 S600；

G00 X17.0 Z2.0；（快速定位至粗车循环起点）

G71 U0.8 R0.3；（背吃刀量取较小值）

G71 P10 Q20 U-0.3 W0.05 F0.2；（精车余量 X 向取负值，Z 向取正值）

N10 G00 X30.0 F0.1 S1000；

G01 Z0.0；

X28.0 Z-20.0；

Z-30.0；

X20.0；

Z-42.0；

N20 G01 X17.0；

G70 P10 Q20；

G00 X100.0 Z100.0；

M30；

注意：加工内轮廓时，应特别注意作为 X 向精加工余量的"U"值取负值，且为直径量。

3. 平端面粗车循环

（1）指令格式

G72 W(Δd) R(e)；

G72 P(ns) Q(nf) U(Δu) W(Δw) F＿ S＿ T；

Δd 为 Z 向背吃刀量，不带符号，且为模态值。其余参数与 G71 指令中的参数。

（2）本指令的运动轨迹及工艺说明　平端面粗车循环的运动轨迹如图 4-12 所示。该轨迹与 G71 轨迹相似，不同之处在于该循环是沿 Z 向进行分层切削的。

G72 循环所加工的轮廓形状，必须采用单调递增或单调递减的形式。

在 FANUC 系统的 G72 循环指令中，顺序号"ns"所指程序段必须沿 Z 向进给，且不能出现 X 轴的运动指令，否则会出现程序报警。

N100 G01 Z－30.0；　（正确的"ns"程序段）

N100 G01 X30.0 －30.0；（错误的"ns"程序段，程序段中出现了 X 轴的运动指令）。

（3）编程示例

例 4-8　试用 G72 和 G70 指令编写图 4-13 所示内轮廓（孔 ϕ12mm 已钻好）的加工程序。

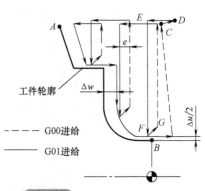

图 4-12　平端面粗车循环的运动轨迹

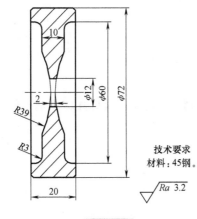

图 4-13　平端面粗车循环示例件

O0408；

G99 G40 G21；

T0101；

G00 X100.0 Z100.0；

M03 S600；

G00 X10.0 Z10；（快速定位至粗车循环起点）

G72 W1.0 R0.3；

G72 P10 Q20 U-0.05 W0.3 F0.2；（精车余量 Z 向取较大值）

N10 G01 Z-8.68 F0.1 S1200；

G02 X34.40 Z-5.0 R39.0；

G01 X54.0；

G02 X60.0 Z-2.0 R3.0；

N20 G01 Z0；

G70 P10 Q20；

G00 X100.0 Z100.0；

M30；

4．多重复合循环

（1）指令格式

G73 U（Δi）W（Δk）R（d）；

G73 P（ns）Q（nf）U（Δu）W（Δw）F＿ S＿ T；

Δi 为 X 向的退刀量大小和方向（半径量指定），该值是模态值。

Δk 为 Z 向的退刀量大小和方向，该值是模态值。

d 为分层次数（粗车重复加工次数）。

其余参数请参照 G71 指令。

（2）本指令的运动轨迹及工艺说明　多重复合循环的运动轨迹如图 4-14 所示。

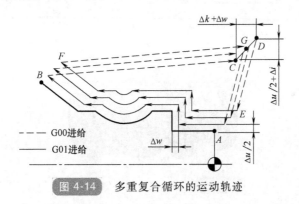

图 4-14　多重复合循环的运动轨迹

1）刀具从循环起点（点 C）开始，快速退刀至点 D（在 X 向的退刀量为 $\Delta u/2+\Delta i$，在 Z 向的退刀量为 $\Delta k+\Delta w$）。

2）快速进给至点 E（点 E 坐标值由点 A 坐标、精加工余量、退刀量 Δi 和 Δk 及粗切次数确定）。

3）沿轮廓形状偏移一定值后进行切削至点 F。

4）快速返回点 G，准备第二层循环切削。

5）如此分层（分层次数由循环程序中的参数 d 确定）切削至循环结束后，快速退回循环起点（点 C）。

G73 循环主要用于车削固定轨迹的轮廓。这种复合循环可以高效地切削铸造成形、锻造成形或已粗车成形的工件。对不具备类似成形条件的工件，如采用 G73 进行编程与加工，则反而会增加刀具在切削过程中的空行程，而且也不便计算粗车余量。

G73 程序段中，"ns" 所指程序段可以向 X 轴或 Z 轴的任意方向进给。

G73 循环加工的轮廓形状，没有单调递增或单调递减形式的限制。

（3）编程示例

例 4-9　试用 G73 指令编写图 4-15 所示工件右侧外形轮廓（左侧加工完成后采用一夹一顶的方式进行装夹）的加工程序，毛坯尺寸为 $\phi55mm \times 80mm$。

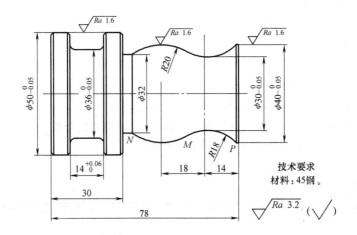

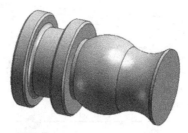

图 4-15　多重复合循环编程示例件

分析　完成本例时，应注意刀具及刀具角度的正确选择，以保证刀具在加工过程中不产生过切。本例中，刀具采用菱形刀片可转位车刀，其刀尖角为 35°，副偏角为 52°，适合本例工件的加工要求（加工本例工件所要求的最大副偏角位于图 4-15 中点 N 处，约为 35°）。

计算出局部基点坐标为：P（40.0，-0.71）；M（34.74，-22.08）；N（32.0，-44.0）。另外，本例工件最好采用刀尖圆弧半径补偿进行加工。

O0409;

G99 G40 G21;

T0101;

G00 X100.0 Z100.0;

M03 S800;

G00 X52.0 Z2.0;（快速定位至粗车循环起点）

G73 U12.5 W0 R8.0;（X 向分 8 次切削，直径方向总切深为 25mm）

G73 P100 Q200 U0.3 W0 F0.2;

N100 G42 G00 X20.0 F0.05 S1500;（刀尖圆弧半径补偿）

G01 Z-0.71;

G02 X34.74 Z-22.08 R18.0;

G03 X32.0 Z-44.0 R20.0;

G01 Z-48.0;

X48.0;

X50.0 Z-49.0;

N200 G40 G01 X52.0;（取消刀具半径补偿）

G70 P100 Q200;

G00 X100.0 Z100.0;

M30;

注意：采用固定循环加工内外轮廓时，如果编写了刀尖圆弧半径补偿指令，则仅在精加工过程中才执行刀尖圆弧半径补偿，在粗加工过程中不执行刀尖圆弧半径补偿。

5. 使用复合固定循环时的注意事项

1）如何选用复合固定循环，应根据毛坯的形状、工件的加工轮廓及其加工要求适当进行。G71 固定循环主要用于对径向尺寸要求比较高、轴向切削尺寸大于径向切削尺寸这类毛坯工件进行粗车循环。G72 固定循环主要用于对端面精度要求比较高、径向切削尺寸大于轴向切削尺寸这类毛坯工件进行粗车循环。G73 固定循环主要用于已成形工件的粗车循环。

2）使用其他复合固定循环进行编程时，在其 ns～nf 之间的程序段中，不能含有以下指令：固定循环指令、参考点返回指令、螺纹切削指令（后叙）、宏程序调用（G73 指令除外）或子程序调用指令。

3）执行 G71、G72、G73 循环时，只有在 G71、G72、G73 指令的程序段中 F、S、T 是有效的，在调用的程序段 ns～nf 之间编入的 F、S、T 功能将被全部忽略。相反，在执行 G70 精车循环时，G71、G72、G73 程序段中指令的 F、S、T 功能无效，这时，F、S、T 值决定于程序段 ns～nf 之间编入的 F、S、T 功能。

4）在 G71、G72、G73 程序段中的 Δw、Δu 是指精加工余量值，该值按其余量的方向有正、负之分。另外，G73 指令中的 Δi、Δk 值也有正、负之分，其正负值是根据刀具位置和进退刀方式来判定的。

二、切槽用复合固定循环

1. 径向切槽循环

（1）指令格式

G75 R(*e*);

G75 X(U)__ Z(W)__ P(Δ*i*) Q(Δ*k*) R(Δ*d*)F__;

e 为退刀量，其值为模态值。

X(U)、Z(W)为切槽终点处坐标。

Δ*i* 为 X 向的每次切深量，用不带符号的半径量表示。

Δ*k* 为刀具完成一次径向切削后，在 Z 向的偏移量，用不带符号的值表示。

Δ*d* 为刀具在切削底部的 Z 向退刀量，无要求时可省略。

F 为径向切削时的进给速度。

（2）本指令的运动轨迹及工艺说明 径向切槽循环的运动轨迹如图 4-16 所示。

1）刀具从循环起点（点 A）开始，沿径向进给 Δ*i* 并到达点 C。

2）退刀 *e*（断屑）并到达点 D。

3）按该循环递进切削至径向终点 X 的坐标处。

4）退到径向起刀点，完成一次切削循环。

5）沿轴向偏移 Δ*k* 至点 F，进行第二层切削循环。

6）依次循环直至刀具切削至程序终点坐标处（点 B），径向退刀至起刀点（点 G），再轴向退刀至起刀点（点 A），完成整个切槽循环动作。

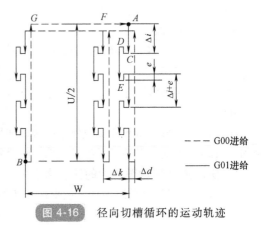

图 4-16 径向切槽循环的运动轨迹

G75 程序段中的 Z(W)值可省略或设定值为 0。当 Z(W)值设为 0 时，循环执行时刀具仅做 X 向进给而不做 Z 向偏移。

对于程序段中的 Δ*i*、Δ*k* 值，在 FANUC 系统中，不能输入小数点，而直接输入最小编程单位，如 P1500 表示径向每次切深量为 1.5mm。

车一般外沟槽时，因切槽刀是外圆切入，其几何形状与切断刀基本相同，车刀两侧副后角相等，车刀左右对称。

（3）编程示例

例 4-10 试用 G75 指令编写图 4-17 所示工件（设所用切槽刀的刀宽为 3mm）的沟槽加工程序。

分析 在编写本例的循环程序段时，要注意循环起点的正确选择。由于切槽刀在对刀时以刀尖点 M（图 4-17）作为 Z 向对刀点，而切槽时由刀尖点 N 控制长度尺寸

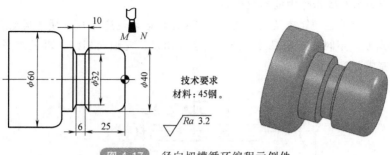

图 4-17　径向切槽循环编程示例件

25mm，因此，G75 循环起始点的 Z 向坐标为"-25-3（刀宽）=-28"。

O0410；

G99 G40 G21；

T0101；

G00 X100. 0 Z100. 0；

M03 S600；

G00 X42. 0 Z-28. 0；（快速定位至切槽循环起点）

G75 R0. 3；

G75 X32. 0 Z-31. 0 P1500 Q2000 F0. 1；

G00 X100. 0 Z100. 0；

M30；

对于槽侧的两处斜边，在切槽循环结束且不退刀的情况下，巧用切槽刀的左右刀尖能很方便地进行编程加工，其程序如下。

...

G75 X32. 0 Z-31. 0 P1500 Q2000 F0. 1；

G01 X40. 0 Z-26. 0；（图 4-17 所示刀尖 N 到达切削位置）

　　X32. 0 Z-28. 0；（车削右侧斜面）

　　X42. 0；（应准确测量刀宽，以确定刀具 Z 向移动量）

　　X40. 0 Z-33. 0；（图 4-17 所示刀尖 M 车削左侧斜面）

　　X32. 0 Z-31. 0；

　　X42. 0；

...

2. 端面切槽循环

（1）指令格式

G74 R(e)；

G74 X(W)__ Z(W)__ P(Δi) Q(Δk) R(Δd) F__；

Δi 为刀具完成一次轴向切削后，在 X 向的偏移量，该值用不带符号的半径量表示。

Δk 为 Z 向的每次切深量，用不带符号的值表示。

其余参数与 G75 指令中的参数相同。

（2）本指令的运动轨迹及工艺说明　　G74 循环运动轨迹与 G75 循环运动轨迹类似，如图 4-18 所示。不同之处是刀具从循环起点 A 出发，先轴向切深，再径向平移，依次循环直至完成全部动作。

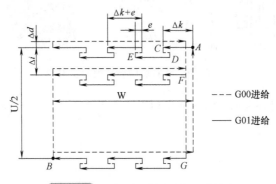

图 4-18　端面切槽循环的运动轨迹

G74 循环指令中的 X（U）值可省略或设定为 0。当 X（U）值设为 0 时，在 G74 循环执行过程中，刀具仅做 Z 向进给而不做 X 向偏移。该指令可用于端面啄式深孔钻削循环。但使用该指令时，装夹在刀架（尾座无效）上的刀具一定要精确定位到工件的旋转中心。

（3）编程示例

例 4-11　试用 G74 指令编写图 4-19 所示工件的切槽（切槽刀的刀宽为 3mm）及钻孔加工程序。

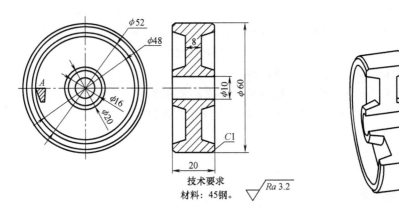

图 4-19　端面切槽循环编程示例件

O0411;

...

G00 X20.0 Z1.0;（快速定位至切槽循环起点）

G74 R0.3;

G74 X42.0 Z-6.0 P1 000 Q2 000 F0.1;（X 坐标相差一个刀宽）

G01 X16.0 Z0;（加工内锥面）

 X20.0 Z-6.0;

 X42.0;

 Z2.0;

 X46.0 Z0;

 X42.0 Z-6.0;

Z2.0;

G28 U0 W0;（返回参考点，以便转刀）

T0202;（转 2 号刀即 ϕ10mm 钻头）

G00 X0.0 Z1.0;（快速定位到啄式钻削起点）

G74 R0.3;

G74 Z-25.0 Q5000 F0.1;

G28 U0 W0;

M30;

注意：车削如图 4-19 所示端面槽时，车刀的刀尖点 A 处于车孔状态，为了避免车刀与工件沟槽的较大圆弧面相碰，刀尖 A 处的副后刀面必须根据端面槽圆弧的大小磨成圆弧形，并保证一定的后角。

3. 使用切槽用复合固定循环（G74、G75）时的注意事项

1）在 FANUC 系统中，当出现以下情况而执行切槽用复合固定循环指令时，将会出现程序报警。

① X（U）或 Z（W）指定，而 Δi 或 Δk 值未指定或指定为 0。

② Δk 值大于 Z 轴的移动量或 Δk 值设定为负值。

③ Δi 值大于 U/2 或 Δi 值设定为负值。

④ 退刀量大于进给量，即 e 值大于每次切深量 Δi 或 Δk。

2）由于 Δi 和 Δk 为无符号值，所以，刀具切深完成后的偏移方向由系统根据刀具起刀点及切槽终点的坐标自动判断。

3）切槽过程中，刀具或工件受较大的单方向切削力，容易在切削过程中产生振动，因此，切槽加工中进给速度 F 的取值应略小（特别是在端面切槽时），通常取0.1~0.2mm/r。

三、内外圆加工编程示例

例 4-12 试分析图 4-20 所示工件（毛坯为 ϕ60mm×92mm 的 45 钢）的加工过程并编写其加工程序。

技术要求

未注倒角 C1。

材料：45 钢。

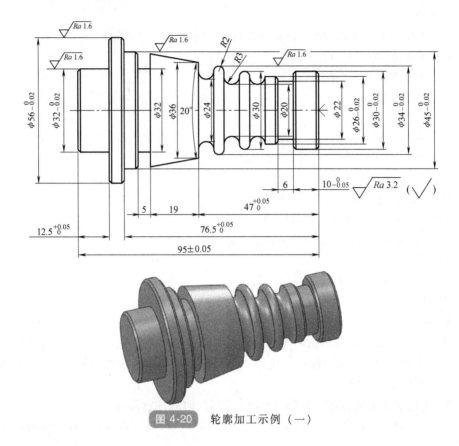

图 4-20　轮廓加工示例（一）

1. 选择机床与夹具

选择 FANUC 0i 系统、前置刀架数控车床加工，夹具采用通用自定心卡盘，编程原点分别设在工件左、右端面与 Z 轴相交的交点上。

2. 加工步骤

1）采用 G71 和 G70 指令粗、精加工工件左侧外轮廓。

2）掉头车端面，保证总长，钻中心孔。

3）采用一夹一顶的方式进行装夹。

4）采用 G71 和 G70 指令粗、精加工工件右侧外轮廓。

5）采用 G75 指令进行切槽加工。

6）采用 $R1.5\mathrm{mm}$ 圆弧车刀加工凹凸圆弧轮廓。

7）工件去毛刺倒棱，检查各项尺寸精度。

3. 选择刀具与切削用量

1）1 号刀为 90° 外圆车刀。切削用量粗车为 S600、F0.2、$a_{\mathrm{p}} = 1.5\mathrm{mm}$，精车为 S1200、F0.1、$a_{\mathrm{p}} = 0.25\mathrm{mm}$。

2）2 号刀为切槽刀，刀宽为 3mm；切削用量为 S600、F0.1。

3）3 号刀为圆弧车刀，*R*1.5mm；切削用量为 S800、F0.1。

4. 编写加工程序

O0412；（工件左侧加工程序）

G99 G21 G40；

T0101；（转 1 号刀，用于 G71 加工）

M03 S600；

G00 X60.0 Z2.0；

G71 U1.5 R0.3；（粗车循环）

G71 P100 Q200 U0.5 W0 F0.2；

N100 G00 X30.0 S1 200 F0.1；

G01 Z0.0；

X32.0 Z-1.0；（轮廓倒角 *C*1）

Z-12.5；

X54.0

X56.0 Z-13.5；

Z-25.0；

N200 G01 X60.0；

G70 P100 Q200；（精车左侧外轮廓）

G00 X100.0 Z100.0；

M30；

O0413；（工件右侧加工程序）

G99 G21 G40；

T0101；（转 1 号刀，用于 G71 加工）

M03 S600；

G00 X60.0 Z2.0；

G71 U1.5 R0.3；（粗车循环）

G71 P100 Q200 U0.5 W0 F0.2；

N100 G00 X28.0 S1200 F0.1；

G01 Z0.0；

X30.0 Z-1.0；（轮廓倒角 *C*1）

Z-37.0；

X34.0

Z-47.0；

X36.0；

X42.70 Z-66.0；

Z-71.0；

X 43.0；

X 45. 0 Z−72. 0；

Z−76. 5；

X54. 0；

X56. 0 Z−77. 5；

N200 G01 X60. 0；

G70 P100 Q200；（精车右侧外轮廓）

G00 X150. 0 Z50. 0；（有顶尖的换刀）

T0202；（转 2 号刀，刀宽为 3mm）

M03 S600；

G00 X32. 0 Z−13. 0；

G75 R0. 3；（加工第一条槽）

G75 X22. 0 Z−16. 0 P2000 Q2000 F0. 1；

G00 X32. 0 Z−9. 0；

G01 X30. 0 F0. 1；

X 28. 0 Z−10. 0；、（倒角 C1）；

G00 X47. 0；

Z−69. 0

G75 R0. 3；（加工第二条槽）

G75 X32. 0 Z−71. 0 P2000 Q2000 F0. 1；

G00 X150. 0 Z50. 0；

M30；

O0413；（凹凸圆弧的精加工程序）

G99 G21 G40；

T0303；（转 3 号圆弧车刀）

M03 S800 F0. 1；

G00 X40. 0 Z−14. 0；

G42 G01 X24. 0；

Z−16. 0；

X26. 0 Z−17. 0；

Z−21. 0；

G02 Z−27. 0 R3. 0；

G03 Z−31. 0 R2. 0；

G02 Z−37. 0 R3. 0；

G01 X34. 0；

G03 Z−41. 0 R2. 0；

G02 Z−47. 0 R3. 0；

G01 X40. 0；

G40 G00 X40.0 Z-14.0；

G00 X150.0 Z50.0；（注意退刀过程中不要与顶尖发生干涉）

M30；

例 4-13　如图 4-21 所示工件，毛坯为 ϕ82mm×15mm 的 45 钢（中间已加工出 ϕ2mm 内孔），试分析其加工方案并编写其数控车加工程序。

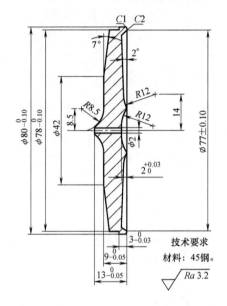

图 4-21　轮廓加工示例（二）

分析　加工本例工件时，选用 G72 指令进行编程加工左侧轮廓，再选用 G73 指令加工右侧轮廓。

O0414；

G99 G21 G40；

T0101；（转 1 号刀，用于 G72 加工）

M03 S600；

G00 X82.0 Z2.0；

G72 W1.0 R0.3；（粗车循环,去除部分余量）

G72 P100 Q200 U0.1 W0.3 F0.2；

N100 G01 Z-10.0 S1 200 F0.1；

X78.0；

Z-6.21；

X42.0 Z-4.0；

X17.0；

G03 X1.58 Z1.0 R8.5；

N200 G01 Z2.0；

G70 P100 Q200；

G00 X100.0 Z100.0；（退刀至转刀点）

M30；

O0415；（工件右侧加工程序）

G99 G96 G21 G40；

G50 S2000；（采用恒线度,限制最高转速）

T0202；（转 2 号刀,用于 G73 加工）

M03 S600；

G00 X1.0 Z1.0；

G73 U0 W3.0 R3；（G73 粗加工右侧轮廓）

G73 P300 Q400 U0 W0.3 F0.2；

N300 G01 X1.6 Z-2.0 S120 F0.1；

X7.24；

G02 X20.51 Z0 R12.0；

G02 X27.16 Z-0.59 R12.0；

G01 X74.17 Z-1.42；

X77.0 Z0；

X82.0；

N400 G01 Z1.0；

G70 P300 Q400；（精加工右侧轮廓）

G00 X100.0 Z100.0；

M30；

第三节　螺纹加工及其固定循环

在 FANUC 数控系统中，车削螺纹的加工指令有 G32、G34 和其固定循环加工指令 G92、G76。通过这些指令，在数控车床上加工各种螺纹更加简便。

一、普通螺纹的尺寸计算

普通螺纹是我国应用最为广泛的一种三角形螺纹，牙型角为 60°。普通螺纹分粗牙普通螺纹和细牙普通螺纹。粗牙普通螺纹螺距是标准螺距，其代号用字母"M"及公称直径表示，如 M16、M12 等。细牙普通螺纹代号用字母"M"及公称直径×螺距表示，如 M24×1.5、M27×2 等。普通螺纹有左旋螺纹和右旋螺纹之分，左旋螺纹应在螺纹标记的末尾处加注"LH"字，如 M20×1.5-LH 等，未注明的是右旋螺纹。

普通螺纹的基本牙型如图 4-22 所示，该牙型具有螺纹的各公称尺寸。

螺纹基本尺寸的计算如下。

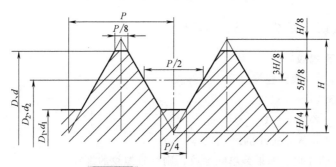

图 4-22 普通螺纹的基本牙型

P—螺纹螺距 H—螺纹原始三角形高度，H=0.866P D、d—螺纹大径
D_2、d_2—螺纹中径 D_1、d_1—螺纹小径

1. 螺纹大径 (D、d)

螺纹大径的公称尺寸与螺纹的公称直径相同。外螺纹大径在螺纹加工前，由外圆的车削得到，该外圆的实际直径通过其大径公差带或借用其中径公差带进行控制。

2. 螺纹中径 (D_2、d_2)

$$D_2(d_2) = D(d) - (3H/8) \times 2 = D(d) - 0.6495P$$

在数控车床上，螺纹中径是通过控制螺纹的削平高度（由螺纹车刀的刀尖体现）、牙型高度、牙型角和底径来综合控制的。

3. 螺纹小径 (D_1、d_1) 与螺纹牙型高度 (h)

$$D_1(d_1) = D(d) - (5H/8) \times 2 = D(d) - 1.08P$$

$$h = 5H/8 = 0.54125P, \text{取} \; h = 0.54P$$

4. 螺纹编程直径与总切深量的确定

在编制螺纹加工程序或车削螺纹时，因受到螺纹车刀刀尖形状及其尺寸刃磨精度的影响，为保证螺纹中径达到要求，故在编程或车削过程中通常采用以下经验公式进行调整或确定其编程小径 (d_1'、D_1')。

$$d_1' = d - (1.1 \sim 1.3)P$$

$$D_1' = D - P (车削塑性金属)$$

$$D_1' = D - 1.05P (车削脆性金属)$$

在以上经验公式中，d、D 直径均指其基本尺寸。在各编程小径的经验公式中，已考虑到了部分直径公差的要求。

同样，考虑螺纹的公差要求和螺纹切削过程中对大径的挤压作用，编程或车削过程中的外螺纹大径应比其公称直径小 0.1～0.3mm。

如在数控车床上加工 M24×2-7h 的外螺纹，采用经验公式取：

螺纹编程大径　　　　　　　　$d' = 23.8$mm

半径方向总切深量　　$h' = 1.3P/2 = 0.65 \times 2$mm $= 1.3$ mm

编程小径　　　　　　　$d_1' = d - 2h' = 24\text{mm} - 2.6\text{mm} = 21.4\text{mm}$

二、螺纹切削指令（G32、G34）

1. 等螺距直螺纹

这类螺纹包括普通圆柱螺纹和端面螺纹。

（1）指令格式

G32 X(U)＿ Z(W)＿ F ＿ Q ＿;

X(U)、Z(W)为直螺纹的终点坐标。

F为直螺纹的导程。如果是单线螺纹，则为直螺纹的螺距。

Q为螺纹起始角。该值为不带小数点的非模态值，其单位为0.001°。如果是单线螺纹，则该值不用指定，这时该值为0。

在该指令格式中，当只有 Z 向坐标数据字时，指令加工等螺距圆柱螺纹；当只有 X 向坐标数据字时，指令加工等螺距端面螺纹。

（2）本指令的运动轨迹及工艺说明　G32 圆柱螺纹的运动轨迹如图 4-23 所示。G32 指令近似于 G01 指令，刀具从点 B 以每转进给一个导程/螺距的速度切削至点 C。切削前的进给和切削后的退刀都要通过其他的程序段来实现，如图 4-23 所示的 AB、CD、DA 程序段。

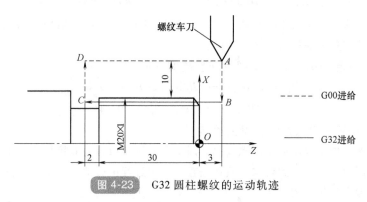

图 4-23　G32 圆柱螺纹的运动轨迹

在加工等螺距圆柱螺纹以及除端面螺纹之外的其他各种螺纹时，均需特别注意其螺纹车刀的安装方法（正、反向）和主轴的旋转方向应与车床刀架的配置方式（前、后置）相适应。如采用图 4-23 所示后置刀架车削其右旋螺纹时，不仅螺纹车刀必须反向（即前刀面向下）安装，车床主轴也必须用 M04 指令其旋向。否则，将车出的螺纹不是右旋，而是左旋螺纹。如果螺纹车刀正向安装，主轴用 M03 指令，则起刀点也应改为图 4-23 所示点 D。

（3）编程示例

例 4-14　试用 G32 指令编写图 4-23 所示工件的螺纹加工程序。

分析：　因该螺纹为普通连接螺纹，没有规定其公差要求，可参照螺纹公差的国家标准，对其大径（车螺纹前的外圆直径）尺寸，可靠近最低配合要求的公差带，如 8e

并取其中值确定，或按经验取为 19.8mm，以避免合格螺纹的牙顶出现过尖的疵病。

螺纹切削导入距离 δ_1 取 3mm，导出距离 δ_2 取 2mm。螺纹的总切深量预定为 1.3mm，分三次切削，背吃刀量依次为 0.8mm、0.4mm 和 0.1mm。

程序如下。

O0416;

…

G00 X40.0 Z3.0;(δ_1 = 3mm)

U-20.8;

G32 W-35.0 F1.0;(螺纹第一刀切削,背吃刀量为 0.8mm)

G00 U20.8;

W35.0;

U-21.2;

G32 W-35.0 F1.0;(背吃刀量为 0.4mm)

G00 U21.2;

W35.0;

U-21.3;

G32 W-35.0 F1.0;(背吃刀量为 0.1mm)

G00 U21.3;

W35.0;

G00 X100.0 Z100.0;

M30;

例 4-15 试用 G32 指令编写螺纹 M20×Ph2P1 的加工程序。

O0417;

……

G00 X40.0 Z6.0;(导入距离 δ_1 = 6mm)

X19.2;

G32 Z-32.0 F2.0 Q0;(加工第 1 条螺旋线,螺纹起始角为 0°)

G00 X40.0;

　 Z6.0;

…(至第 1 条螺旋线加工完成)

　 X19.2;

G32 Z-32.0 F2.0 Q180000;(加工第 2 条螺旋线,螺纹起始角为 180°)

G00 X40.0;

　 Z6.0;

　 …(多刀重复切削至第 2 条螺旋线加工完成)

M30;

2. 等螺距圆锥螺纹

（1）指令格式

G32 X（U）__ Z（W）__ F __；

（2）本指令的运动轨迹及工艺说明　G32 圆锥螺纹的运动轨迹（图 4-24）与 G32 圆柱螺纹的运动轨迹相似。

加工圆锥螺纹时，要特别注意受 δ_1、δ_2 影响后的螺纹切削起点与终点坐标，以保证螺纹锥度的正确性。

圆锥螺纹在 X 或 Z 方向各有不同的导程，程序中导程 F 的取值以两者较大值为准。

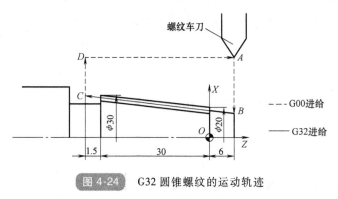

图 4-24　G32 圆锥螺纹的运动轨迹

（3）编程示例

例 4-16　试用 G32 指令编写图 4-24 所示工件的螺纹（$F=2.5\text{mm}$）加工程序。

分析　经计算，圆锥螺纹的牙顶在点 B 处的坐标为（18.0，6.0），在点 C 处的坐标为（30.5，-31.5）。

程序如下。

O0418；

…

G00 X16.7 Z6.0；（$\delta_1 = 6\text{mm}$）

G32 X29.2 Z-31.5 F2.5；（螺纹第 1 刀切削，背吃刀量为 1.3mm）

G00 U20.0；

W37.5；

G00 X16.0 Z6.0；

G32 X28.5 Z-31.5 F2.5；（螺纹第 2 刀切削，背吃刀量为 0.7mm）

…

（4）G32 指令的其他用途　G32 指令除了可以加工以上螺纹外，还可以加工以下几种螺纹。

1）多线螺纹。编制加工多线螺纹的程序时，只要用地址 Q 指定主轴一转信号与螺纹切削起点的偏移角度（例 4-15）即可。

2）端面螺纹。执行端面螺纹的程序段时，刀具在指定螺纹切削距离内以每转 F 的速度沿 X 向进给，而 Z 向不做运动。

3）连续螺纹。连续螺纹切削功能是为了保证程序段交界处的少量脉冲输出与下一个移动程序段的脉冲处理与输出相互重叠（程序段重叠）。因此，执行连续程序段加工时，由运动中断而引起的断续加工被消除，故可以完成那些需要中途改变其等螺距和形状（如从直螺纹变锥螺纹）的特殊螺纹的切削。

3. 变螺距螺纹

这类螺纹主要是指变螺距圆柱螺纹及变螺距圆锥螺纹。

（1）指令格式

G34 X（U）__ Z（W）__ F__ K__ ;

K 为主轴每转螺距的增量（正值）或减量（负值）。

其余参数同于 G32 的规定。

（2）本指令的运动轨迹及工艺说明 G34 执行中，除每转螺距有增量（减量）外，其余动作和轨迹与 G32 指令相同。

4. 使用螺纹切削指令（G32、G34）时的注意事项

1）在螺纹切削过程中，进给速度倍率无效。

2）在螺纹切削过程中，进给暂停功能无效，如果在螺纹切削过程中按了进给暂停按钮，刀具将在执行了非螺纹切削的程序段后停止。

3）在螺纹切削过程中，主轴速度倍率功能失效。

4）在螺纹切削过程中，不宜使用恒线速度控制功能，而采用恒转速控制功能较为合适。

三、螺纹切削单一固定循环（G92）

1. 圆柱螺纹切削循环

（1）指令格式

G92 X（U）__ Z（W）__ F__ ;

X（U）、Z（W）为螺纹切削终点处的坐标，U 和 W 后面数值的符号取决于轨迹 AB 和 BC（图 4-25）的方向。

F 为螺纹导程的大小，如果是单线螺纹，则为螺距的大小。

（2）本指令的运动轨迹及工艺说明 圆柱螺纹切削循环的运动轨迹如图 4-25 所示，与 G90 循环相似，运动轨迹也是一个矩形轨迹。刀具从循环起点 A 沿 X 向快速移动至点 B，然后以导程/转的进给速度沿 Z 向切削进给至点 C，再从 X 向快速退刀至点 D，最后返回循环起点 A，准备下一次循环。

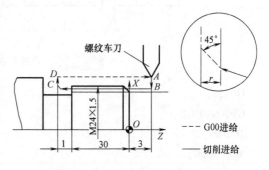

图 4-25 圆柱螺纹切削循环的运动轨迹

在 G92 循环编程中，仍应注意循环起点的正确选择。通常情况下，X 向循环起点取在离外圆表面 1~2mm（直径量）的地方，Z 向的循环起点根据导入值的大小来进行选取。

（3）编程示例

例 4-17   在后置刀架式数控车床上，试用 G92 指令编写图 4-25 所示工件的螺纹加工程序。在螺纹加工前，其外圆已加工好，直径为 $\phi23.75$mm。

螺纹加工程序如下。

O0419；

G99 G40 G21；

…

T0202；（螺纹车刀的前刀面向下）

M04 S600；

G00 X25.0 Z3.0；（螺纹切削循环起点）

G92 X23.0 Z-31.0 F1.5；（多刀切削螺纹，背吃刀量分别为 1.0mm、0.4mm、0.12mm 和 0.1mm）

    X22.6；（模态指令，只需指令 X，其余值不变）

    X22.48；

    X22.38；

G00 X150.0；（有顶尖时的退刀，应要先退 X，再退 Z）

Z20.0；

M30；

例 4-18   在前置刀架式数控车床上，试用 G92 指令编写图 4-26 所示双线左旋螺纹的加工程序。在螺纹加工前，其螺纹外圆直径已加工至 $\phi29.8$mm。

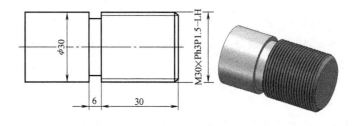

图 4-26   双线左旋螺纹加工

O0420；

G99 G40 G21；

T0202；

M03 S600；

G00 X31.0 Z-34.0；

G92 X28.9 Z3.0 F3.0；

X28.4;

　　X28.15;

　　X28.05;

G01 Z-32.5 F0.2;(Z 向平移一个螺距)

G92 X28.9 Z4.5 F3.0;(加工第 2 条螺旋线)

　　X28.4;

　　X28.15;

　　X28.05;

G00 X100.0 Z100.0;

M30;

2. 圆锥螺纹切削循环

（1）指令格式

G92 X(U)__ Z(W)__ F __ R __;

　　R 的大小为圆锥螺纹切削起点（图 4-27 中点 B）处的 X 坐标与终点（编程终点）处的 X 坐标之差的 1/2；R 的方向规定为，当切削起点处的半径小于终点处的半径（即顺圆锥外表面）时，R 取负值。

　　其余参数参照圆柱螺纹的 G92 规定。

　　（2）本指令的运动轨迹及工艺说明　G92 圆锥螺纹切削循环的运动轨迹与 G92 直螺纹切削循环的运动轨迹相似（即原 BC 水平直线改为倾斜直线）。

　　对于圆锥螺纹中的 R 值，在编程时除要注意有正、负值之分外，还要根据不同长度来确定 R 值的大小、在图 4-27 中，用于确定 R 值的长度为 $30+\delta_1+\delta_2$，以保证螺纹锥度的正确性。

　　圆锥螺纹的牙型角为 55°，其余尺寸参数（如牙型高度、大径、中径、小径等）通过查表确定。

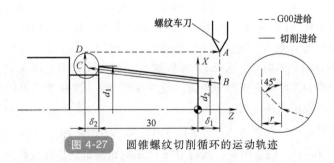

图 4-27　圆锥螺纹切削循环的运动轨迹

　　（3）编程示例　请参照 G92 圆柱螺纹编程。

3. 使用螺纹切削单一固定循环（G92）时的注意事项

　　1）在螺纹切削过程中，按下循环暂停键时，刀具立即按斜线回退，然后先回到 X 轴的起点，再回到 Z 轴的起点。在回退期间，不能进行另外的暂停。

　　2）如果在单段方式下执行 G92 循环，则每执行一次循环必须按 4 次循环启动按钮。

3）G92指令是模态指令，当Z轴移动量没有变化时，只需对X轴指定其移动指令即可重复执行固定循环动作。

4）执行G92循环时，在螺纹切削的退尾处，刀具沿接近45°的方向斜向退刀，Z向退刀距离$r=(0.1\sim12.7)Ph$（导程），如图4-27所示，该值由系统参数设定。

5）在G92指令执行过程中，进给速度倍率和主轴速度倍率均无效。

四、螺纹切削复合固定循环（G76）

1. 复合固定循环指令

（1）指令格式

G76 P$(m)(r)(\alpha)$ Q$(\Delta d_{\min})$ R(d)；

G76 X(U)＿ Z(W)＿ R(i)P(k)Q(Δd)F＿；

m为精加工重复次数01～99。

r为倒角量，即螺纹切削退尾处（45°）的Z向退刀距离。当导程（螺距）由Ph表示时，可以从$0.1Ph\sim9.9Ph$设定，单位为$0.1Ph$（两位数：从00～99）。

α为刀尖角度（螺纹牙型角），可以选择80°、60°、55°、30°、29°和0°共6种中的任意一种。该值由2位数规定。

$\Delta d_{\min}$为最小切深，该值用不带小数点的半径量表示。

d为精加工余量，该值用带小数点的半径量表示。

X(U)、Z(W)为螺纹切削终点处的坐标。

i为螺纹半径差。如果$i=0$，则进行圆柱螺纹切削。

k为牙型编程高度。该值用不带小数点的半径量表示。

Δd为第一刀切深，该值用不带小数点的半径量表示。

F为导程。如果是单线螺纹，则该值为螺距。

（2）本指令的运动轨迹及工艺说明　螺纹切削复合固定循环的运动轨迹如图4-28a所示。以圆柱外螺纹（i值为零）为例，刀具从循环起点A处，以G00方式沿X向进给至螺纹牙顶X坐标处（点B，该点的X坐标值＝小径+2k），然后沿基本牙型一侧平行的方向进给（图4-28b），X向切深为Δd，再以螺纹切削方式切削至离Z向终点距离为r处，倒角退刀至点D，再X向退刀至点E，最后返回点A，准备第二刀切削循环。如此分多刀切削循环，直至循环结束。

第一刀切削循环时，切深为Δd（图4-28b），第二刀的切深为$(\sqrt{2}-1)\Delta d$，第n刀的切深为$(\sqrt{n}-\sqrt{n-1})\Delta d$。因此，执行G76循环的切深是逐步递减的。

如图4-28b所示，螺纹车刀向深度方向并沿基本牙型一侧的平行方向进给，从而保证了螺纹粗车过程中始终用一个切削刃进行切削，减小了切削阻力，提高了刀具寿命，为螺纹的精车质量提供了保证。

在G76循环指令中，m、r、α用地址符P及后面各两位数字指定，每个两位数中的前置0不能省略。这些数字的具体含义及指定方法如下。

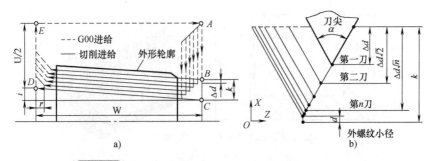

图 4-28　螺纹切削复合固定循环的运动轨迹及进刀轨迹

P001560 的具体含义为：精加工次数 "00" 即 $m=0$；倒角量 "15" 即 $r=15×0.1Ph=1.5Ph$（Ph 是导程）；螺纹牙型角 "60" 即 $a=60°$。

（3）编程示例

例 4-19　在前置刀架式数控车床上，试用 G76 指令编写图 4-29 所示外螺纹的加工程序（未考虑各直径的尺寸公差）。

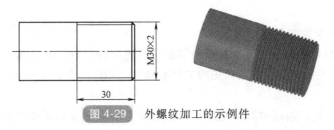

图 4-29　外螺纹加工的示例件

```
O0421；
G99 G40 G21；
…
T0202；
M03 S600；
G00 X32.0 Z6.0；
G76 P021060 Q50 R0.1；
G76 X27.6 Z-30.0 P1 300 Q500 F2；
…
```

例 4-20　在前置刀架式数控车床上，试用 G76 指令编写图 4-30 所示内螺纹的加工程序（未考虑各直径的尺寸公差）。

```
O0422；
G99 G40 G21；
…
T0404；
M03 S400；
```

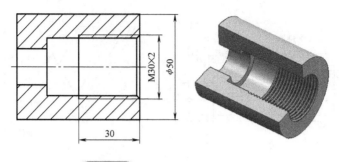

图 4-30 内螺纹加工的示例件

G00 X26.0 Z6.0;（螺纹切削循环起点）

G76 P021060 Q50 R-0.08;（设定精加工两次,精加工余量为 0.08mm,倒角量等于 Ph,牙型角为 60°,最小切深为 0.05mm）

G76 X30.0 Z-30.0 P1 200 Q300 F2.0;（设定牙型高为 1.2mm,第一刀切深为 0.3mm）

G00 X100.0 Z100.0;

M30;

2. G76 指令加工梯形螺纹

（1）梯形螺纹的尺寸计算　梯形螺纹的代号用字母 "Tr" 及公称直径×螺距表示,单位均为 mm。左旋螺纹需在其标记的末尾处加注 "LH",右旋则不用标注,如 Tr36×6、Tr44×8LH 等。

国家标准规定,未制梯形螺纹的牙型角为 30°。梯形螺纹的牙型如图 4-31 所示,各部分名称、代号及计算公式见表 4-1。

表 4-1 梯形螺纹各部分名称、代号及计算公式 （单位：mm）

名称	代号	计算公式			
牙顶间隙	a_c	P	1.5~5	6~12	14~44
		a_c	0.25	0.5	1
大径	$d 、 D_4$	$d=$公称直径,$D_4=d+2a_c$			
中径	$d_2 、 D_2$	$d_2=d-0.5P,D_2=d_2$			
小径	$d_3 、 D_1$	$d_3=d-2h_3,D_1=d-P$			
外、内螺纹牙高	$h_3 、 H_4$	$h_3=0.5P+a_c,H_4=h_3$			
牙顶宽	$f 、 f'$	$f=f'=0.366P$			
牙槽底宽	$W 、 W'$	$W=W'=0.366P-0.536a_c$			
牙顶高	Z	$Z=0.25P$			

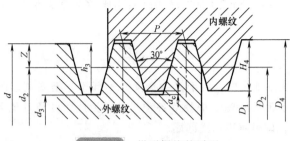

图 4-31 梯形螺纹的牙型

（2）梯形螺纹编程示例

例 4-21 在前置刀架式数控车床上，试用 G76 指令编写图 4-32 所示梯形螺纹的加工程序。

1）计算梯形螺纹尺寸并查表确定其公差。大径 $d = 36^{~0}_{-0.375}$ mm；中径 $d_2 = d - 0.5P = 36$ mm $- 3$ mm $= 33$ mm，查表确定其公差，故 $d_2 = 33^{-0.118}_{-0.453}$ mm；牙高 $h_3 = 0.5P + a_c = 3.5$ mm；小径 $d_3 = d - 2h_3 = 29$ mm，查表确定其公差，故 $d_3 = 29^{~0}_{-0.537}$ mm；牙顶宽 $f = 0.366P = 2.196$ mm；牙槽底宽 $W = 0.366P - 0.536a_c = 2.196$ mm $- 0.268$ mm $= 1.928$ mm。

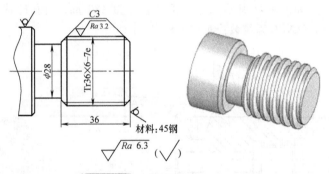

图 4-32 梯形螺纹加工示例件

用 $\phi 3.1$ mm 的测量棒测量中径，则其测量尺寸 $M = d_2 + 4.864d_D - 1.866P = 32.88$ mm；根据中径公差带（7e）确定其公差，则 $M = 32.88^{-0.118}_{-0.453}$ mm。

2）编写数控加工程序。

O00423；

G99 G40 G21；

G28 U0 W0；

T0202；

M03 S400；

G00 X37.0 Z12.0；

G76 P020530 Q50 R0.08；（设定精加工两次，精加工余量为 0.08mm，倒角量等于 0.5 倍螺距，牙型角为 30°，最小切深为 0.05mm）

G76 X28.75 Z-40.0 P3500 Q600 F6.0；（设定螺纹牙型高为 3.5mm，第 1 刀切深为 0.6mm）

G00 X150.0；

M30；

在梯形螺纹的实际加工中，由于刀尖宽度并不等于牙槽底宽，在经过一次 G76 切削循环后，仍无法正确控制螺纹中径等各项尺寸。为此，可经刀具 Z 向偏置后，再次进行 G76 循环加工，即可解决以上问题。

3. 使用螺纹切削复合固定循环指令（G76）时的注意事项

1）G76 可以在 MDI 方式下使用。

2）在执行 G76 循环时，如按下循环暂停键，则刀具在螺纹切削后的程序段暂停。

3）G76 指令为非模态指令，所以必须每次指定。

4）在执行 G76 时，如要进行手动操作，刀具应返回到循环操作停止的位置。如果没有返回到循环操作停止位置就重新启动循环操作，手动操作的位移将叠加在该条程序段停止时的位置上，刀具轨迹就多移动了一个手动操作的位移量。

五、加工综合示例

例 4-22 加工如图 4-33 所示工件（毛坯直径为 $\phi80mm$，内孔已钻直径为 $\phi20mm$ 的通孔），试编写 FANUC 系统数控车加工程序。

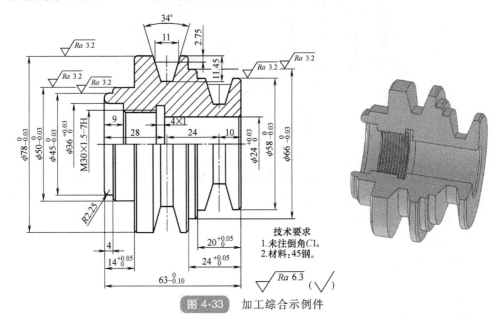

图 4-33 加工综合示例件

1. 选择机床与夹具

选择 FANUC 0i 系统、前置刀架式数控车床加工，夹具采用通用自定心卡盘，编程原点设在工件左、右端面与主轴轴线的交点上。

2. 加工步骤

1）用 G71、G70 指令粗、精加工左端外形轮廓。

2）用 G71、G70 指令粗、精加工内孔轮廓。

3）用 G75 指令加工内沟槽。

4）用 G92 指令加工内螺纹。

5）掉头校正与装夹（以外圆面装夹或以螺纹配合装夹），用 G71、G70 粗、精加工外形轮廓。

6）用 G75 指令加工外沟槽。

7）用 G90 指令加工内孔。

3. 基点计算（略）

4. 选择刀具与切削用量

（1）外圆车刀　切削用量：粗车为 S600、F0.2、$a_p = 1.5$mm；精车为 S1200、F0.1、$a_p = 0.15$mm。

（2）内孔车刀　粗车为 S800、F0.2、$a_p = 1$mm；精车为 S1500、F0.1、$a_p = 0.15$mm。

（3）内切槽刀　刀宽为 3mm，切削用量为 S400、F0.1。

（4）内螺纹车刀　切削用量为 S500、F1.5。

（5）外切槽刀　刀宽为 3mm，切削用量为 S500、F0.1。

5. 编写加工程序

O0424;（加工工件左端）

G99 G40 G21;

T0101;（转外圆车刀）

M03 S600;

G00 X82.0 Z2.0 M08;

G71 U1.5 R0.3;（粗车外圆）

G71 P100 Q200 U0.3 W0.0 F0.2;

N100 G00 X40.5 F0.1 S1200;

G01 Z0.0;

G03 X45.0 Z-2.25 R2.25;

G01 Z-4.0;

X48.0;

X50.0 Z-5.0;

Z-14.0;

X76.0;

X78.0 Z-15.0;

Z-40.0;

N200 G01 X82.0;

G70 P100 Q200;（精车外圆）

G00 X100.0 Z100.0;

T0202;（转内孔车刀）

M03 S800;

G00 X19.0 Z2.0;

G71 U1.0 R0.3;（粗车内孔）

G71 P300 Q400 U−0.3 W0.0 F0.2;

N300 G00 X40.5 F0.1 S1500;

G01 Z0.0;

G02 X36.0 Z−2.25 R2.25;

G01 Z−9.0;

X30.5;

X28.5 Z−10.0;

Z−28.0;

N400 G01 X19.0;

G70 P300 Q400;（精车内孔）

G00 X100.0 Z100.0;

T0303;（转内切槽刀）

M03 S400;

G00 X26.0 Z2.0;

Z−27.0;

G75 R0.3;

G75 X32.0 Z−28.0 P1500 Q1000 F0.1;

G00 Z2.0;

G00 X100.0 Z100.0;

T0404;（转内螺纹车刀）

M03 S500;

G00 X26.0

Z−7.0;

G92 X29.0 Z−26.0 F1.5;

X29.6;

X29.9;

X30.0;

G00 Z2.0;

G00 X100.0 Z100.0;

M30;

提示：前置式四方刀架无法同时安装4把内外型腔加工刀具，此时可将加工程序分段，分段执行内、外轮廓的加工。

O0425;（加工工件右端）

G99 G40 G21；

T0101；（转外圆车刀）

M03 S600；

G00 X82.0 Z2.0 M08；

G71 U1.5 R0.3；（粗车外圆）

G71 P100 Q200 U0.3 W0.0 F0.2；

N100 G00 X56.0 F0.1 S1200；

G01 Z0；

X58.0 Z-1.0；

Z-20.0；

X64.0；

X66.0 Z-21.0；

Z-24.0；

X76.0；

X78.0 Z-25.0；

N200 G01 X82.0；

G70 P100 Q200；（精车外圆）

G00 X100.0 Z100.0；

T0202；（转外切槽刀,刀宽 3mm）

M03 S500；

G00 X60.0 Z-10.16；

G75 R0.3；（加工第一条 T 形槽）

G75 X35.10 Z-12.84 P2500 Q1500 F0.1；

G01 X58.0 Z-8.0；（分两层切削加工槽右侧斜面）

X35.10 Z-10.16；

G00 X60.0；

G01 X58.0 Z-6.66；

X35.10 Z-10.16；

G00 X60.0；

G01 X58.0 Z-15.0；（分两层切削加工槽左侧斜面）

X35.10 Z-12.84；

G00 X60.0；

G01 X58.0 Z-16.34；

X35.10 Z-12.84；

G00 X80.0；

G00 Z-34.16；

G75 R0.3；（加工第二条 T 形槽）

G75 X55. 10 Z−36. 84 P2500 Q1500 F0. 1;

G01 X78. 0 Z−32. 0;（分两层切削加工槽右侧斜面）

X55. 10 Z−34. 16;

G00 X80. 0;

G01 X78. 0 Z−30. 66;

X55. 10 Z−34. 16;

G00 X80. 0;

G01 X78. 0 Z−39. 0;（分两层切削加工槽左侧斜面）

X55. 10 Z−36. 84;

G00 X80. 0;

G01 X78. 0 Z−40. 34;

X55. 10 Z−36. 84;

G00 X80. 0;

G00 X100. 0 Z100. 0;

T0303;（转内孔刀）

M03 S800;

G00 X19. 0 Z2. 0;

G90 X22. 0 Z−36. 0 F0. 2;

X23. 5;

M03 S1500

G00 X20. 0 Z10;

G01 X24. 0 Z−1. 0 F0. 1;

Z−36. 0;

X22. 0;

G00 Z2. 0;

X100. 0 Z100. 0;

M30;

第四节 子 程 序

一、子程序的概念

1. 子程序的定义

机床的加工程序可以分为主程序和子程序两种。主程序是一个完整的零件加工程序或是零件加工程序的主体部分。它与被加工零件或加工要求一一对应，不同的零件或不同的加工要求，都有唯一的主程序。

在编制加工程序中，有时会遇到一组程序段在一个程序中多次出现，或者在几个程序中都要使用它。这个典型的加工程序可以做成固定程序，并单独加以命名，这组程序段就称为子程序。

子程序一般都不可以作为独立的加工程序使用。它只能通过主程序进行调用，实现加工中的局部动作。子程序执行结束后，能自动返回到调用它的主程序中。

2. 子程序的嵌套

为了进一步简化加工程序，可以允许其子程序再调用另一个子程序，这一功能称为子程序的嵌套。

当主程序调用子程序时，该子程序被认为是一级子程序，FANUC 系统中的子程序允许四级嵌套（图 4-34）。

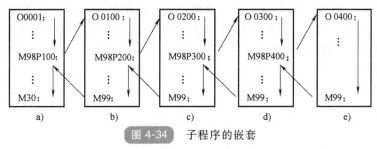

图 4-34　子程序的嵌套

a）主程序　b）一级嵌套　c）二级嵌套　d）三级嵌套　e）四级嵌套

二、子程序的调用

1. 子程序的格式

在大多数数控系统中，子程序和主程序并无本质区别。子程序和主程序在程序号及程序内容方面基本相同，仅结束标记不同。主程序用 M02 或 M30 表示其结束，而子程序在 FANUC 系统中则用 M99 表示子程序结束，并实现自动返回主程序功能，如下述子程序。

O0426；

G01 U−1.0 W0；

…

G28 U0 W0；

M99；

对于子程序结束指令 M99，不一定要单独书写一行，如上面子程序中最后两段可写成"G28 U0 W0 M99；"。

2. 子程序在 FANUC 系统中的调用

在 FANUC 系统中，子程序的调用可通过辅助功能指令 M98 指令进行，同时在调用格式中将子程序的程序号地址改为 P，其常用的子程序调用格式有两种。

格式一　M98 P×××× L××××；

M98 P100 L5；

M98 P100；

其中，地址符 P 后面的四位数字为子程序号，地址 L 的数字表示重复调用的次数，子程序号及调用次数前的 0 可省略不写。如果只调用子程序一次，则地址 L 及其后的数字可省略。M98 P100 L5；表示调用 O100 子程序 5 次，而 M98 P100；表示调用子程序 1 次。

格式二 M98 P××××××××；

M98 P50010；

M98 P0510；

地址 P 后面的八位数字中，前四位表示调用次数，后四位表示子程序号。采用这种调用格式时，调用次数前的 0 可以省略不写，但子程序号前的 0 不可省略。M98 P50010；表示调用 O10 子程序 5 次，而 M98 P0510；则表示调用 O0510 子程序 1 次。

子程序的执行过程示例如下。

主程序：

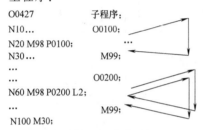

```
O0427              子程序：
N10…               O0100；
N20 M98 P0100；     …
N30…               M99；
…
…                  O0200；
N60 M98 P0200 L2；
…                  M99；
N100 M30；
```

3. 子程序调用的特殊用法

（1）子程序返回到主程序中的某一程序段　如果在子程序的返回指令中加上 Pn 指令，则子程序在返回主程序时，将返回到主程序中有程序段段号为 n 的那个程序段，而不直接返回主程序，其程序格式如下。

M99 Pn；

M99 P100；（返回到 N100 程序段）

（2）自动返回到开始程序段　如果在主程序中执行 M99，则程序将返回到主程序的开始程序段并继续执行主程序。也可以在主程序中插入 M99 Pn；用于返回到指定的程序段。为了能够执行后面的程序，通常在该指令前加 "/"，以便在不需要返回执行时，跳过该程序段。

（3）强制改变子程序重复执行的次数　用 M99 L×× 指令可强制改变子程序重复执行的次数，其中 L×× 表示子程序调用的次数。例如：如果主程序用 M98 P×× L99，而子程序采用 M99 L2 返回，则子程序重复执行的次数为 2 次。

三、子程序调用编程示例

例 4-23　试用子程序方式编写图 4-35 所示软管接头工件右端楔槽的加工程序。

1. 选择加工用刀具

左端粗加工轮廓时，采用 60°V 形刀片右偏刀（图 4-36a）进行加工；加工右端内

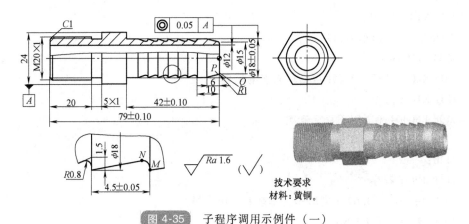

图 4-35 子程序调用示例件（一）

凹接头轮廓时，采用 35°菱形刀片右偏刀（图 4-36b）进行加工。此外，当进行批量加工时，还可采用特制的成形刀具（图 4-36c）加工。

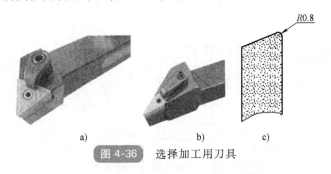

a) b) c)

图 4-36 选择加工用刀具

2. 加工程序

O0428；

G99 G40 G21；

T0101；（转外圆车刀）

M03 S800；

G00 X28.0 Z2.0；

G71 U1.5 R0.3；（粗车外圆表面）

G71 P100 Q200 U0.3 W0.0 F0.2；

N100 G00 X13.44 F0.05 S1600；

G01 Z0.0；

G03 X15.38 Z-0.76 R1.0；

G01 X18.0 Z-6.0；

Z-42.0；

N200 G01 X28.0；

G70 P100 Q200；（精车外圆）

G00 X100.0 Z100.0;

T0202;（转尖形车刀，设刀宽为3mm）

M03 S1600;

G00 X20.0 Z-37.0;（注意循环起点的位置）

G01 X18.0;

M98 P60404;（调用子程序6次）

G00 X100.0 Z100.0;

M30;

O0404;（子程序）

G01 U-2.94 W3.67;（尖形车刀车削右端第1槽）

G03 U1.60 W0.83 R0.8;

G01 U1.34;（注意切点的计算）

M99;

例4-24 试用子程序方式编写图4-37所示活塞杆外轮廓的加工程序。

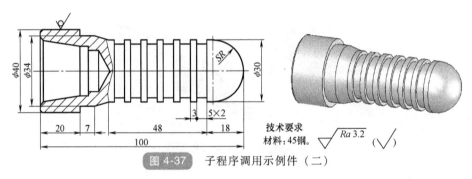

图4-37 子程序调用示例件（二）

分析 本例的主要目的是掌握切槽等固定循环在子程序中的运用。

O0429;

G99 G40 G21;

T0101;（转外圆车刀）

M03 S800;

G00 X41.0 Z2.0;

G71 U1.5 R0.3;（粗车外圆表面）

G71 P100 Q200 U0.3 W0.0 F0.2;

N100 G00 X0.0 F0.05 S1600;

G01 Z0.0;

G03 X30.0 Z-15.0 R15.0;

G01 Z-66.0

X34.0 Z-73.0;

Z-80.0;

N200 G01 X41.0;

G70 P100 Q200;（精车外圆）

G00 X100.0 Z100.0;

T0202;（转切槽刀,设刀宽为 3mm）

M03 S600;

G00 X31.0 Z-63.0;

M98 P60406;（调用子程序 6 次）

G00 X100.0 Z100.0;

M30;

O0406;（子程序）

G75 R0.3;

G75 U-5.0 W2.0 P1500 Q2000 F0.1;

G01 W8.0 F0.1;

M99;

四、编写子程序时的注意事项

1）在编写子程序的过程中，最好采用增量坐标方式进行编程，以避免失误。

2）在刀尖圆弧半径补偿模式中的程序不能被分隔。

O1;（主程序）　　　　O2;（子程序）

G91…;　　　　　　　…;

G41…;　　　　　　　M99;

M98P2;

G40…;

M30;

在以上程序中，刀尖圆弧，半径补偿模式在主程序中被“M98P2”分隔而无法执行，在编程过程中应该避免编写这种形式的程序。在有些系统中如出现该种刀尖圆弧半径补偿被分隔的程序，在程序运行过程中还可能出现系统报警。正确的书写格式如下。

O1;（主程序）　　　　O2;（子程序）

G91…;　　　　　　　G41…;

…;　　　　　　　　…;

M98P2;　　　　　　　G40…;

M30;　　　　　　　　M99;

第五节　B 类用户宏程序

用户宏程序是 FANUC 数控系统及类似产品中的特殊编程功能。用户宏程序的实质与子程序相似，也是把一组实现某种功能的指令，以子程序的形式预先存储在系统存储器中，通过宏程序调用指令执行这一功能。在主程序中，只要编入相应的调用指令就能实现这些功能。

一组以子程序的形式存储并带有变量的程序称为用户宏程序，简称为宏程序；调用宏程序的指令称为用户宏程序指令，或宏程序调用指令（简称为宏指令）。

普通程序的程序字为常量，一个程序只能描述一个几何形状，所以缺乏灵活性和适用性。而在用户宏程序的本体中，可以使用变量进行编程，还可以用宏指令对这些变量进行赋值、运算等处理。通过使用宏程序能执行一些有规律变化（如非圆二次曲线轮廓）的动作。

用户宏程序分为 A、B 两种。一般情况下，在一些较老的 FANUC 系统（如 FANUC 0TD）中采用 A 类宏程序，而在较为先进的系统（如 FANUC 0i）中则采用 B 类宏程序。本节主要介绍 B 类宏程序的运用。

一、B 类宏程序编程

1. 宏程序中的变量

在常规的主程序和子程序内，总是将一个具体的数值赋给一个地址，为了使程序更加具有通用性、灵活性，故在宏程序中设置了变量。

（1）变量的种类　变量分为局部变量、公共变量（全局变量）和系统变量三种。在 A、B 类宏程序中，其分类均相同。

1）局部变量。局部变量（#1～#33）是在宏程序中局部使用的变量。当宏程序 A 调用宏程序 B 而且都有变量#1 时，由于变量#1 服务于不同的局部，所以 A 中的#1 与 B 中的#1 不是同一个变量，因此可以赋予不同的值，且互不影响。

2）公共变量。公共变量（#100～#149、#500～#549）贯穿于整个程序过程。同样，当宏程序 A 调用宏程序 B 而且都有变量#100 时，由于#100 是公共变量，所以 A 中的#100 与 B 中的#100 是同一个变量。

3）系统变量。系统变量是指有固定用途的变量，其值决定系统的状态。系统变量包括刀具偏置值变量、接口输入与接口输出信号变量及位置信号变量等。

（2）变量的表示　一个变量由符号#和变量序号组成，如#I（I = 1，2，3 等）。例如：#100、#500、#5 等

此外，B 类宏程序的变量还可以用表达式进行表示，但其表达式必须全部写入方括号"［　］"中。程序中的圆括号"（）"仅用于注释。例如#［#1+#2+10］，当#1 = 10、#2 = 100 时，该变量表示#120。

（3）引用变量　将跟随在地址符后的数值用变量来代替的过程称为引用变量。

例如：G01 X#100 Y-#101 F#102；当#100 = 100.0、#101 = 50.0、#102 = 80 时，表示为 G01 X100.0 Y-50.0 F80；

此外，B 类宏程序的变量引用也可以采用表达式。例如：G01 X［#100-30.0］Y-#101 F［#101+#103］；当#100 = 100.0、#101 = 50.0、#103 = 80.0 时，表示为 G01 X70.0 Y-50.0 F130；

2. 变量的赋值

变量的赋值方法有两种，即直接赋值和引数赋值。

（1）直接赋值　变量可以在操作面板上用 MDI 方式直接赋值，也可在程序中以等式方式赋值，但等号左边不能用表达式。例如：#100 = 100.0；#100 = 30.0+20.0；

（2）引数赋值　宏程序以子程序方式出现，所用的变量可在宏程序调用时赋值。例如：G65 P1000 X100.0 Y30.0 Z20.0 F0.1；

该处的 X、Y、Z 不代表坐标字，F 也不代表进给字，而是对应于宏程序中的变量，变量的具体数值由引数后的数值决定。引数与宏程序体中的变量对应关系有两种（表4-2 及表 4-3），这两种方法可以混用，其中 G、L、N、O、P 不能作为引数代替变量赋值。

表 4-2　引数赋值方法 I

引数	变量	引数	变量	引数	变量	引数	变量
A	#1	I_3	#10	I_6	#19	I_9	#28
B	#2	J_3	#11	J_6	#20	J_9	#29
C	#3	K_3	#12	K_6	#21	K_9	#30
I_1	#4	I_4	#13	I_7	#22	I_{10}	#31
J_1	#5	J_4	#14	J_7	#23	J_{10}	#32
K_1	#6	K_4	#15	K_7	#24	K_{10}	#33
I_2	#7	I_5	#16	I_8	#25		
J_2	#8	J_5	#17	J_8	#26		
K_2	#9	K_5	#18	K_8	#27		

表 4-3　引数赋值方法 II

引数	变量	引数	变量	引数	变量	引数	变量
A	#1	H	#11	R	#18	X	#24
B	#2	I	#4	S	#19	Y	#25
C	#3	J	#5	T	#20	Z	#26
D	#7	K	#6	U	#21		
E	#8	M	#13	V	#22		
F	#9	Q	#17	W	#23		

例如：引数赋值方法 I

G65 P0030 A50.0 I40.0 J100.0 K0 I20.0 J10.0 K40.0；

经赋值后#1 = 50.0，#4 = 40.0，#5 = 100.0，#6 = 0，#7 = 20.0，#8 = 10.0，#9 = 40.0。

例如：引数赋值方法 II

G65 P0020 A50.0 X40.0 F0.1；

经赋值后#1 = 50.0，#24 = 40.0，#9 = 0.1。

例如：引数赋值方法Ⅰ和Ⅱ混合使用

G65 P0030 A50.0 D40.0 I100.0 K0 I20.0；

经赋值后，I20.0与D40.0同时分配给变量#7，则后一个#7有效，所以变量#7 = 20.0，其余同上。

例如：G65 P0504 A12.5 B25.0 C0.0 D126.86 F0.1；

经赋值后，#1 = 12.5，#2 = 25.0，#3 = 0.0，#7 = 126.86，#9 = 0.1。

3. 变量的运算

B类宏程序的运算指令相似于数学运算，仍用各种数学符号来表示。变量的各种运算见表4-4。

表4-4　变量的各种运算

功　能	格　式	备注与示例
定义、转换	#i = #j	#100 = #1
加法	#i = #j+#k	#100 = #1+#2
减法	#i = #j-#k	#100 = #1-#2
乘法	#i = #j * #k	#100 = #1 * #2
除法	#i = #j/#k	#100 = #1/#30
正弦	#i = SIN[#j]	
反正弦	#i = ASIN[#j]	
余弦	#i = COS[#j]	#100 = SIN[#1]
反余弦	#i = ACOS[#j]	#100 = COS[36.3+#2]
正切	#i = TAN[#j]	#100 = ATAN[#1]／[#2]
反正切	#i = ATAN[#j]／[#k]	
平方根	#i = SQRT[#j]	
绝对值	#i = ABS[#j]	
舍入	#i = ROUND[#j]	#100 = SQRT[#1 * #1-100]
上取整	#i = FIX[#j]	#100 = EXP[#1]
下取整	#i = FUP[#j]	
自然对数	#i = LN[#j]	
指数函数	#i = EXP[#j]	
或	#i = #j OR #k	
异或	#i = #j XOR #k	逻辑运算一位一位地按二进制执行
与	#i = #j AND #k	
BCD 转 BIN	#i = BIN[#j]	用于与PMC的信号交换
BIN 转 BCD	#i = BCD[#j]	

关于运算指令的说明如下。

1）函数 SIN、COS 等的角度单位是度，分和秒要换算成带小数点的度，如 90°30′ 表示为 90.5°、30°18′表示为 30.3°。

2）宏程序数学计算的次序依次为：函数运算（SIN、COS、ATAN 等），乘和除运算（∗、／、AND 等），加和减运算（+、－、OR、XOR 等）。

例如：#1 = #2+#3 ∗ SIN[#4]；

运算次序为：

① 函数 SIN[#4]。

② 乘和除运算#3 ∗ SIN[#4]。

③ 加和减运算#2+#3 ∗ SIN[#4]。

3）函数中的括号用于改变运算次序。函数中的括号允许嵌套使用，但最多只允许嵌套 5 层。例如：#1 = SIN[[[#2+#3] ∗ 4+#5]/#6]；

4）数控系统处理宏程序中的上、下取整运算时，若操作产生的整数大于原数时为上取整，反之则为下取整。

例如：设#1 = 1.2，#2 = -1.2。

执行#3 = FIX ［#1］ 时，2.0 赋给#3。

执行#3 = FUP ［#1］ 时，1.0 赋给#3。

执行#3 = FUP ［#2］ 时，-2.0 赋给#3。

执行#3 = FIX ［#2］ 时，-1.0 赋给#3。

4. 控制指令

控制指令起到控制程序流向的作用。

（1）分支语句

格式一：GOTO n；

例如：GOTO 1000；

该例为无条件转移语句。当执行该程序段时，将无条件转移到 N1000 程序段执行。

格式二：IF ［条件表达式］ GOTO n；

例如：IF ［#1GT#100］ GOTO 1000；

该例为有条件转移语句。如果条件成立，则转移到 N1000 程序段执行；如果条件不成立，则执行下一程序段。条件表达式的种类见表 4-5。

表 4-5　条件表达式的种类

条　件	意　义	示　例
#i EQ #j	等于（=）	IF[#5EQ#6]GOTO100；
#i NE #j	不等于（≠）	IF[#5NE#6]GOTO100；
#i GT #j	大于（>）	IF[#5GT#6]GOTO100；
#i GE #j	大于或等于（≥）	IF[#5GE#6]GOTO100；
#i LT #j	小于（<）	IF[#5LT#6]GOTO100；
#i LE #j	小于或等于（≤）	IF[#5LE#6]GOTO100；

（2）循环指令

WHILE［条件表达式］DO m（$m=1$、2、3等）；

…

END m；

当条件满足时，就循环执行 WHILE 与 END 之间的程序段 m 次；当条件不满足时，就执行 END m 的下一个程序段。

5. B 类宏程序编程示例

例 4-25　试用 B 类宏程序编写车削图 4-38 所示曲线轮廓的加工程序。

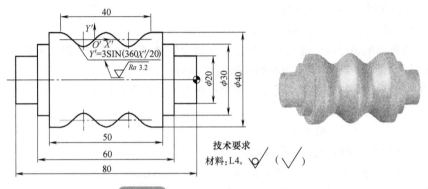

图 4-38　应用 B 类宏程序的示例件

1）该正弦曲线由两个周期组成，总角度为 720°（−270°～450°）。将该曲线分成 80 条线段后，用直线进行拟合，每段直线在 Z 轴方向的间距为 0.5mm，对应其正弦曲线的角度增加量为 360°×0.5/20＝9°。根据公式，计算出曲线上每一线段终点的 X 坐标值。

2）工件两端外圆和内孔加工完成后，采用一夹一顶的加工方式加工正弦曲线。加工正弦曲线时，直接采用 G73 指令进行粗、精加工（G73 指令中可以包含有宏程序，而 G71 和 G72 指令中不能含有宏程序）。编程过程中使用以下变量进行运算。

#100 为正弦曲线各点在公式中的 Z 坐标。

#101 为正弦曲线各点在公式中的 X 坐标。

#102 为正弦曲线各点在工件坐标系中的 Z 坐标，#102＝#100−45.0。

#103 为正弦曲线各点在工件坐标系中的 X 坐标，#103＝34.0＋2＊#101。

3）加工程序。

O0430;（主程序）

G99 G40 G21;

T0101;（转菱形刀片可转位车刀）

M03 S600 F0.2;

G00 X42.0 Z−13.0;

G73 U6.0 W0 R5;

G73 P100 Q300 U0.3 W0 F0.2;

N100 G00 X40.0 F0.1 S1200;

#100＝25.0;（公式中的 Z 坐标）

N200　#101＝3.0＊SIN［18.0＊#100］;（公式中的 X 坐标）

#102＝#100-45.0;（工件坐标系中的 Z 坐标）

#103＝34.0+2＊#101;（工件坐标系中的 X 坐标）

G01 X#103 Y#102;

#100＝#100-0.5;（Z 坐标每次减小 0.5）

IF［#100 GE-15.0］GOTO 200;（循环转移）

G01 Z-67.0;

N300 G01 X42.0;

G00 X100.0 Z100.0;

M30;

例 4-26　试用 B 类宏程序编写图 4-39 所示灯罩模具内曲面的粗、精加工程序。

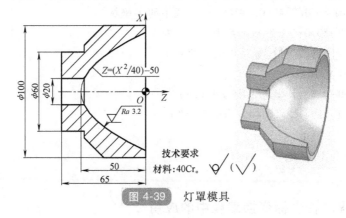

图 4-39　灯罩模具

1）加工该曲面时，先用 G71 指令进行粗加工去除余量。精加工时，采用 G73 指令进行编程与加工，以 Z 坐标作为自变量，X 坐标作为应变量。

2）宏指令编程时，使用以下变量进行运算。

#100 为公式中的 Z 坐标。

#101 为公式中的 X 坐标。

#102 为工件坐标系中的 Z 坐标，#102＝#100-50.0。

#103 为工件坐标系中的 X 坐标，#103＝2＊#101。

3）粗、精加工宏程序。

O0431;（主程序）

G99 G40 G21;

T0101;（转菱形刀片可转位车刀）

M03 S600 F0.2;

G00 X16.0 Z2.0;

G71 U1. 5 R0. 3;(粗车内部轮廓)

G71 P100 Q200 U-0. 5 W0. 0 F0. 2;

N100 G00 X89. 0 F0. 05 S1600;

G01 Z1. 0;

X20. 0 Z-46. 0;

Z-66. 0;

N200 G01 X16. 0;

G70 P100 Q200;(精车内轮廓,曲面上仍有 1mm 余量)

G00 X80. 0 Z2. 0;

G73 U2. 0 W0 R2;

G73 P300 Q500 U-0. 4 W0 F0. 2;

N300 G00 X89. 44 F0. 1 S1200;

#100＝50. 0;(公式中的 Z 坐标)

N400 #101＝SQRT[40. 0 ∗ #100];(公式中的 X 坐标)

#102＝#100-50. 0;(工件坐标系中的 Z 坐标)

#103＝2 ∗ #101;(工件坐标系中的 X 坐标)

G01 X#103 Y#102;

#100＝#100-0. 5;(Z 坐标每次减小 0. 5)

IF[#100 GE 2. 5] GOTO 400;(循环转移)

N500 G01 X19. 0;

G00 X100. 0 Z100. 0;

M30;

二、宏程序在坐标变换编程中的应用

坐标平移指令是一个非常实用的指令,在数控车床编程过程中,如果能合理运用该指令,将会实现方便数学计算和简化编程的目的。

1. 坐标平移指令

(1) 指令格式

G52 X__ Z__;(设定局部坐标系)

G52 X0 Z0;(取消局部坐标系)

(2) 指令说明 X、Z 为局部坐标系的原点在原工件坐标系中的位置,该值用绝对坐标值加以指定,且此处的 X 值为直径量。

坐标平移如图 4-40 所示。通过将工件坐标系偏移一个距离,从而给程序选择一个新的坐标系。

通过 G52 指令建立新的坐标系后,可通过指

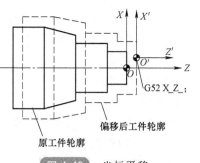

图 4-40 坐标平移

令"G52 X0 Z0;"将局部坐标系再次设为工件坐标系的原点,从而达到取消局部坐标系的目的。

例如:G52 X10.0 Z0.0;

2. 坐标平移指令编程示例

例 4-27 试采用手工编程方式编写图 4-41 所示工件内凹外轮廓的数控车加工程序。

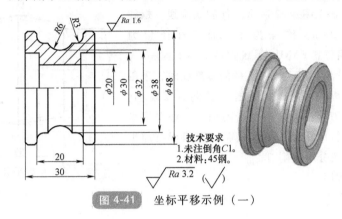

图 4-41 坐标平移示例(一)

1)编程分析。加工本例工件的内凹外轮廓时,先选用切槽刀进行粗加工,再选用 $R2mm$ 的圆弧车刀进行半精加工和精加工,采用刀尖圆弧半径补偿进行编程。由于 G73 指令执行过程中不执行刀尖圆弧半径补偿,所以无法采用 G73 指令编写半精加工程序。因此,采用坐标平移指令与宏程序指令相结合的方法编程,其刀具轨迹与系统轮廓粗加工循环(G73)的轨迹相似。

2)加工程序。

O0432;

…

G00 X52.0 Z-10.0;

#1=6.0;(X 向坐标平移总量为 6mm)

N100 G52 X#1 Z0;(X 向坐标平移)

G42 G01 X50.0 Z-3.0 F0.1;(刀尖圆弧半径补偿)

X46.0 Z-5.0;

X44.0;

G02 X38.0 Z-8.0 R3.0;

G01 Z-9.80;

G02 Z-20.20 R6.0;

G01 Z-22.0;

G02 X44.0 Z-25.0 R3.0;

G01 X46.0;

X50.0 Z-27.0;

G40 G00 X52.0 Z-10.0；

#1＝#1-1.0；（平移量每次减少1mm，即每次切削的背吃刀量为1mm）

IF［#1 GE 0］GOTO 100；（有条件跳转）

G52 X0 Z0；

…

例 4-28 加工图 4-42 所示工件的螺旋线，螺旋线的螺距为 2mm，槽深为 1.3mm（直径量为 2.6mm），试编写其 FANUC 系统数控车加工程序。

1）编程分析。加工该例工件的螺旋线时，采用 G32 指令进行编程。对于螺旋槽的 Z 向分层切削，则需采用修改刀补的方法进行切削加工。如采用坐标平移指令进行编程加工，则只需一次编程与加工即可完成所有的分层切削。

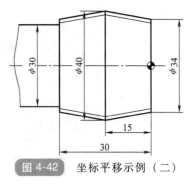

图 4-42 坐标平移示例（二）

2）加工程序。

O0433；

…

G00 X44 Z1.5；

#110＝0；

N50 G52 X#110；（坐标平移）

G00 X34.0；

G01 X33.4 Z1.5；

G32 X40.0 Z-15.0 F2；

G32 X-33.4 Z-31.5 F2；

G00 X44.0；

Z1.5；

#110＝#110-0.2；（坐标平移量每次减0.2mm）

IF［#110 GE-2.6］GOTO 50；（有条件跳转）

G52 X0；

G00 X100.0 Z100.0；

M05；

M30；

3. 坐标平移指令使用注意事项

在数控车床上采用坐标平移指令进行编程时，应注意以下几个方面的问题。

1）采用坐标平移指令时，指令中的 X 坐标是指直径量。另外，在数控车床一般不进行 Z 向坐标平移。

2）采用坐标平移指令后，注意及时进行坐标平移指令的取消。坐标平移取消的实质就是将坐标原点平移至原工件坐标系原点。

3）采用坐标平移编程时，一定要准确预见刀具的行进轨迹，以防产生刀具干涉等事故。

三、宏程序编程在加工异形螺旋槽中的运用

宏程序编程和坐标平移指令相结合，还可以加工一些异形螺旋槽。常见的异形螺旋槽有圆弧表面或非圆曲线表面的螺旋槽和一些非标准形状螺旋槽等。

1. 圆弧表面或非圆曲线表面的螺旋槽

例 4-29   加工图 4-43 所示椭圆表面的三角形螺旋槽，其螺距为 2mm，槽深为 1.3mm（直径量为 2.6mm），试编写其数控车加工程序。

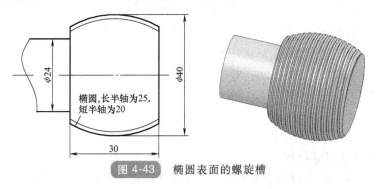

图 4-43   椭圆表面的螺旋槽

1）加工本例工件时，其加工难点有两处，其一为拟合椭圆表面的螺旋槽，其二为该螺旋槽的分层切削。

2）拟合椭圆表面的螺旋槽时，采用 G32 指令来拟合，在拟合过程中采用以下变量进行计算，其加工程序见子程序。

$\#1$ 为方程中的 Z 坐标，起点 $Z = 16$。

$\#2$ 为方程中的 X 坐标 $\#2 = 20/25 * \mathrm{SQRT}[\,625.0 - \#1 * \#1\,]$，起点值为 15.37。

$\#3$ 为工件坐标系中的 Z 坐标，$\#3 = \#1 - 15$。

$\#4$ 为工件坐标系中的 X 坐标，$\#4 = \#2 * 2$。

3）采用坐标平移指令进行螺旋槽的分层切削的编程，编程时以 $\#100$ 作为坐标平移变量，其加工程序见主程序。

O0434;（主程序）

G99 G40 G21;

T0101;（换三角形螺纹车刀）

M03 S600 F0.2;

G00 X44.0 Z2.0;

$\#100 = -0.2$;

N400 G52 X$\#100$ Z0;（X 向坐标平移）

M98 P239;

G52 X0 Z0;（取消坐标平称）

#100＝#100-0.2;（坐标平移量每次减0.2mm）

IF[#100 GE-2.6] GOTO 400;（2.6mm为直径方向的总切深）

G00 X100.0 Z100.0;

M30;

O239;（拟合螺旋线子程序）

G01 X30.75 Z1.0;

#1＝16.0

N100 #2＝20/25＊SQRT[625.0-#1＊#1];（跳转目标位）

#3＝#1-15.0;

#4＝#2＊2;

G32 X#4 Z#3 F2;

#1＝#1-2.0;（条件运算及坐标计算）

IF[#1 GE-16.0] GOTO 100;（有条件跳转）

G00 X44.0;

Z2.0

M99;

2. 非标准牙型螺旋槽

例4-30 加工图4-44所示非标准牙型螺旋槽，其螺距为6mm，试编写其数控车加工程序。

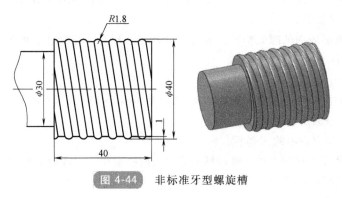

图4-44 非标准牙型螺旋槽

1）加工本例工件时，由于其牙型为非标准牙型，无法采用成形刀具进行加工，所以其加工难点为拟合非标准牙型槽。加工过程分成两部分，首先用梯形螺纹车刀切出底部平底螺旋槽，再用同一把梯形螺纹车刀拟合圆弧牙型。

2）加工平底螺旋槽时，采用坐标平移指令编写分层切削加工程序。一次加工完成后根据槽底的宽度和梯形螺纹车刀的刀尖宽度，计算Z向平移量，再进行二次加工。加工指令如下。

O0435;（主程序）

G99 G40 G21;

T0101;（换梯形螺纹车刀）

M03 S600;

G00 X44.0 Z6.60;

#100 = -0.2;

N400 G52 X#100 Z0;（X 向坐标平移）

G92 X40.0 Z-46.0 F6.0;

G52 X0 Z0;（取消坐标平称）

#100 = #100-0.2;（坐标平移量每次减 0.2mm）

IF[#100 GE-2.0] GOTO 400;（2.0mm 为直径方向的槽深）

G00 X100.0 Z100.0;

M30;

在拟合圆弧凸台过程中，左、右圆弧面分别使用梯形螺纹车刀的两个刀尖进行切削。编程过程中采用以下变量进行计算。

#1 为方程中的 Z 坐标，起点 Z = SQRT[1.8 * 1.8-0.64] = 1.60。

#2 为 X 向的凸台高度值，#2 = SQRT[1.8 * 1.8-#1 * #1]-0.8，起点值为 0。

#3 为工件坐标系中的 Z 坐标，#3 = #1+5.0；拟合左侧半个圆弧时，用刀具的右刀尖进行切削，#3 = #1+5.0-B（B 为螺纹车刀刀尖的宽度，B 值以实际测量值计算）。

#4 为工件坐标系中的 X 坐标，#4 = #2 * 2+38.0。

O0436;（主程序）

G99 G40 G21;

T0101;（换梯形螺纹车刀）

M03 S600 M08;

G00 X42.0 Z6.5;

#1 = 1.6;

N200 #2 = SQRT[1.8 * 1.8-#1 * #1]-0.8;（X 向的凸台高度值）

#3 = #1+5.0;

#4 = #2 * 2+38.0;

G01 X#4 Z#3;（用梯形螺纹车刀的左刀尖加工）

G32 X#4 Z-46.0 F6.0;

G00 X42.0;

　　Z6.5;

　　X38.0;

#1 = #1-0.1;

IF[#1 GE 0] GOTO 200;

#1 = -0.1;

N300 #2 = SQRT[1.8 * 1.8-#1 * #1]-0.8;（X 向的凸台高度值）

#3 = #1+5.0-B;（B 为刀尖的实际宽度）

#4＝#2＊2+38.0；

G01 X#4 Z#3；（用梯形螺纹车刀的右刀尖加工）

G32 X#4 Z-46.0 F6.0；

G00 X42.0；

    Z6.5；

    X38.0；

#1＝#1-0.1；

IF［#1 GE -1.6］GOTO 300；

G00 X100.0 Z100.0；

M30；

第六节　典型零件编程示例

一、零件图样

如图 4-45 所示工件，毛坯为 $\phi50mm\times112mm$ 的圆钢，钻出 $\phi18mm$ 的预孔，试编写其数控车加工程序。

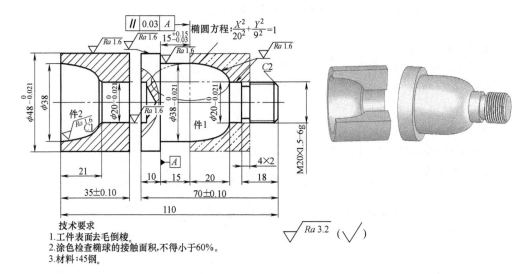

图 4-45　典型零件编程示例

技术要求
1. 工件表面去毛倒棱。
2. 涂色检查椭球的接触面积，不得小于60%。
3. 材料：45钢。

二、加工准备

本例选用的机床为 FANUC 0i 系统的 CKA6140 型数控车床，毛坯材料加工前先钻出直径为 $\phi18mm$ 的预孔。请读者根据零件的加工要求自行配置工具、量具、夹具。

三、加工工艺分析

1. 椭圆的近似画法

由于 G71 指令内部不能采用宏程序进行编程。因此，粗加工过程中常用圆弧来代替非圆曲线，采用圆弧代替椭圆的近似画法如图 4-46 所示，其操作步骤如下：

1）画出长轴 AB 和短轴 CD，连接 AC 并在 AC 上截取 CF，使其等于 AO 与 CO 之差 CE。

2）作 AF 的垂直平分线，使其分别交 AB 和 CD 于点 O_1 和 O_2。

3）分别以 O_1 和 O_2 圆心，O_1A 和 O_2C 为半径作圆弧 AG 和 CG，该圆弧即为四分之一的椭圆。

4）用同样的方法画出整个椭圆。

本例工件为了保证加工后的精加工余量，将长轴半径设为 20.5mm，短轴半径设为 9.5mm。采用四心近似画椭圆的方法画出的圆弧 AG 的半径为 6.39mm，圆弧 CG 的半径为 39.95mm。点 G 相对于点 O 的坐标为（-16.8，5.8）。

2. 椭圆曲线的编程思路

将本例中的非圆曲线分成 40 条线段后，用直线进行拟合，每段直线在 Z 向的间距为 0.5mm。如图 4-47 所示，根据曲线公式，以 Z 坐标作为自变量，X 坐标作为应变量，Z 坐标每次递减 0.5mm，计算出对应的 X 坐标值。宏程序或参数编程时使用以下变量进行运算。

#101 或 R1 为非圆曲线公式中的 Z 坐标值，初始值为 20。

#102 或 R2 为非圆曲线公式中的 X 坐标值（半径量），初始值为 0。

#103 或 R3 为非圆曲线在工件坐标系中的 Z 坐标值，其值为#101-45.0。

#104 或 R4 为非圆曲线在工件坐标系中的 X 坐标值（直径量），其值为#102×2。

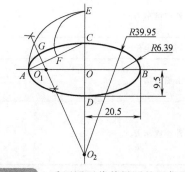

图 4-46　采用圆弧代替椭圆的近似画法

$$X = \frac{9}{20}\sqrt{20^2 - Z^2}$$

图 4-47　椭圆的变量计算

四、编制加工程序

选择完成后工件的左右端面回转中心作为编程原点，选择的刀具为：T01 外圆车刀；T02 外切槽车刀（刀宽 3mm）；T03 外螺纹车刀；T04 内孔车刀。参考程序（件 1）

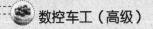

见表 4-6。

表 4-6 参考程序（件 1）

FANUC 0i 系统程序	程 序 说 明
O0437;	加工右端外轮廓
G99 G21 G40;	程序开始部分
T0101;	
M03 S800;	
G00 X100.0 Z100.0 M08;	
X52.0 Z2.0;	
G71 U1.5 R0.5;	毛坯切削循环,加工右端外轮廓
G71 P100 Q200 U0.5 W0.0 F0.2;	
N100 G00 X15.8 S1500 F0.05;	精加工轮廓描述,程序段中的 F 和 S 为精加工时的 F 和 S 值
G01 Z0;	
X19.8 Z-2.0;	
Z-18.0;	
X20.0;	
Z-24.5;	
G03 X31.6 Z-28.2 R6.39;	
G03 X39.0 Z-45.0 R39.95;	
G01 Z-60.0;	
N200 X52.0;	
G70 P100 Q200;	精加工右端外轮廓
G00 X100.0 Z100.0;	换外切槽车刀
T0202 S600;	
G00 X22.0 Z-17.0;	外切槽刀定位
G75 R0.5;	加工退刀槽
G75 X16.0 Z-18.0 P1500 Q1000 F0.1;	
G00 X100.0 Z100.0;	换外螺纹车刀
T0303 S600;	
G00 X22.0 Z2.0;	
G76 P020560 Q50 R0.05;	加工外螺纹
G76 X18.05 Z-16.0 P975 Q400 F1.5;	
G00 X100.0 Z100.0;	程序结束部分
M05 M09;	
M30;	

（续）

FANUC 0i 系统程序	程 序 说 明
O0052;	精加工椭圆曲面
…	程序开始部分
G00 X52.0 Z-24.5;	刀具快速定位
G42 G01 X20.0 F0.1;	
#101 = 20.0;	公式中的 Z 坐标值
N100 #102 = 9.0 * SQRT[400.0-#101 * #101]/20.0;	公式中的 X 坐标值
#103 = #101-45.0;	工件坐标系中的 Z 坐标值
#104 = #102 * 2.0;	工件坐标系中的 X 坐标值
G01 X#104 Z#103 F0.1;	加工曲面轮廓
#101 = #101-0.5;	Z 坐标增量为-0.5mm
IF[#101 GE 0] GOTO 100;	条件判断
G01 Z-60.0;	加工圆柱表面
X52.0;	
G40 G00 X100.0 Z100.0;	程序结束部分
M05 M09;	
M30;	

请自行编制件 2 的加工程序，编程过程中注意宏程序的编程。

☆ 考核重点解析

本章是理论与技能考核重点，在理论考核中约占 30%。在数控车工高级理论鉴定试题中常出现的知识点有：G32、G34、G90、G94、G70、G71、G72、G73、G74、G75、G76 等指令格式及其应用，子程序，B 类宏程序等。数控车工高级技能鉴定主要考核轮廓加工、螺纹加工、孔加工和配合件加工。

复习思考题

1. G90 与 G94 指令有何不同？

2. G71 与 G72 指令有何不同？

3. 默写 G73、G74、G75、G76 指令编程格式，并解释格式中各参数的含义。

4. 常用螺纹加工指令有哪些？

5. 用户宏程序有哪些特征？

6. 变量可分为哪三类？各有何特征？

7. 宏程序中常用的控制指令有哪些？如何应用？

8. 指出表 4-7 中各符号的含义。

表 4-7 　复习思考题 8 表

符　号	含　义
EQ	
NE	
GT	
LT	
GE	
LE	

9. 如图 4-48 所示，毛坯尺寸为 $\phi40mm \times 75mm$，材料为 45 钢，试编制其加工程序。

10. 如图 4-49 所示，毛坯尺寸为 $\phi40mm \times 75mm$，材料为 45 钢，试编制其加工程序。

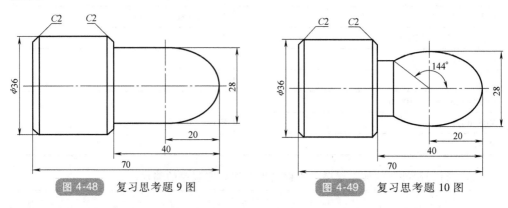

图 4-48 　复习思考题 9 图

图 4-49 　复习思考题 10 图

11. 如图 4-50 所示，毛坯尺寸为 $\phi40mm \times 80mm$，材料为 45 钢，试编制其加工程序。

12. 如图 4-51 所示抛物线，方程为 $Z = -\frac{1}{20}X^2$，试编制其加工程序。

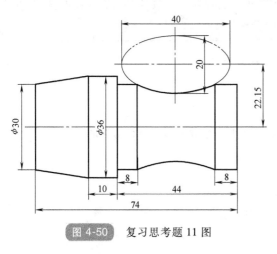

图 4-50 　复习思考题 11 图

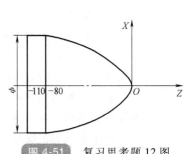

图 4-51 　复习思考题 12 图

13. 如图 4-52 所示，毛坯尺寸为 $\phi 60\text{mm} \times 60\text{mm}$，试编制其加工程序。

14. 如图 4-53 所示，双曲线的焦点在 Y 轴上，毛坯尺寸为 $\phi 60\text{mm} \times 95\text{mm}$，试编制其加工程序。

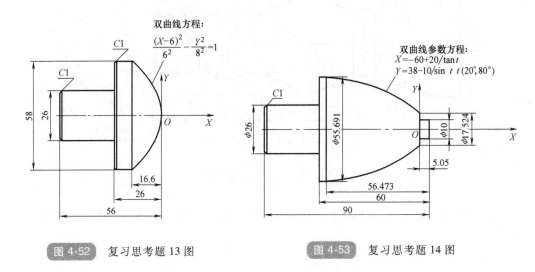

双曲线方程：
$$\frac{(X-6)^2}{6^2} - \frac{Y^2}{8^2} = 1$$

双曲线参数方程：
$$X = -60 + 20/\tan t$$
$$Y = 38 - 10/\sin t \quad t(20°, 80°)$$

图 4-52 复习思考题 13 图

图 4-53 复习思考题 14 图

15. 如图 4-54 所示，毛坯尺寸为 $\phi 50\text{mm} \times 105\text{mm}$，材料为 45 钢，试编制其加工程序。

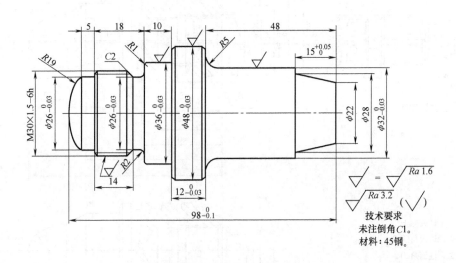

$$\sqrt{} = \sqrt{Ra\ 1.6}$$

$$\sqrt{Ra\ 3.2} \quad (\sqrt{})$$

技术要求
未注倒角 C1。
材料：45钢。

图 4-54 复习思考题 15 图

16. 如图 4-55 所示，毛坯尺寸为 $\phi 60\text{mm} \times 170\text{mm}$，材料为 45 钢，试编制其加工程序。

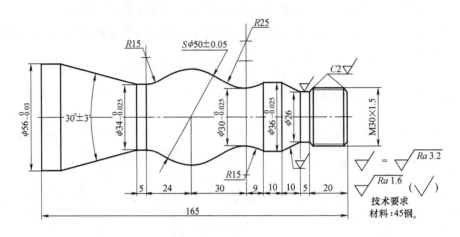

图 4-55　复习思考题 16 图

17. 如图 4-56 所示，毛坯尺寸为 $\phi50\text{mm}\times160\text{mm}$，材料为 LY15，试编制其加工程序。

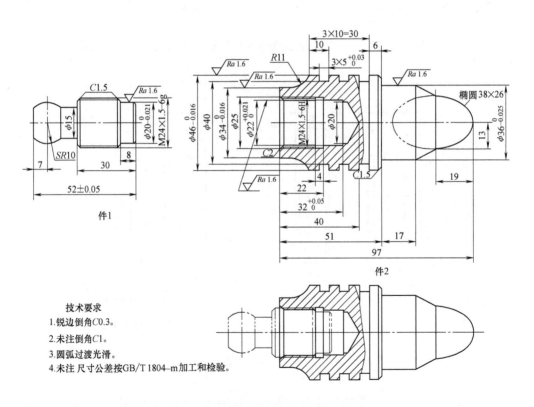

技术要求
1. 锐边倒角C0.3。
2. 未注倒角C1。
3. 圆弧过渡光滑。
4. 未注尺寸公差按GB/T 1804—m加工和检验。

图 4-56　复习思考题 17 图

18. 如图 4-57 所示，毛坯尺寸为 ϕ55mm×125mm，材料为 45 钢，试编制其加工程序。

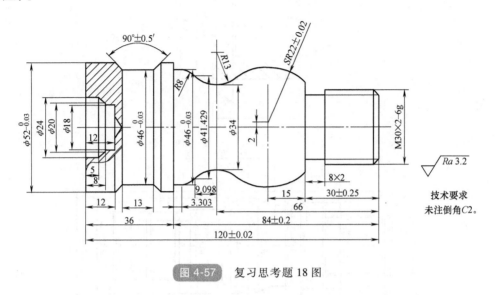

图 4-57 复习思考题 18 图

19. 如图 4-58 所示，毛坯尺寸为 ϕ50mm×100mm，材料为 45 钢，试编制其加工程序。

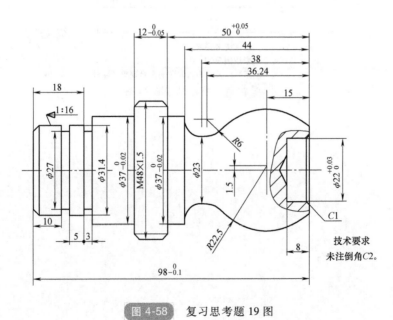

图 4-58 复习思考题 19 图

20. 如图 4-59 所示轴类配合件，毛坯尺寸为 ϕ50mm×110mm、ϕ50mm×45mm，材料为 45 钢，试编制其加工程序。

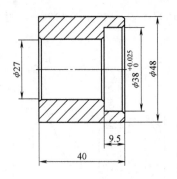

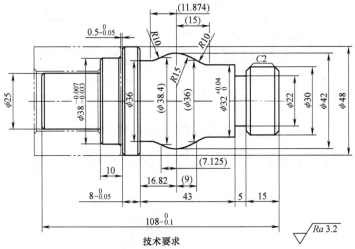

技术要求

1.未注倒角C1。

2.未标注公差为±0.07(有配合要求者除外)

图 4-59　复习思考题 20 图

第五章　SIEMENS 802D 系统数控车床的编程

理论知识要求

　　1. 掌握终点和张角的圆弧插补指令格式。

　　2. 掌握 G05 指令编程格式及其应用。

　　3. 掌握毛坯切削循环 CYCLE95 指令编程格式及其应用。

　　4. 掌握切槽循环 CYCLE93 指令编程格式及其应用。

　　5. 掌握螺纹切削 G33、G34、G35、CYCLE97 等指令编程格式及其应用。

　　6. 掌握 SIEMENS 系统中子程序的编程及其调用。

　　7. 掌握 R 参数的编程。

操作技能要求

　　1. 能够应用 SIEMENS 系统循环指令编写复杂零件的加工程序。

　　2. 能够应用 R 参数编写非圆曲线零件的加工程序。

　　3. 能够应用 SIEMENS 螺纹指令编写螺纹加工程序。

　　4. 能够应用子程序编写复杂类零件的加工程序。

第一节　SIEMENS 802D 系统特殊加工指令

一、顺、逆圆弧插补指令

　　第三章已介绍了两种常用的圆弧插补格式，即圆心坐标（I、K）指令格式和圆弧半径（CR）指令格式，现介绍另一种圆弧张角（AR）指令格式。

　　圆弧张角即圆弧轮廓所对应的圆心角，单位是度（0.00001°~359.99999°）。

1. 终点和张角的圆弧插补

　　指令格式为：G02/G03 X__ Z__ AR=__；

　　图 5-1 所示圆弧编程示例如下：

　　N30 G00 X40 Z10；　　　　　　　　（用于指定 N40 段的圆弧起点）

　　N40 G02 Z30 AR=105；　　　　　　　（终点和张角）

　　说明：N40 程序段中不需指令其圆弧半径和圆心坐标，由系统在插补过程中自动生成。

2. 圆心和张角的圆弧插补

　　指令格式为：G02/G03 I__ K__ AR=__；

　　图 5-2 所示圆弧编程示例如下：

N30 G00 X40 Z10;　　　　　　　　（用于指定 N40 段的圆弧起点）

N40 G02 I−10 K10 AR＝105;　　　　（圆心和张角）

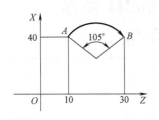　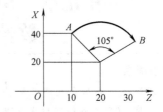

图 5-1　终点和张角编程示例　　　　　图 5-2　圆心和张角编程示例

说明：N40 程序段中不需指令其圆弧半径，由系统在插补过程中自动生成。

编程时应特别注意在各种圆弧程序段中的 I 值，均为圆心相对于其起点在 X 坐标轴方向上的半径量。

3. 中间点圆弧插补指令

指令格式为：G05 X＿ Z＿ IX＝＿ KZ＝＿;

IX 为圆弧上任一中间点在 X 坐标轴上的半径量。

KZ 为圆弧上任一中间点的 Z 向坐标值。

图 5-3 所示圆弧的编程示例如下：

N30 G00 X30 Z10;　　　　　　　　（用于指定 N40 段的圆弧起点）

N40 G05 Z30 IX＝20 KZ＝25;　　　　（圆弧终点和中间点）

说明：该指令是根据"不在一条直线上的三个点可确定一个圆"的数学原理，由系统自动计算其圆弧的半径及圆心位置并进行插补运行的，该功能对今后编制非圆等特殊曲线十分有益；该指令属模态指令。

4. 切线过渡圆弧插补指令 CT

指令格式为：CT X＿ Z＿;

图 5-4 所示圆弧的编程示例如下：

G01 X40 Z10;　　　　　　　　　　（圆弧起点和切点）

CT X36 Z34;　　　　　　　　　　（圆弧终点）

说明：该指令由圆弧终点和切点（圆弧起点）来确定圆弧半径的大小，该指令为802D 系统专有指令。

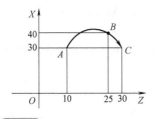　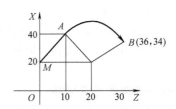

图 5-3　中间点圆弧插补示例　　　　　图 5-4　切线过渡圆弧插补示例

二、返回机床固定点功能指令

用 G75 指令可使刀架返回到在机床参数中设置的某个固定点，如转刀点等。G75 的执行速度为 G00 指令的速度。G75 应为独立程序段。G75 编程示例如下：

N80 G75 X0 Z0；

该程序段中的 X、Z 坐标值不被识别。

第二节　内、外圆切削循环

为了达到简化编程的目的，和 FANUC 系统一样，在 SIEMENS 系统中同样配备了许多固定循环功能。这些循环功能主要用于对零件进行内、外圆粗精加工，螺纹加工，外沟槽及端面槽等加工。本节主要介绍 SIEMENS 802D 系统中的内、外圆切削循环。

一、毛坯切削循环

1. 指令格式

CYCLE95（NPP，MID，FALZ，FALX，FAL，FF1，FF2，FF3，VARI，DT，DAM，VRT）；

CYCLE95 参数具体含义见表 5-1。

表 5-1　CYCLE95 参数具体含义

参　　数	含　　义
NPP	轮廓子程序名称
MID	最大粗加工背吃刀量，无符号输入
FALZ	Z 向的精加工余量，无符号输入
FALX	X 向的精加工余量，无符号输入，半径量
FAL	沿轮廓方向的精加工余量
FF1	非退刀槽加工的进给速度
FF2	进入凹凸切削时的进给速度
FF3	精加工时的进给速度
VARI	加工方式：用数值 1~12 表示
DT	粗加工时，用于断屑的停顿时间
DAM	因断屑而中断粗加工时所经过的路径长度
VRT	粗加工时，从轮廓退刀的距离，X 向为半径量，无符号输入

2. 加工方式与切削动作

毛坯切削循环的加工方式用参数 VARI 表示，按其形式分成三类 12 种：第一类为纵向加工或横向加工，第二类为内部加工或外部加工，第三类为粗加工、精加工或综合加工，见表 5-2。

毛坯切削循环的加工方式

数　值	纵向/横向	外部/内部	粗加工/精加工/综合加工
1	纵向	外部	粗加工
2	横向	外部	粗加工
3	纵向	内部	粗加工
4	横向	内部	粗加工
5	纵向	外部	精加工
6	横向	外部	精加工
7	纵向	内部	精加工
8	横向	内部	精加工
9	纵向	外部	综合加工
10	横向	外部	综合加工
11	纵向	内部	综合加工
12	横向	内部	综合加工

（1）纵向加工和横向加工

1）纵向加工。纵向加工方式是指沿 X 轴方向切深进给，而沿 Z 轴方向切削进给的一种加工方式，如图 5-5 所示。

① 刀具定位至循环起点（刀具以 G00 方式定位到循环起点 C）。

② 轨迹 11。以 G01 方式沿 X 方向根据系统计算出的参数 MID 值进给至点 E。

③ 轨迹 12。以 G01 方式按参数 FF1 指定的进给速度进给至交点 J。

④ 轨迹 13。以 G01/G02/G03 方式按参数 FF1 指定的进给速度沿着"轮廓+精加工余量"粗加工到最后一点 K。

⑤ 轨迹 14、轨迹 15。以 G00 方式退刀至循环起点 C，完成第一刀切削加工循环。

⑥ 重复以上过程，完成切削循环（如此重复以上过程，完成第二刀等：轨迹 21～25 等）。

2）横向加工。横向加工方式是指沿 Z 轴方向切深进给，而沿 X 轴方向切削进给的一种加工方式。

如图 5-6 所示，与纵向加工切削动作相似，不同之处在于纵向加工是沿 X 轴方向进行多刀循环切削的，而横向加工是沿 Z 轴方向进行多刀循环切削的。进给路线为：进给（CD，轨迹 11）→X 向切削（轨迹 12）→沿工件轮廓切削（轨迹 13）→退刀（轨迹 14 和 15）→复复以上动作（轨迹 21～25 等）。

（2）内部加工和外部加工

1）纵向加工方式中的内部加工和外部加工。在纵向加工方式中，当毛坯切削循环刀具的切深方向为-X 向时，则该加工方式为纵向外部加工方式（VARI＝1/5/9），如图

5-7a 所示。反之，当毛坯切削循环刀具的切深方向为 +X 向时，该加工方式为纵向内部加工方式（VARI = 3/7/11），如图 5-7b 所示。

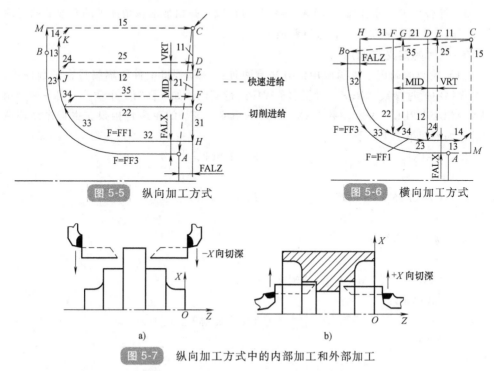

图 5-5　纵向加工方式

图 5-6　横向加工方式

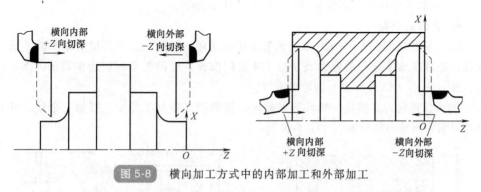

图 5-7　纵向加工方式中的内部加工和外部加工

2）横向加工方式中的内部加工和外部加工。横向加工方式中的内部与外部加工如图 5-8 所示。当毛坯切削循环刀具的切深方向为 −Z 向时，则该加工方式为横向外部加工方式（VARI = 2/6/10）。反之，当毛坯切削循环刀具的切深方向为 +Z 向时，该加工方式为横向内部加工方式（VARI = 4/8/12）。

图 5-8　横向加工方式中的内部加工和外部加工

（3）粗加工、精加工和综合加工

1）粗加工。粗加工（VARI = 1/2/3/4）是指采用分层切削的方式切除余量的一种加工方式，粗加工完成后保留精加工余量。

2）精加工。精加工（VARI＝5/6/7/8）是指刀具沿轮廓轨迹一次性进行加工的一种加工方式。在精加工循环时，系统将自动启用刀尖圆弧半径补偿功能。

3）综合加工。综合加工（VARI＝9/10/11/12）是粗加工和精加工的合成。执行综合加工时，先进行粗加工，再进行精加工。

3. 轮廓的定义与调用

（1）轮廓的调用。轮廓调用的方法有两种：一种是将工件轮廓编写在子程序中，在主程序中通过参数"NPP"对轮廓子程序进行调用，如下面第一个例子；另一种是用"ANFANG：ENDE"表示，用"ANFANG：ENDE"表示的轮廓直接跟在主程序循环调用后，如下面第二个例子。

例：MAIN1.MPF；　　　　　　SUB2.SPF；

…　　　　　　　　　　　　…

CYCLE95（"SUB2"…）　　RET；

…

例：MAIN1.MPF；

…

CYCLE95（"ANFANG：ENDE"…）；

ANFANG：；

…　　　　　　　　　　　（定义轮廓）

ENDE：；

…

（2）轮廓定义的要求

1）轮廓由直线或圆弧组成，并可以在其中使用倒圆（RND）和倒棱（CHA）指令。

2）轮廓必须含有三个具有两个进给轴的加工平面内的运动程序段。

3）定义轮廓的第一个程序段必须含有 G00、G01、G02 和 G03 指令中的一个。

4）轮廓子程序中不能含有刀尖圆弧半径补偿指令。

4. 轮廓的切削

（1）轮廓切削次序　802D 系统的毛坯切削循环不仅能加工单调递增或单调递减的轮廓，还可以加工内凹的轮廓及超过 1/4 圆的圆弧。内凹轮廓的切削步骤如图 5-9 所示，按（一）、（二）、（三）的顺序进行。

（2）循环起点的确定　循环起点的坐标值根据工件加工轮廓、精加工余量、退刀量等因素由系统自动计算，如图 5-10 所示。

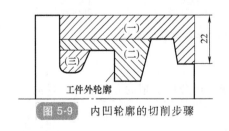

图 5-9　内凹轮廓的切削步骤

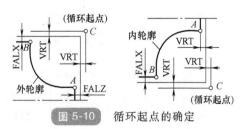

图 5-10　循环起点的确定

刀具定位及退刀至循环起点的方式有两种。粗加工时，刀具两轴同时返回循环起点。精加工时，刀具分别返回循环起点，且先返回刀具切削进刀轴。

（3）粗加工背吃刀量　参数 MID 定义的是粗加工最大可能的背吃刀量，实际切削时的背吃刀量由循环自动计算得出，且每次背吃刀量相等。计算时，系统根据最大可能的背吃刀量和待加工的总深度计算出总的进给数量，再根据进给数量和待加工的总深度计算出每次粗加工背吃刀量。

如图 5-9 所示步骤（一）的总切深量为 22mm，参数 MID 中定义的值为 5mm，则系统先计算出总的进给数为 5 次，再计算出实际加工过程中的背吃刀量为 4.4mm。

（4）精加工余量　在 802D 系统中，分别用参数 FALX、FALZ 和 FAL 定义 X 向、Z 向和沿轮廓方向的精加工余量，X 向的精加工余量以半径量表示。

5. CYCLE95 编程示例

（1）应用纵向外部加工方式（VARI＝1/5/9）的编程示例

例 5-1　试用纵向外部加工方式并按 SIEMENS 802D 的规定编写图 5-11 所示工件（外圆已加工至 ϕ48mm，材料为 45 钢）的数控车加工程序。

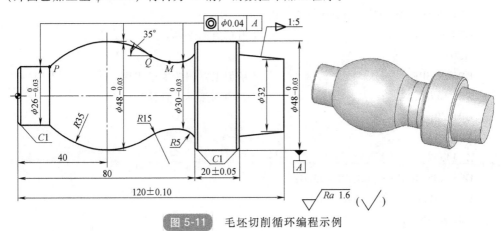

图 5-11　毛坯切削循环编程示例

分析　本例工件以纵向外部综合加工方式进行加工，轮廓子程序为"BB501"和"BB502"，精加工余量为 0.2mm，退刀量为 0.5mm，粗加工进给速度为 0.2mm/r，精加工和内凹轮廓加工时的进给速度为 0.1mm/r。

```
AA501. MPF;                          （右端轮廓加工主程序）
G90 G95 G40 G71;                     （程序初始化）
T1D1;                                （换 1 号棱形刀片可转位车刀）
M03 S600 F0.2;
G00 X50 Z2;                          （刀具定位至循环起点）
CYCLE95("BB501",1,0.05,0.2, ,0.2,0.1,0.1,9, , ,0.5);
G74 X0 Z0;                           （刀具返回参考点）
M30;
```

BB501. SPF；   （精加工右侧轮廓子程序）

G00 X32；

G01 Z0；

X36 Z－20；

X46；

X48 Z－21；

Z－45；

G01 X52；

RET；

AA502. MPF；   （左端轮廓加工主程序）

G90 G95 G40 G71；   （程序初始化）

T1D1；   （换 1 号棱形刀片可转位车刀）

M03 S600 F0. 2；

G00 X50 Z2；   （刀具定位至循环起点）

CYCLE95（"BB502",1,0.05,0.2, ,0.2,0.1,0.1,9, , ,0.5）；

G74 X0 Z0；   （刀具返回参考点）

M30；

BB502. SPF；   （精加工左侧轮廓子程序）

G42 G00 X24；   （刀尖圆弧半径补偿）

G01 Z0；

X26 Z－1；

Z－14. 52；

G03 X35. 40 Z－60. 03 CR＝35. 0；

G02 X30. 0 Z－68. 62 CR＝15. 0；

G01 Z－75. 0；

G02 X40. 0 Z－80. 0 CR＝5. 0；

G01 X46. 0；

X48. 0 Z－81. 0；

G40 G01 X52. 0；

RET；

（2）应用内部加工方式（VARI＝3/7/11，VARI＝4/8/12）编程的综合示例

例 5-2 试用内部加工方式并按 SIEMENS 802D 的规定编写图 5-12 所示工件（毛坯已钻出 ϕ18mm 预孔）内轮廓的加工程序。

AA503. MPF；

G90 G95 G40 G71；   （程序初始化）

T1D1；   （换 1 号内孔车刀）

M03 S600 F0. 2；

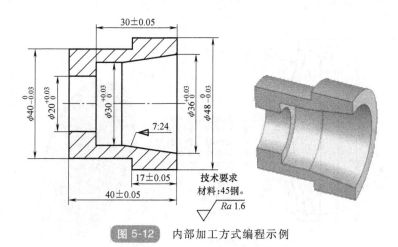

图 5-12　内部加工方式编程示例

G00 X16 Z2；　　　　　　　　　　　（刀具定位至循环起点）

CYCLE95（"BB503"，1，0.05，0.2，，0.2，0.1，0.1，11，，，0.5）；

G74 X0 Z0；　　　　　　　　　　　（刀具返回参考点）

M30；

BB503. SPF；　　　　　　　　　　　（精加工轮廓子程序）

G00 X36；　　　　　　　　　　　　（沿 X 向切深）

G01 Z0；

X30 Z-20.57；

Z-30；

X20；

Z-42；

X18；

RET；

（3）应用横向加工方式（VARI＝2/6/10，VARI＝4/8/12）的编程示例

例 5-3　试用横向加工方式并按 SIEMENS 802D 的规定编写图 5-13 所示工件轮廓的加工程序。

分析　加工本例工件的右侧轮廓时，采用横向外部综合加工方式进行加工，轮廓子程序为"BB504"，而加工本例工件的左侧轮廓时，先钻出预孔，再采用横向内部综合加工方式进行加工，轮廓子程序为"BB505"。

AA504. MPF；　　　　　　　　　　　（加工右侧轮廓）

…　　　　　　　　　　　　　　　　（程序开始部分）

G00 X82 Z1　　　　　　　　　　　（刀具定位至循环起点）

CYCLE95（"BB504"，1，0.2，0.05，，0.2，0.1，0.1，10，，，0.5）；

G74 X0 Z0；　　　　　　　　　　　（刀具返回参考点）

M30；

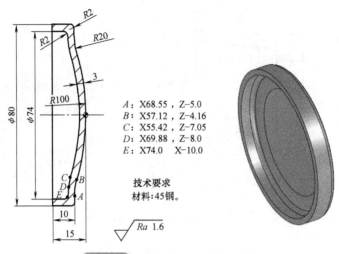

A：X68.55，Z−5.0
B：X57.12，Z−4.16
C：X55.42，Z−7.05
D：X69.88，Z−8.0
E：X74.0　X−10.0

技术要求
材料：45钢。

$\sqrt{}$ *Ra* 1.6

图 5-13 横向加工方式编程示例

BB504.SPF；　　　　　　　　（精加工轮廓子程序）

G00 Z−7；　　　　　　　　　（沿 *Z* 向切深）

G01 X80；

G02 X76 Z−5 CR＝2；

G01 X68.55；

G03 X57.12 Z−4.16 CR＝20；

G02 X0 Z0 CR＝100；

G01 Z1；

RET；

AA505.MPF；　　　　　　　　（加工左侧内轮廓）

…　　　　　　　　　　　　　　（程序开始部分）

G00 X0 Z1；　　　　　　　　　（刀具定位至循环起点）

CYCLE95("BB505",1,0.2,0.05，,0.2,0.1,0.1,12,，,0.5)；

G74 X0 Z0；　　　　　　　　　（刀具返回参考点）

M30；

BB505.SPF；　　　　　　　　（精加工轮廓子程序）

G01 Z−12；　　　　　　　　　（沿 *Z* 向切深）

G02 X55.42 Z−7.95 CR＝97；

G03 X69.88 Z−7 CR＝23；

G02 X74.0 Z−5 CR＝2；

G01 Z1；

RET；

二、切槽循环

1. 指令格式

CYCLE93（SPD，SPL，WIDG，DIAG，STA1，ANG1，ANG2，RCO1，RCO2，RCI1，RCI2，FAL1，FAL2，IDEP，DTB，VARI）；

切槽循环各参数如图 5-14 所示，其具体含义见表 5-3。

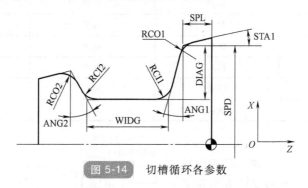

图 5-14　切槽循环各参数

表 5-3　CYCLE93 参数具体含义

参　数	含　义
SPD	横向坐标轴起始点,直径量
SPL	纵向坐标轴起始点
WIDG	槽宽,无符号
DIAG	槽深,无符号(X 向为半径量)
STA1	轮廓和纵向轴之间的角度,数值 0~180°
ANG1	侧面角 1,在切槽一边,由起始点决定
ANG2	侧面角 2,在切槽另一边,数值 0~89.999°
RCO1	半径/倒角 1,外部,位于起始点决定的一边
RCO2	半径/倒角 2,外部,位于起始点决定的另一边
RCI1	半径/倒角 1,内部,位于起始点决定的一边
RCI2	半径/倒角 2,内部,位于起始点决定的另一边
FAL1	槽底面精加工余量
FAL2	槽侧面精加工余量
IDEP	切入深度,无符号(X 向为半径量)
DTB	槽底停留时间
VARI	加工方式,数值 1~8 和 11~18。1~8:倒角被考虑成 CHF;11~18:倒角被考虑成 CHR

2. 加工方式与切削动作

切槽循环的加工方式用参数 VARI 表示，分成三类共 8 种，第一类为纵向加工或横向加工，第二类为内部加工或外部加工，第三类为起点位于槽左侧或右侧，见表 5-4。

表 5-4　加工方式

数值	纵向/横向	外部/内部	起点位置
1	纵向	外部	左侧
2	横向	外部	左侧
3	纵向	内部	左侧
4	横向	内部	左侧
5	纵向	外部	右侧
6	横向	外部	右侧
7	纵向	内部	右侧
8	横向	内部	右侧

（1）纵向加工和横向加工

1）纵向加工。纵向加工是指槽的深度方向为 X 向、槽的宽度方向是 Z 向的一种加工方式。以纵向外部槽为例，其切槽循环的参数如图 5-14 所示，其切削动作如图 5-15 所示。

纵向外部加工方式中的刀具切削动作说明如下。

① 刀具定位到循环起点后，沿深度方向（X 向）切削，每次切深 IDEP

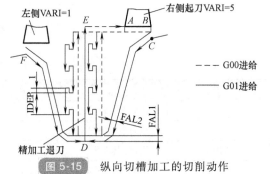

图 5-15　纵向切槽加工的切削动作

指令值后，回退 1mm，再次切深，如此循环直至切深至距轮廓为 FAL1 指令值处，X 向快退至循环起点 X 坐标处。

② 刀具沿 Z 向平移，重复以上动作，直至 Z 向切出槽宽。

③ 分别用刀尖（点 A 和点 B）对左右槽侧各进行一次槽侧的粗切削，槽侧切削后各留 FAL2 值的精加工余量。

④ 用刀尖（点 B）沿轮廓 CD 进行精加工并快速退回点 E，然后用刀尖（点 A）沿轮廓 FD 进行精加工并快速退回点 E。

⑤ 退回循环起点，完成全部切槽动作。

2）横向加工。横向加工是指槽的深度方向为 Z 向、槽的宽度方向是 X 向的一种加工方式。以横向右侧槽为例，其切槽循环的参数如图 5-16 所示，其切削动作如图 5-17 所示。

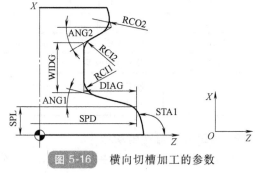

图 5-16　横向切槽加工的参数

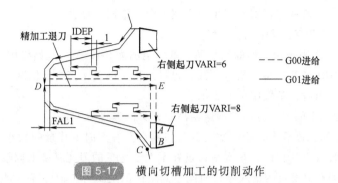

图 5-17　横向切槽加工的切削动作

横向右侧加工方式中的刀具切削动作说明如下。

① 刀具定位至循环起点，刀具先沿−Z 向分层切深至距离轮廓 FAL1 指令值处，再沿+Z 方向快速回退至循环起点 Z 坐标处。

② 刀具沿 X 向平移，重复以上动作，如此循环直至切出槽宽。

③ 粗切槽两侧，相似于纵向切槽。

④ 精切槽轮廓，相似于纵向切槽。

（2）左侧和右侧　切槽循环加工方式中关于左侧起刀和右侧起刀的判断方法是：站在操作者位置观察刀具，不管是纵向切槽还是横向切槽，当循环起点位于槽的右侧时，称为右侧起刀，反之称为左侧起刀。

（3）外部和内部　切槽循环加工方式中关于外部和内部的判断方法是：当刀具在 X 轴方向朝−X 向切入时，均称为外部加工，反之则称为内部加工。

加工方式的判断如图 5-18 所示。

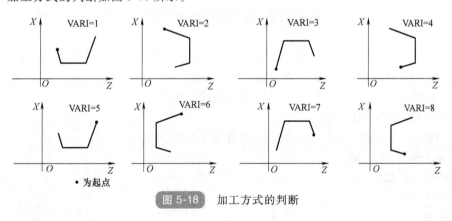

图 5-18　加工方式的判断

3. 刀宽的设定

802D 系统的切槽循环中，没有用于设定刀具宽度的参数。实际所用刀具宽度是通过该切槽刀的两个连续的刀沿号中设定的偏置值由系统自动计算得出的。因此，在加工前，必须对切槽刀的两个刀尖进行对刀，并将对刀值设定在该刀具的连续两个刀沿号中。加工编程时，只需激活第一个刀沿号。

刀宽必须小于槽宽，否则会产生刀具宽度定义错误的报警。

4．使用切槽循环编程时的注意事项

1）参数 STA1 用于指定槽的斜线角，取值范围为 0~180°，且始终用于纵向轴。

2）参数 RCO 与 RCI 可以指定倒圆，也可以指定倒角。当指定倒圆时，参数用正值表示；当指定倒角时，参数用负值表示。

3）切槽加工中的刀具分层切深进给后，刀具回退量为 1mm。

4）在切槽加工过程中，经一次切深后刀具在左右方向平移量的大小是根据刀具宽度和槽宽由系统自行计算的，每次平移量在不大于 95% 的刀宽基础上取较大值。

5）参数 DTB 中设定的槽底停留时间，其最小值至少为主轴旋转一周的时间。

5．CYCLE93 编程示例

例 5-4　加工如图 5-19 所示工件，已知毛坯为 ϕ50mm×52mm 的圆钢，试编写其数控车加工程序。

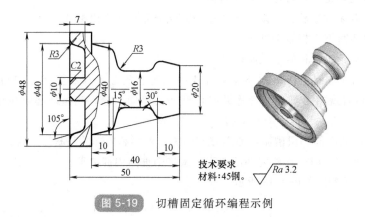

图 5-19　切槽固定循环编程示例

分析　加工本例工件时，先加工工件左端外轮廓，再采用一夹一顶的方式加工右端外轮廓，加工程序如下。

```
AA515. MPF；            （加工左端外轮廓）
G90 G95 G40 G71；
T1D1；                 （换外圆车刀）
M03 S800 F0.1 M08；
G00 X52 Z2；
G01 X48；              （加工左端外圆）
Z-20；
G00 X100 Z100；
T2D1；                 （换端面切槽刀，刀宽为 3mm）
G00 X10 Z2；
CYCLE93（10,0,12.12,7,90,0,15,-2,0,3,3,0.2,0.3,3.0,1.0,8）；
G74 X0 Z0；
```

M30;

BB515. MPF;　　　　　　　　　（加工右端外轮廓）

G90 G95 G40 G71;

T1D1;　　　　　　　　　　　　（换外圆车刀）

M03 S800 F0. 1 M08;

G00 X52 Z2;

CYCLE95（"L415",2,0,0. 3, ,0. 2,0. 2,0. 05,9, , ,0. 5）;

G00 X100 Z100;

T3D1;　　　　　　　　　　　　（换外圆切槽刀,刀宽为 3mm）

G00 X27 Z-10;

CYCLE93（25, -10,14. 86,4. 5,165. 95,30,15,3,3,3,3,0. 2,0. 3,3,1,5）;

G74 X0 Z0;

M30;

L415. SPF;　　　　　　　　　　（加工右端外轮廓子程序）

G01 X20 Z0;

X40 Z-40;

X52;

RET;

第三节　螺纹加工与其固定循环

在 SIEMENS 802D 数控车床中，螺纹切削指令有 G33、G34、G35、CYCLE97 等。

一、螺纹切削指令

1. 等螺距直螺纹

（1）等螺距圆柱螺纹的指令格式

G33 Z__ K__ SF =__ ;

Z 为圆柱螺纹的终点坐标。

K 为圆柱螺纹的导程。如果是单线螺纹，则为螺距。

SF 为螺纹起始角。该值为不带小数点的非模态值，其单位为 0.001°。如果是单线螺纹，则该值不用指定，并为 0。

（2）本指令的运动轨迹及工艺说明　G33 指令的运动轨迹如图 5-20 所示。G33 指令相似于 G01 指令，刀具从点 B 以每转进给 1 个导程/螺距的速度切削至点 C。该指令切削前的进给和切削后的退刀都要通过其他移动指令来实现，如图 5-20 所示 AB、CD、DA 三段轨迹。

（3）编程示例

例 5-5　在后置刀架式数控车床上，试用 G33 指令编写图 5-20 所示工件的螺纹加工

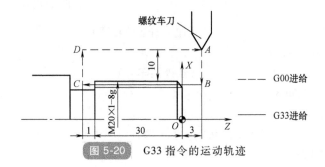

图 5-20　G33 指令的运动轨迹

程序。

　　分析　在螺纹加工前，其外圆已车至 ϕ19.85mm，以保证大径的公差要求（取其中值）。螺纹切削导入距离 δ_1 取 3mm，导出距离 δ_2 取 1mm。螺纹的总切深量为 1.3mm（即编程小径为 18.7mm），分三次切削，背吃刀量依次为 0.8mm、0.4mm 和 0.1mm。

　　其加工程序如下。

AA318. MPF

G90 G95 G40 G71；

T1D1；　　　　　　　　　　　　　　（车刀反装，前刀面向下）

M03 S600；

G00 X40 Z3；　　　　　　　　　　（螺纹导入距离 δ_1 = 3mm）

G91 X-20.8；

G33 Z-34 K1；　　　　　　　　　（第 1 刀切削，背吃刀量为 0.8mm）

G00 X20.8；

Z34；

X-21.2；

G33 Z-34 K1；　　　　　　　　　（背吃刀量为 0.4mm）

G00 X21.2；

Z34；

X-21.3；

G33 Z-34 K1；　　　　　　　　　（背吃刀量为 0.1mm）

G00 X21.3；

Z34；

G90 G00 X100 Z100；

M30；

　　例 5-6　在前置刀架式数控车床上，试用 G33 指令编写图 5-20 所示双线螺纹（代号改成 M20×Ph2P1 -LH）的加工程序。

　　AA319. MPF；

　　…

T1D1;　　　　　　　　　　　　（车刀正装,前刀面向上）

M03 S600;

G00 X40 Z-33;　　　　　　　　（导入距离 $\delta_1 = 3$mm,从螺纹左侧起刀向右走刀）

X19.2;

G33 Z1 K2 SF=0;　　　　　　　（加工第 1 条螺旋线,螺纹起始角为 0°）

G00 X40;

Z-33;

X18.8;

G33 Z1 K2 SF=0;

G00 X40;

…　　　　　　　　　　　　　　（至第 1 条螺旋线加工完成）

X19.2;

G33 Z1 K2 SF=180;　　　　　　（加工第 2 条螺旋线,螺纹起始角为 180°）

G00 X40;

Z-33;

…　　　　　　　　　　　　　　（多刀重复切削至第 2 条螺旋线加工完成）

M30;

2. 等螺距圆锥螺纹

（1）指令格式

G33 X__ Z__ K__ ;　或 G33 X__ Z__ I__ ;

X、Z 为圆锥螺纹的终点坐标。

K 为圆锥螺纹 Z 向螺距/导程,其锥角小于 45°,即 Z 轴位移较大。

I 为圆锥螺纹 X 向螺距/导程,其锥角大于 45°,即 X 轴位移较大。

（2）本指令的运动轨迹及工艺说明　G33 圆锥螺纹的运动轨迹如图 5-21 所示,与 G33 直螺纹的运动轨迹相似。

加工圆锥螺纹时,要特别注意螺纹切削的起点与终点坐标,以保证圆锥螺纹的锥度。

圆锥螺纹在 X、Z 方向各有不同的导程,程序中指令导程 K 或 I 的取值以两者中的较大值为准。

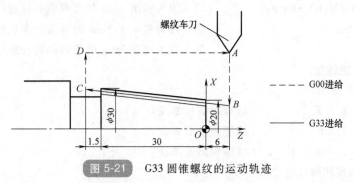

图 5-21　G33 圆锥螺纹的运动轨迹

（3）编程示例

例 5-7 试用 G33 指令编写图 5-21 所示工件的螺纹（螺距为 2.5mm）加工程序。

分析 经计算，圆锥螺纹牙顶在点 B 处的坐标为（18.0，6.0）；在点 C 处的坐标为（30.5，-31.5）。

加工程序如下。

AA320. MPF；

...

G00 X16.7 Z6；　　　　　　　　　　　（$\delta_1 = 6mm$）

G33 X29.2 Z-31.5 K2.5；　　　　　　（螺纹第 1 刀切削，背吃刀量为 1.3mm）

G00 X40；

Z3；

X16.0 Z6；

G33 X28.5 Z-31.5 K2.5；　　　　　　（螺纹第 2 刀切削，背吃刀量为 0.7mm）

...

3. G33 指令加工其他螺纹

G33 指令除了可以加工以上螺纹外，还可以加工以下几种螺纹。

（1）多线螺纹 编制多线螺纹的加工程序时，只要用地址"SF ="指定主轴一转信号与螺纹切削起点的偏移角度。

（2）左旋螺纹和右旋螺纹 加工左旋螺纹或右旋螺纹可由主轴旋转方向（M3 和 M4）确定，还可在不改变旋转方向的条件下，通过改变刀具的进给方向确定。具体采用何种方式，应根据图样上的轮廓（如有无退刀槽等）而定。

（3）端面螺纹 端面螺纹的指令格式：

G33 X__ I__；

X 为端面螺纹的终点坐标；

I 为端面螺纹的螺距/导程。

（4）连续螺纹 多段连续螺纹之间的过渡可以通过连续路径方式指令"G64"来自动实现。如果多个螺纹连续编程，则起点偏移只有在第一个螺纹段才有效，也只有在这里才能使用此参数。3 段不同螺距的等螺距圆柱连续螺纹的编程如下。

G64 G33 Z20 K1 SF = 0；　　　（第 1 段为螺距 1mm 的等螺距圆柱螺纹）

Z50 K1.5；　　　　　　　　　　（第 2 段为螺距 1.5mm 的等螺距圆柱螺纹）

Z85 K2；　　　　　　　　　　　（第 3 段为螺距 2mm 的等螺距圆柱螺纹）

4. 变螺距螺纹

（1）指令格式

G34 Z__ K__ F__；　　　（增螺距圆柱螺纹）

G35 X__ I__ F__；　　　（减螺距端面螺纹）

G35 X__ Z__ K__ F__ ；（减螺距圆锥螺纹）

G34 为增螺距螺纹指令。

G35 为减螺距螺纹指令。

I、K 为起始处螺距/导程。

F 为主轴每转螺距的增量或减量。

其余参数同 G33 参数。

（2）变螺距螺纹加工指令的运动轨迹及工艺说明 除每转螺距有增量或减量外，其余动作和轨迹与 G33 指令相同。

5. 使用螺纹切削指令（G33、G34、G35）时的注意事项

1）在螺纹切削过程中，进给速度倍率无效。

2）在螺纹切削过程中，循环暂停功能无效，如果在螺纹切削过程中按下了循环暂停按钮，刀具将在执行了非螺纹切削的程序段后停止。

3）在螺纹切削过程中，主轴速度倍率功能无效。

4）在螺纹切削过程中，不要使用恒线速度控制，而应采用合适的恒转速控制。

二、螺纹切削循环

螺纹切削循环可以方便地车出各种圆柱或圆锥内、外螺纹，并且既能加工单线螺纹也能加工多线螺纹。在切削过程中，其每一刀的背吃刀量可由系统自动设定。

1. 指令格式

CYCLE97（PIT，MPIT，SPL，FPL，DM1，DM2，APP，ROP，TDEP，FAL，IANG，NSP，NRC，NID，VARI，NUMT）；

螺纹切削循环的参数如图 5-22 所示，具体含义见表 5-5。

表 5-5 **CYCLE97 参数具体含义**

参数	含　义
PIT	螺距作为数值，无符号输入
MPIT	螺纹尺寸来表示螺距(如 M10 的螺距为 1.5mm)，M3～M60
SPL	螺纹起点的纵坐标
FPL	螺纹终点的纵坐标
DM1	起点的螺纹直径
DM2	终点的螺纹直径
APP	空刀导入量，无符号输入
ROP	空刀导出量，无符号输入
TDEP	螺纹深度，无符号输入
FAL	精加工余量，半径量，无符号输入
IANG	切入进给角 "＋"表示沿侧面进给，"－"表示交错进给
NSP	首牙螺纹的起点偏移，无符号角度值

（续）

参数	含　义
NRC	粗加工切削次数,无符号输入
NID	停顿时间,无符号输入
VARI	螺纹加工方式:数值 1~4
NUMT	螺纹线数,无符号输入

例如：CYCLE97（6,, 0, -36, 35.7, 35.7, 6 , 6 , 3.5 , 0.05 , -15 , 0, 20, 1, 3, 1）;

在该例中，每个数字表示的意义可与指令格式中的代号一一对应，如果格式中的"，"前无数值，则表示该数值可省略，但注意不能省略"，"。

2. 指令说明

（1）螺纹切削循环的动作　在执行螺纹切削循环时，其动作如图 5-23 所示，说明如下。

1）刀具以 G00 方式定位至第 1 条螺旋线空刀导入量的起始处，即循环起点（点 A）处。

2）按照参数 VARI 确定的加工方式，根据系统计算出的背吃刀量沿深度方向进给至点 B 处。

3）以 G33 方式切削加工至空刀退出终点 C 处。

4）退刀（图 5-23 中轨迹 CD、DA）至循环起点。

5）根据指令的粗切削次数，重复以上动作，分多刀粗车螺纹。

6）以 G33 方式精车螺纹。

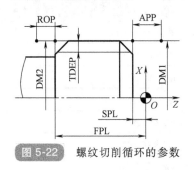

图 5-22　螺纹切削循环的参数

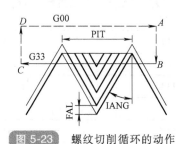

图 5-23　螺纹切削循环的动作

（2）加工方式　CYCLE97 的加工方式用参数 VARI 表示，该参数不仅确定了螺纹的加工方式，还确定了螺纹背吃刀量的定义方法。参数 VARI 的值为 1~4，其值的含义见表 5-6。

表 5-6　螺纹的加工方式

数　值	外部/内部	进给方式
1	外部	恒定背吃刀量进给

（续）

数　值	外部/内部	进给方式
2	内部	恒定背吃刀量进给
3	外部	恒定切削截面积进给
4	内部	恒定切削截面积进给

1）外部与内部方式。外部方式是指外螺纹的加工；内部方式是指内螺纹的加工。

2）恒定背吃刀量进给和恒定切削截面积进给方式。恒定背吃刀量进给方式如图 5-24a 所示，此时螺纹切入进给角用参数 IANG 的值为 0，刀具以直进法进给。螺纹粗加工时，每次背吃刀量相等，其值由参数 TDEP、FAL 和 NRC 确定，计算式如下。

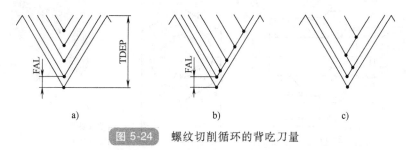

图 5-24　螺纹切削循环的背吃刀量

$$a_p = (TDEP - FAL)/NRC$$

式中　a_p——粗加工每次背吃刀量；

　　　TDEP——螺纹深度；

　　　FAL——螺纹精加工余量；

　　　NRC——螺纹粗加工切削次数。

恒定切削截面积进给方式如图 5-24b、c 所示。螺纹切入进给角用参数 IANG 的值不为 0 时，刀具的进给方式有两种，一种是当参数 IANG 值为正值时，刀具始终沿牙型同一侧面（即斜向）进给，如图 5-24b 所示；另一种是当参数 IANG 值为负值时，刀具分别沿牙型两侧交错进给，如图 5-24c 所示。采用恒定切削截面积进给方式进行螺纹粗加工时，背吃刀量按递减规律自动分配，并使每次切除表面的截面积近似相等。

（3）螺纹加工空刀导入量和空刀导出量　空刀导入量用参数 APP 表示，该值一般取 2~3P（螺距）。空刀导出量用参数 ROP 表示，该值一般取 1~2P。

（4）螺距的确定　螺纹的螺距可用两种方法表示，即用参数 PIT 表示实际螺距数值的大小或用参数 MPIT 表示螺纹公称直径的大小，其螺距的大小则由粗牙普通螺纹的尺寸确定（如当 MPIT=10 时，虽在 PIT 中不能输入数据，但其实际值为 1.5）。在实际设定时，只能设定其中的一个参数。

（5）使用 CYCLE97 编程时的注意事项

1）螺纹切削循环的进给方式如采用直进法进给，因在螺纹切削循环中，每次的背吃刀量均相等，随着切削深度的增加，切削面积将越来越大，切削力也越来越大，容易产生扎刀现象，所以应根据实际选择适当的 VARI 参数。

2）对于循环开始时刀具所到达的位置，可以是任意位置，但应保证刀具在螺纹切削完成后退回到该位置时，不发生任何碰撞。

3）在使用 G33、G34、G35 编程时的注意事项在这里仍然有效。

4）使用 CYCLE97 编程时，应注意 DM 参数与 TDEP 是相互关联的。以加工普通外螺纹为例，当 DM 取其公称直径时，则 TDEP 取推荐值 1.3P。

3. CYCLE97 编程示例

例 5-8　在数控车床上加工图 5-25 所示工件（毛坯六方外形及内孔均已成形），试编写其加工程序。

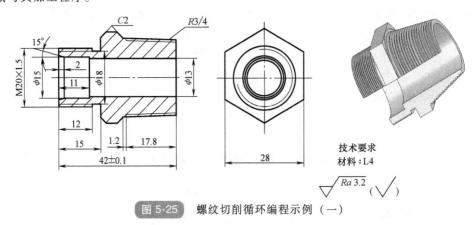

图 5-25　螺纹切削循环编程示例（一）

分析　对于右端的圆锥螺纹，其螺纹牙型角为 55°，牙型高为 1.162mm，圆锥的锥度为 1∶16（3.58°），经计算，圆锥端面处（圆锥小端）的直径为 ϕ25.85mm，圆锥大端直径为 ϕ27.03mm，螺纹大端处的大径为 ϕ26.96mm，Z 向的螺距为 1.814mm。本例工件加工时，先加工左端内外轮廓，再以工艺内螺纹装夹后加工右端管螺纹，其加工程序如下。

```
AA519. MPF;                                （加工左端轮廓主程序）
G90 G95 G40 G71;
T1D1;                                      （换外圆车刀）
M03 S800 F0.1 M08;
G00 X34.0 Z2.0;
…                                          （采用 CYCLE95 指令加工左侧内外轮廓）
G00 X100.0 Z100.0;
T4D1;                                      （换外螺纹车刀）
G00 X22.0 Z2.0 S600;
CYCLE97(1.5, ,0,-12.0,20.0,20.0,2.0,2.0,0.975,0.05,30.0, ,6,1.0,3,1);
G00 X32.0;
G74 X0 Z0;
```

M30；

BB519. MPF；　　　　　　　　　　（加工右端外轮廓主程序）

G90 G95 G40 G71；

T1D1；　　　　　　　　　　　　（换外圆车刀）

M03 S800 F0. 1 M08；

G00 X34. 0 Z2. 0；

CYCLE95（"CC419",2. 0,0,0. 3，,0. 2,0. 2,0. 05,9，，,0. 5）；

G00 X100. 0 Z100. 0；

T4D1；　　　　　　　　　（工件掉头时,4 号刀位换上管螺纹车刀）

G00 X27. 0 Z2. 0 S600；

CYCLE97（1. 814，,0,−17. 8,25. 85,26. 96,2. 0,0,1. 162,0. 05,27. 5，,10,1. 0,3,1）；

G74 X0 Z0；

M30；

CC419. SPF；　　　　　　　　　　（加工右端外轮廓子程序）

G00 X25. 85；

G01 Z0；

X27. 03 Z−19. 0；

X28. 33；

X32. 33 Z−21. 0；

X34. 0；

RET；

例 5-9　在数控车床上加工图 5-26 所示工件（毛坯为 φ50mm×42mm 圆钢，钻出 φ20mm 预孔），试编写其加工程序。

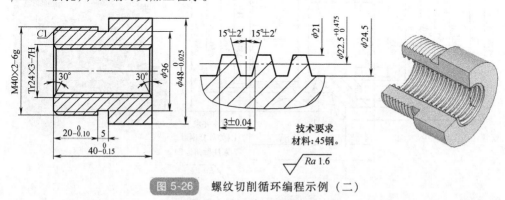

图 5-26　螺纹切削循环编程示例（二）

分析　加工梯形螺纹时，通常编写单独的螺纹加工程序，以便螺纹一次切削后 Z 向偏移一个距离后再进行螺纹二次切削。另外，加工梯形螺纹时，最好选用两侧依次进给的方式进行切削。本例工件的螺纹加工程序（省略内孔和外圆加工程序）如下。

AA520. MPF；　　　　　　　　　　（外螺纹加工程序）

```
G90 G95 G40 G71;
T3D1;                           （换外螺纹车刀）
M03 S600 F0.1 M08;
G00 X42 Z3;
CYCLE97(2, ,0,-20,40,40,3,2,1.3,0.05,30, 0,6,1,3,1);
G74 X0 Z0;
M30;
BB520.MPF;                      （内梯形螺纹加工程序）
G90 G95 G40 G71;
T4D1;                           （换内梯形螺纹车刀）
M03 S400 F0.1 M08;
G00 X25.0 Z6.0;
CYCLE97(3, ,0,-45,21,21,6,3,1.75,0.05,15, 0,20,1,4,1);
G74 X0 Z0;
M30;
```

三、加工综合示例

例 5-10　如图 5-27 所示工件，毛坯为 $\phi80mm\times60mm$ 的圆钢（已加工出 $\phi30mm$ 预孔），试编写其 SIEMENS 802D 系统数控车加工程序。

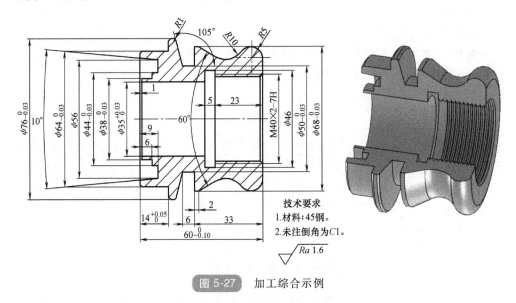

技术要求
1. 材料：45钢。
2. 未注倒角为C1。

$\sqrt{Ra\ 1.6}$

图 5-27　加工综合示例

1. 选择机床与夹具

选择 SIEMENS 802D 系统、前置刀架式数控车床加工，夹具采用通用夹具自定心卡盘，编程原点分别设在工件左、右端面与主轴轴线相交的交点上。

2. 加工步骤

1）用 CYCLE95 指令加工左端外形轮廓。

2）用 CYCLE95 指令加工左端内孔。

3）用 CYCLE93 指令加工左端端面槽。

4）掉头后进行对刀。

5）用 CYCLE95 指令加工右端外形轮廓。

6）用 CYCLE93 指令加工外槽。

7）用 CYCLE95 指令加工右端内孔。

8）用 CYCLE93 指令加工内螺纹退刀槽。

9）用 CYCLE97 指令加工内螺纹。

3. 选择刀具与切削用量

（1）外圆车刀　切削用量：粗车为 S800、F0.2、$a_p = 1.5\text{mm}$；精车为 S1500、F0.1、$a_p = 0.15\text{mm}$。

（2）内孔车刀　切削用量：粗车为 S800、F0.15、$a_p = 1\text{mm}$；精车为 S1500、F0.1、$a_p = 0.15\text{mm}$。

（3）端面槽刀　刀宽为 3mm，切削用量为 S600、F0.1。

（4）外切槽刀　刀宽为 3mm，切削用量为 S600、F0.1。

（5）内切槽刀　刀宽为 3mm，切削用量为 S500、F0.1。

（6）内螺纹车刀　切削用量为 S600、F1.5。

4. 编写加工程序

```
AA532. MPF；                      （加工左端外形轮廓主程序）
G90 G95 G40 G71；
T1D1；                           （换外圆车刀）
M03 S800 F0.1；
G00 X80.0 Z2.0 M08；
CYCLE95（"L432",1.5,0,0.15, ,0.2,0.15,0.1,9, , ,0.5）；
G74 X0 Z0；
M30；
L432. SPF；                      （加工左端外形轮廓子程序）
G01 X62.0；
Z0；
X64.0 Z-1.0；
Z-14.0；
X74.0；
X76.0 Z-15.0；
Z-25.0；
X80.0；
```

RET；

AA533．MPF；　　　　　　　　　　　　（加工左端内孔主程序）

G90 G95 G40 G71；

T2D1；　　　　　　　　　　　　　　（换内孔车刀）

M03 S800 F0．1；

G00 X28．0 Z2．0 M08；

CYCLE95（"L433"，1，0，0．15，，0．15，0．1，0．1，11，，，0．5）；

G74 X0 Z0；

T3D1 S600；　　　　　　　　　　　（换端面槽刀，刀宽为3mm）

G00 X38．0 Z2．0；

CYCLE93（38．0，0，7．0，6．0，0，0，0，0，0，0，0，0．2，0．2，2．0，1．0，6）；

G00 X44．0 Z2．0；

CYCLE93（44．0，0，5．21，9．0，0，0，5．0，0，0，0，0，0．2，0．2，2．0，1．0，6）；

G74 X0 Z0；

M30；

L433．SPF；　　　　　　　　　　　（加工左端内孔子程序）

G01 X50．0；

Z－1．0；

X35．0；

Z－33．0；

X28．0；

RET；

BB532．MPF；　　　　　　　　　　　（加工右端外形轮廓主程序）

G90 G95 G40 G71；

T1D1；　　　　　　　　　　　　　　（换外圆车刀）

M03 S800；

G00 X80．0 Z2．0 M08；

CYCLE95（"CC432"，1．5，0，0．15，，0．2，0．15，0．1，9，，，0．5）；

G00 X100．0 Z100．0；

T2D1 S600；　　　　　　　　　　　（换外切槽刀，刀宽为3mm）

G00 X78．0 Z－36．0；

CYCLE93（76．0，－33．0，6．0，13．0，0，0，0，15．0，0，1．0，0，0，0．2，0．3，3．0，1．0，5）；

G74 X0 Z0；

M30；

CC432．SPF；　　　　　　　　　　　（加工右端外形轮廓子程序）

G01 X58．0；

Z0；

G03 X63.74 Z-9.09 CR=5.0；

G02 X57.92 Z-22.27 CR=10.0；

G01 X68.0 Z-31.0；

Z-40.0；

X80.0；

RET；

BB533.MPF；　　　　　　　　　　（加工右端内孔主程序）

G90 G95 G40 G71；

T1D1；　　　　　　　　　　　　（换内孔车刀）

M03 S800 F0.1；

G00 X28.0 Z2.0 M08；

CYCLE95（"CC433",1,0,0.15,,0.15,0.1,0.1,11,,,0.5）；

G74 X0 Z0；

T2D1 S600；　　　　　　　　　　（换内切槽刀，刀宽为3mm）

G00 X36.0 Z2.0；

Z-26.0；

CYCLE93（38.0,-23.0,5.0,2.0,0,0,0,0,0,0,0,0.2,0.2,2.0,1.0,7）；

G00 Z2.0；

T3D1 S600；　　　　　　　　　　（换内螺纹车刀）

G00 X36.0 Z2.0；

CYCLE97（2.0,,0,-23.0,38.0,38.0,3.0,2.0,1.0,0.05,30.0,0,4,1,3,1）；

G74 X0 Z0；

M30；

CC433.SPF；　　　　　　　　　　（加工右端内轮廓子程序）

G01 X40.0；

Z0；

X38.0 Z-1.0；

Z-28.0；

X28.0；

RET；

第四节　子　程　序

一、SIEMENS 系统中的子程序命名规则

SIEMENS 系统规定程序名由文件名和文件扩展名组成。

文件名可以由字母或字母+数字组成。文件扩展名有两种，即".MPF"和

".SPF"。其中".MPF"表示主程序，如"AA123.MPF"；".SPF"表示子程序，如"L123.SPF"。文件名命名规则如下。

1）以字母、数字或下划线来命名文件名，字符间不能有分隔符，且最多不能超过8个字符。另外，程序名开始的两个符号必须是字母，如"SHENG123"和"AA12"等。该命名规则同时适用主程序和子程序文件名的命名，如省略其后缀，则默认为".MPF"。

2）以地址"L"加数字来命名文件名，L后的值可有7位，且L后的每个零都有具体意义，不能省略，如L123不同于L00123。该命名规则也同时适用主程序和子程序文件名的命名，如省略其后缀，则默认为".SPF"。

二、子程序的嵌套

当主程序调用子程序时，该子程序被认为是一级子程序。在 SIEMENS 802C/S/D 系统中，子程序可有四级程序界面即三级嵌套，如图 5-28 所示。

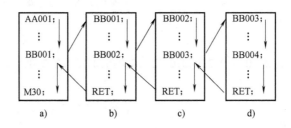

图 5-28　子程序的嵌套

a）主程序　b）一级嵌套　c）二级嵌套　d）三级嵌套

三、子程序的调用

1. 子程序的格式

在 SIEMENS 系统中，子程序除程序后缀名和程序结束指令与主程序略有不同外，在内容和结构上与主程序并无本质区别。

子程序的结束标记通常使用辅助功能指令 M17。在 SIEMENS 数控系统（如 802D/C/S、810D、840D）中，子程序的结束标记除可采用 M17 外，还可以使用 M02、RET 等指令。子程序的格式如下。

L456;（子程序名）

…

RET;（子程序结束并返回主程序）

RET 要求单独占用一程序段。另外，当使用 RET 指令结束子程序并返回主程序时，不会中断 G64 连续路径运行方式；而用 M02 指令时，则会中断 G64 运行方式，并进入停止状态。

2. 子程序的调用指令

L××××P×××;或××××P×××;

N10 L785 P2;

SS11 P5;

其中，L 为给定子程序名，P 为指定循环次数。"N10 L785 P2，"表示调用子程序"L785" 2 次，而"SS11 P5;"表示调用子程序"SS11" 5 次。

子程序的执行过程如下。

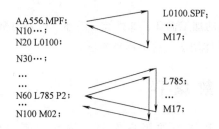

```
AA556.MPF;                    L0100.SPF;
N10…;                         M17
N20 L0100;
N30…;
…
…                             L785;
N60 L785 P2;                  …
…                             M17;
N100 M02;
```

四、子程序调用时的编程示例

例 5-11 试用子程序调用的方式编写图 5-29 所示手柄外沟槽的加工程序（设切槽刀刀宽为 2mm，左刀尖为刀位点）。

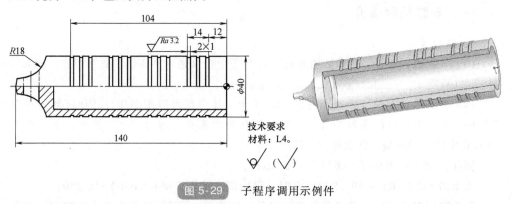

图 5-29 子程序调用示例件

```
AA301. MPF;                    （主程序）
G90 G95 G40 G71;
T1D1;
M03 S500 F0. 2;
G00 X41 Z-104;
BB302 P4;                      （调用子程序 4 次）
G90 G00 X100 Z100;
M30;
BB302. SPF;                    （子程序）
```

BB303 P3;   （子程序一级嵌套）

G01 Z8;

RET;

BB303.SPF;   （二级子程序）

G91 G01 X−3;

X3;

Z6;

RET;

子程序的另一种形式就是前两节内容所述的加工循环，如螺纹、毛坯、内外沟槽等加工循环，对于这些加工循环（子程序）的具体用法，这里不再赘述。

第五节　参　数　编　程

SIEMENS 系统中的参数编程与 FANUC 系统中的用户宏程序编程功能相似，SIEMENS 中的 R 参数就相当于用户宏程序中的变量。同样，在 SIEMENS 系统中，可以通过对 R 参数进行赋值、运算等处理，从而使程序实现一些有规律变化的动作，从而提高编程的灵活性和适用性。

一、参数编程简介

1. 参数

（1）R 参数的表示　R 参数由地址符 R 与若干位（通常为 3 位）数字组成，如 R1，R10，R105 等。

（2）R 参数的引用　除地址符 N、G、L 外，R 参数可以用来代替其他任何地址符后面的数值。但是使用参数编程时，地址符与参数间必须通过"＝"连接，这一点与 FANUC 中的宏程序编写格式有所不同。

例如：G01 X＝R10 Y＝−R11 F＝100−R12;

当 R10＝100、R11＝50、R12＝20 时，程序即表示为：G01 X100 Y−50 F80;

参数可以在主程序和子程序中进行定义（赋值），也可以与其他指令编在同一程序段中。例如：

…

N30 R1＝10 R2＝20 R3＝−5 S500 M03;

N40 G01 X＝R1 Z＝R3 F0.2;

…

在参数赋值过程中，数值取整数时可省略小数点，正号可以省略不写。

（3）R 参数的种类　R 参数分成 3 类，即自由参数、加工循环传递参数和加工循环内部计算参数。

1）R0~R99 为自由参数，可以在程序中自由使用。

2）R100～R249 为加工循环传递参数。对于这部分参数，如果在程序中没有使用固定循环，则这部分参数也可以自由使用。

3）R250～R299 为加工循环内部计算参数。同样，对于这部分参数，如果在程序中没有使用固定循环，则这部分参数也可以自由使用。

2. 参数的运算

（1）参数运算格式 R 参数的运算与 FANUC 中的 B 类宏变量运算相同，都是直接使用"运算格式"进行编写的。R 参数常用的运算格式见表 5-7。

表 5-7 R 参数常用的运算格式

功　能	格　式	备注与示例
定义、转换	$Ri = Rj$	$R1 = R2; R1 = 30$
加法	$Ri = Rj + Rk$	$R1 = R1 + R2$
减法	$Ri = Rj - Rk$	$R1 = R1 - R2$
乘法	$Ri = Rj * Rk$	$R1 = R1 * R2$
除法	$Ri = Rj / Rk$	$R1 = R1 / R2$
正弦	$Ri = SIN(Rj)$	$R10 = SIN(R1)$
余弦	$Ri = COS(Rj)$	$R10 = COS(36.3 + R2)$
正切	$Ri = TAN(Rj)$	$R10 = TAN(R1)$
平方根	$Ri = SQRT(Rj)$	$R10 = SQRT(R1 * R1 - 100)$

在参数运算过程中，函数 SIN、COS 等的角度单位是°，分和秒要换算成带小数点的度，如 90°30′换算成 90.5°，而 30°18′换算成 30.3°。

（2）参数运算的次序 R 参数的运算次序依次为：函数运算（SIN、COS、TAN 等），乘和除运算（*、/、AND 等），加和减运算（+、-、OR、XOR 等）。其中，符号 AND、OR 及 XOR 所代表的意义可参阅表 4-4。如 R1 = R2 + R3 * SIN（R4），运算次序为：

1）函数 SIN（R4）。

2）乘和除运算 R3 * SIN（R4）。

3）加和减运算 R2 + R3 * SIN（R4）。

在 R 参数的运算过程中，允许使用括号，以改变运算次序，且括号允许嵌套使用，如 R1 = SIN（（（R2 + R3）*4 + R5）/ R6）。

3. 跳转指令

SIEMENS 中的跳转指令与 FANUC 中的转移指令的含义相同，在程序中起到控制程序流向的作用。

（1）无条件跳转 无条件跳转又称为绝对跳转，其指令格式为：

GOTOB LABEL;

GOTOF LABEL;

GOTOB 为带有向后（朝程序开始的方向跳转）跳转目的的跳转指令。

GOTOF 为带有向前（朝程序结束的方向跳转）跳转目的的跳转指令。

LABEL 为跳转目的（程序内标记符）。如在某程序段中将 LABEL 写成了"LABEL:"时，则可跳转到其他程序名中去。

例如：

…

N20 GOTOF MARK2;　　　　　　　（向前跳转到 MARK2）

N30 MARK1:R1＝R1+R2;　　　　　（MARK1）

…

N60 MARK2:R5＝R5−R2;　　　　　（MARK2）

…

N100 GOTOB MARK1;　　　　　　　（向后跳转到 MARK1）

…

此例中，GOTOF 为无条件跳转指令。当程序执行到 N20 段时，无条件向前跳转到标记符"MARK2"（即程序段 N60）处执行。当执行到 N100 段时，又无条件向后跳转到标记符"MARK1"（即程序段 N30）处执行。

（2）有条件跳转　其指令格式为：

IF "条件" GOTOF/GOTOB LABEL;

IF 为：跳转条件的导入符。

跳转的"条件"（当条件写入后，格式中不能有" "）既可以是任何单一比较运算，也可以是逻辑操作，例如：结果为 TRUE（真）或 FALSE（假），如果结果是 TRUE，则实行跳转。

常用的比较运算符书写格式见表 5-8。

表 5-8　常用的比较运算符书写格式

运　算　符	书　写　格　式	运　算　符	书　写　格　式
等于	＝＝	大于	＞
不等于	＜＞	小于等于	＜＝
小于	＜	大于等于	＞＝

跳转条件的书写格式有多种，通过以下各例说明。

例：IF R1>R2 GOTOB MA1;

该"条件"为单一比较式，如果 R1 大于 R2，那么就跳转到 MA1。

例：IF R1>＝R2+R3 * 31 GOTOF MA2;

该"条件"为复合形式，即如果 R1 大于等于 R2+R3 * 31 时，跳转到 MA2。

例：IF R1 GOTOF MA3;

该例说明，在"条件"中，允许只确定一个变量（INT、CHAR 等），如果变量值为 0（FALSE），则条件不满足；而对于其他不等于 0 的所有值，其条件满足，则进行跳转。

例：IF R1＝＝R2 GOTOB MA1 IF R1＝＝R3 GOTOB MA2;

该例说明，如果一个程序段中有多个条件跳转命令时，当其第一个条件被满足后就执行跳转。

4. R 参数编程示例

例 5-12 试编写图 5-30 所示木质小榔头（不考虑切断工步并忽略其表面粗糙度）的加工程序。

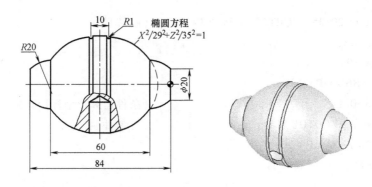

图 5-30 参数编程示例件 1

分析 加工本例工件时，为了避免精加工有较大的加工余量，在精加工前先粗车去除大部分加工余量。粗车时，椭圆轮廓用适当半径的圆弧代替，粗加工、钻孔及切槽程序略。

在 802D 系统中，本例工件的粗、精加工均可采用参数编程进行，其椭圆以很短的直线进行拟合。在计算时，R 参数以 Z 值为自变量，每次变化 0.1mm，X 值为应变量，通过参数运算计算出相应的 X 值，即 $X = \mathrm{SQRT}(35^2 - Z^2) \times (29/35)$。

编程中使用以下 R 参数进行运算。

R3：方程中的 Z 坐标（起点 Z = 30）。

R4：方程中的 X 坐标（起点半径值 X = 14.937）。

R5：工件坐标系中的 Z 坐标，R5 = R3−42。

R6：工件坐标系中的 X 坐标，R6 = R4 * 2。

精加工程序如下。

AA328. MPF

G90 G95 G40 G71；

T1D1；　　　　　　　　　　　　　　　　（转 35°棱形刀片机夹车刀）

M03 S800 F0. 2 M08；

G00 X62 Z2；

CYCLE95(“L425”,2,0,0.5, ,0.2,0.2,0.05,9, , ,0.5)；

G00 X100 Z100；

M30；

L425；　　　　　　　　　　　　　　　　（轮廓子程序）

G00 X20；

G01 Z0；

G03 X29.874 Z-12 CR=20；

R3=30

MA1：R4=29/35*SQRT(35*35-R3*R3)；　（跳转目标）

R5=R3-42；

R6=R4*2；

G01 X=R6 Z=R5；

R3=R3-0.1；　　　　　　　　　　　　（条件运算及坐标计算）

IF R3>=-30 GOTOB MA1；　　　　　　　（有条件跳转）

G03 X20 Z-84 CR=20；

G01 Z-85；

X61；

RET；

例 5-13　试编写图 5-31 所示玩具小喇叭凸模的粗、精加工程序。

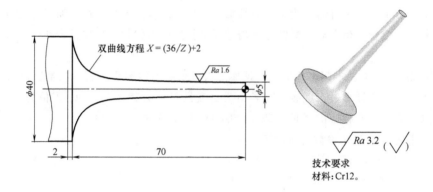

双曲线方程 X=(36/Z)+2

技术要求
材料：Cr12。

图 5-31　参数编程示例件 2

分析　工件的粗、精加工采用纵向外部毛坯切削循环进行加工。精加工轮廓采用参数编程，以 Z 值为自变量，每次变化 0.1mm，X 值为应变量，通过参数运算计算出相应的 X 值。

使用以下 R 参数进行运算。

R1：方程中的 Z 坐标（起点 Z=72）；

R2：方程中的 X 坐标（起点半径值 X=2.5）；

R3：工件坐标系中的 Z 坐标，R3=R1-72；

R4：工件坐标系中的 X 坐标，R4=R2*2。

精加工程序如下。

AA530.MPF

G90 G95 G40 G71；

T1D1；　　　　　　　　　　　　（转 35°棱形刀片机夹车刀）

M03 S800 F0. 2 M08；

G00 X42 Z2；

CYCLE95("L430",1,0,0.5, ,0.2,0.2,0.05,9, , ,0.5)；

G00 X100 Z100；

M30；

L430；　　　　　　　　　　　　（轮廓子程序）

G00 X5；

R1＝72

MA1：R2＝36/R1＋2；　　　　　　（跳转目标位）

R3＝R1－72；

R4＝R2＊2；

G01 X＝R4 Z＝R3；

R1＝R1－0. 1；　　　　　　　　　（条件运算及坐标计算）

IF R1＞＝2 GOTOB MA1；　　　　　（有条件跳转）

G01 X42；

RET；

二、参数编程在坐标变换编程中的应用

在 SIEMENS 数控系统中，为了达到简化编程的目的，除设置了常用固定循环指令外，还规定了一些特殊的坐标变换功能指令。常用的坐标变换功能指令有坐标平移、坐标旋转、坐标缩放、坐标镜像等。其中，坐标平移指令在数控车床使用较多，故本节将只介绍坐标平移指令的格式及用法。

1. 可编程坐标平移指令（TRANS）

该指令又称为可编程零点偏置。

（1）指令格式

TRANS X＿ Z＿ ；　　　　　（802D 中的平移指令格式）

ATRANS X＿ Z＿ ；　　　　　（802D 中的附加平移指令格式）

TRANS；

X、Z 为 X、Z 坐标轴的偏置（平移）量，其中 X 为直径量。

TRANS 指令后如果没有轴移动参数，该指令表示取消该坐标平移功能，保留原工件坐标系。例如：

TRANS X10 Z0；

TRANS；

（2）指令说明　坐标平移指令的编程示例如图 5-32 所示。通过将工件坐标系偏移一个距离，从而给程序选择一个新的坐标系。

TRANS 坐标平移的参考基准是当前设定的有效工件坐标系原点，即使用 G54～G57 而设定的工件坐标系。

用 TRANS 指令可对所有坐标轴编程原点进行平移，如果在坐标平移指令后再次出现坐标平移指令，则后面的坐标平移指令取代前面的坐标平移指令。

如前所述，当坐标平移指令后面没有写入移动坐标字时，该指令将取消程序中所有的框架，仍保留原工件坐标系。

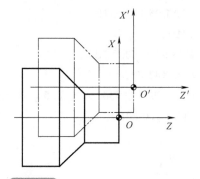

图 5-32　坐标平移指令的编程示例

所谓框架（FRAME），是 SIEMENS 系统中用来描述坐标系平移或旋转等几何运算的术语。框架用于描述从当前工件坐标系开始到下一个目标坐标间的直线坐标或角度坐标的变化。常用的坐标平移框架指令有 TRANS 及 ATRANS。

所有的框架指令在程序中必须单独占一行。

2. 坐标平移指令在编程中的运用

坐标平移指令与参数编程结合运用，还可以编写与 FANUC 系统轮廓粗加工循环（G73）相似的程序。

例 5-14　如图 5-33 所示铝质工艺品，工件外轮廓已粗车成形，轮廓单边最大加工余量为 5mm，试按 802D 系统规定编写其数控车加工程序。

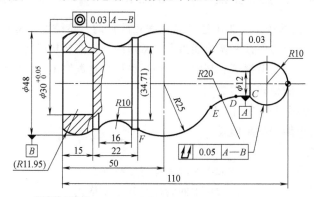

部分基点坐标：$C(12.0, -18.0)$；$D(12.0, -23.27)$；
$E(23.08, -37.09)$；$F(42.7, -73.0)$；

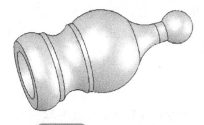

图 5-33　坐标平移编程示例

分析　由于本例工件已粗车成形，如果采用毛坯切削循环进行综合加工，则加工过程中的空行程较多；而工件单边 5mm 的加工余量又无法直接进行精加工。为此，本例工件采用坐标平移指令来编写其加工程序。工件外轮廓加工完成后切断并用专用夹具装夹，加工零件左侧内轮廓。

```
AA532. MPF              （主程序）
G90 G95 G40 G71 G54;
T1D1;
M03 S600 F0.3;
G00 X65 Z2 M08;
R1=8;
MA1: TRANS X=R1 Z0;    （X 坐标平移）
BB533;
TRANS;                  （取消坐标平移）
R1=R1-2.5;              （平移量每次减少 2.5mm）
IF R1>=0.5 GOTOB MA1;   （有条件跳转）
M03 S1000 F0.1;         （选择精加工切削用量）
BB533;
G74 X0 Z0;
M30;
BB533;                  （轮廓加工子程序）
G00 X0.0;
G42 G01 Z0;
G03 X12 Z-18 I0 K-10;
G01 Z-23.27;
G02 X23.08 Z-37.09 CR=20;
G03 X42.70 Z-73.0 CR=25.0;
G01 Z-76.0;
G02 Z-92.0 CR=10.0;
G01 Z-95.0;
G03 Z-110.0 CR=11.95;
G01 X52.0;
G40 G01 Z2.0;          （注意用指令返回循环起点）
RET;
```

三、参数编程在加工异形螺旋槽中的应用

参数编程和坐标平移指令相结合，还可以加工一些异形螺旋槽。常见的异形螺旋槽有圆弧表面或非圆曲线表面的螺旋槽和一些非标准形状螺旋槽等。这些异形螺旋槽通常

采用直线段拟合的方式来拟合其刀具轨迹或螺旋槽形状。

1. 圆弧表面或非圆曲线表面的螺旋槽

例 5-15　加工图 5-34 所示圆弧表面三角形螺旋槽，其螺距为 2mm，槽深为 1.3mm（直径量为 2.6mm），试编写其数控车加工程序。

图 5-34　圆弧表面的螺旋槽

分析　加工本例工件时，其加工难点有两处，其一为拟合圆弧表面的螺旋槽，其二为该螺旋槽的分层切削。

拟合圆弧表面的螺旋槽时，采用 G33 指令来拟合。在拟合圆弧表面的过程中采用以下参数进行计算，其加工程序见子程序。

R1:方程中的 Z 坐标,起点 $Z=16$。

R2:方程中的 X 坐标 R2=SQRT(900−R1∗R1)−10,起点值为 15.377。

R3:工件坐标系中的 Z 坐标,R3=R1−15。

R4:工件坐标系中的 X 坐标,R4=R2∗2。

螺旋槽的分层切削时，采用坐标平移指令进行编程，编程时以 R5 作为坐标平移参数，其加工程序见主程序。

```
AA539. MPF
G90 G95 G40 G71;
T1D1;                          (换三角形螺纹车刀)
M03 S600 M08;
G00 X44 Z2;
R5=−0.2;
MA1: TRANS X=R5 Z0;            (X 向坐标平移)
L439;
TRANS;                         (取消坐标平移)
R5=R5−0.2;                     (平移量每次减少 0.2mm)
IF R5>=−2.6 GOTOB MA1;         (2.6mm 为直径方向的总切深)
G00 X100 Z100;
M30;
L439;                          (轮廓子程序)
```

G01 X30.75 Z1；

R1＝16.0

MA2：R2＝SQRT(900-R1*R1)-10；　　（跳转目标位）

R3＝R1-15；

R4＝R2*2；

G33 X＝R4 Z＝R3 K2；

R1＝R1-2；　　　　　　　　（条件运算及坐标计算）

IF R1>=-16 GOTOB MA2；　　（有条件跳转）

G00 X44；

Z2

RET；

2. 非标准牙型螺旋槽

例 5-16　加工图 5-35 所示螺旋槽，其螺距为 4mm，试编写其数控车加工程序。

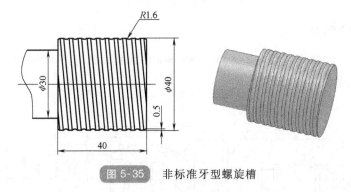

图 5-35　非标准牙型螺旋槽

分析　加工本例工件时，由于其牙型为非标准牙型，所以其加工难点为拟合非标准牙型槽，其余的均可采用 G33 指令来进行编程。在拟合牙型槽的过程中采用以下参数进行计算。

R1：方程中的 Z 坐标，起点 Z=1.16。

R2：方程中的 X 坐标 R2＝SQRT(1.6*1.6-R1*R1)，起点值为 1.1。

R3：工件坐标系中的 Z 坐标，R3＝R1+4。

R4：工件坐标系中的 X 坐标，R4＝42.2-2*R2。

AA539.MPF

G90 G95 G40 G71；

T1D1；　　　　　　　　　　（换螺纹车刀）

M03 S600 M08；

G00 X42 Z4；

R1＝1.16

MA1：R2＝SQRT(1.6*1.6-R1*R1)；　　（跳转目标位）

R3 = R1 + 4；　　　　　　　　　　　（牙型槽的 Z 坐标）

R4 = 42. 2 - 2 * R2；　　　　　　　　（牙型槽的 X 坐标）

G01 X = R4 Z = R3；　　　　　　　　　（拟合牙型槽）

G33 X = R4 Z = -44 K4；　　　　　　（加工螺旋线）

G00 X42；

Z4；

R1 = R1 - 0. 1；　　　　　　　　　　（条件运算及坐标计算）

IF R1 > = -1. 16 GOTOB MA1；　　　（有条件跳转）

G00 X100 Z100；

M30；

第六节　典型零件编程示例

一、零件图样

如图 5-36 所示工件，毛坯为 $\phi45\mathrm{mm} \times 92\mathrm{mm}$ 的圆钢，钻出 $\phi18\mathrm{mm}$ 的预孔，试编写其数控车加工程序。

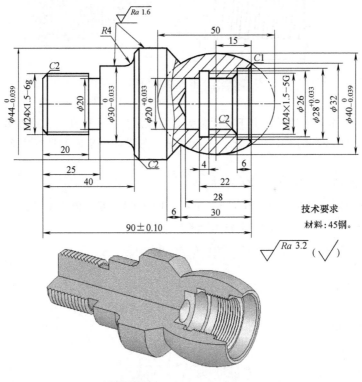

图 5-36　典型零件编程示例

二、加工准备

本例选用的机床为 SIEMENS 802D 系统的 CKA6140 型数控车床，毛坯材料加工前先钻出直径为 φ18mm 的预孔。请读者根据零件的加工要求自行配置工具、量具、夹具。

三、加工工艺分析

本例工件的加工难点在于加工工件右侧外椭圆轮廓，在 SIEMENS 802D 系统数控车床中，采用 CYCLE95 指令编程与加工。编程时以 Z 坐标作为自变量，X 坐标作为应变量，同时使用以下变量进行运算。

R1：公式中的 Z 坐标。

R2：公式中的 X 坐标。

R3：工件坐标系中的 Z 坐标，R3 = R1 − 15.0。

R4：工件坐标系中的 X 坐标，R4 = 2 ∗ R2。

四、参考程序

工件的左右端面回转中心作为编程原点，选择的刀具为：T01 外圆车刀；T02 内孔车刀；T03 内切槽车刀（刀宽 3mm）；T04 内螺纹车刀。加工程序见表 5-9。

表 5-9 加工程序

SIEMENS 802D 系统程序	程序说明
AA82. MPF；	加工右侧内外轮廓
G95 G71 G40 G90；	程序初始化
T1D1；	换外圆车刀
M03 S800；	主轴正转，800r/min
G00 X100.0 Z100.0 M08；	刀具至目测安全位置
X46.0 Z2.0；	刀具定位至循环起点
CYCLE95（"BB82"，2.0，0，0.3，，0.25，0.1，0.05，9，，，0.5）；	毛坯切削循环，轮廓子程序为"BB82"
G74 X0 Z0；	换内孔车刀
T2D1；	
G00 X15.0 Z2.0 S800；	内孔车刀定位
CYCLE95（"CC82"，1.0，0，0.5，，0.2，0.1，0.05，11，，，0.5）；	毛坯切削循环，加工内轮廓
G74 X0 Z0；	换内切槽刀，刀宽 3mm
T3D1；	
G00 X18.0 Z2.0 S500；	刀具重新定位
Z-21.0；	
CYCLE93（20.0，-18.0，4.0，3.0，，，，，，，，0.2，0.2，1.5，，7）；	加工内螺纹退刀槽
G00 Z2.0；	换内螺纹车刀
G74 X0 Z0；	
T4D1；	
G00 X20.0 Z2.0 S600；	刀具重新定位
CYCLE97（1.5，，0，-18.0，22.5，22.5，3.0，2.0，0.75，0.05，30.0，，5，1.0，4，1）；	加工内螺纹

（续）

SIEMENS 802D 系统程序	程序说明
G74 X0 Z0；	程序结束部分
M05 M09；	
M02；	
BB82.SPF；	右侧外轮廓子程序
G00 X32.0 S1500 F0.1；	精加工轮廓描述
R1=15.0；	
MA1：	
R2=20/25*SQRT[625−R1*R1]；	
R3=R1−15.0；	
R4=2* R2；	
G01 X=R4 Z=R3；	
R1=R1−0.5；	
IF R1>=−15.0 GOTOB MA1；	
G01 X44.0 Z−36.0；	
Z−52.0；	
X46.0；	
RET；	返回主程序
CC82.SPF；	右侧内轮廓子程序
G00 X30.0；	精加工轮廓描述
G01 Z0.0；	
X28.0 Z−1.0；	
Z−6.0；	
X26.5；	
X22.5 Z−8.0；	
Z−22.0；	
X20.0；	
Z−28.0；	
X16.0；	
RET；	返回主程序

注：请自行编写左侧外轮廓加工程序。

☆考核重点解析

本章是理论与技能考核重点。在数控车工高级理论鉴定试题中常出现的知识点有：切槽循环 CYCLE93，毛坯切削循环 CYCLE95，螺纹切削循环 CYCLE97，子程序，R 参数编程等。若选择采用 SIEMENS 802D 系统进行技能考核，必须熟练掌握 SIEMENS 802D 系统数控车床的操作，并能应用 SIEMENS 802D 常用指令编写典型零件加工程序。

复习思考题

1. 如图 5-37 所示，毛坯尺寸为 $\phi 40\mathrm{mm} \times 80\mathrm{mm}$，材料为 45 钢，试编制其加工程序。

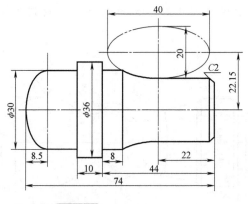

图 5-37 复习思考题 1 图

2. 如图 5-38 所示，毛坯尺寸为 $\phi70mm\times92mm$，材料为 45 钢，试编制其加工程序。

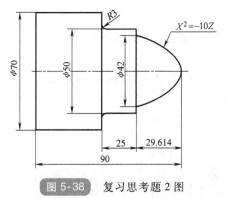

图 5-38 复习思考题 2 图

3. 如图 5-39 所示，毛坯尺寸为 $\phi50mm\times100mm$，材料为 45 钢，试编制其加工程序。

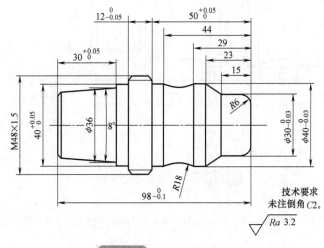

图 5-39 复习思考题 3 图

4. 如图 5-40 所示，毛坯尺寸为 φ45mm×145mm，材料为 45 钢，试编制其加工程序。

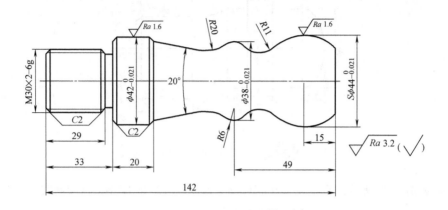

图 5-40　复习思考题 4 图

5. 如图 5-41 所示，毛坯尺寸为 φ45mm×85mm，材料为 45 钢，试编制其加工程序。

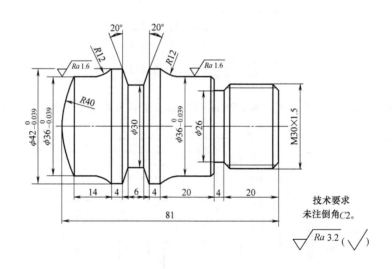

技术要求
未注倒角C2。

图 5-41　复习思考题 5 图

6. 如图 5-42 所示，毛坯尺寸为 φ50mm×125mm，材料为 45 钢，试编制其加工程序。

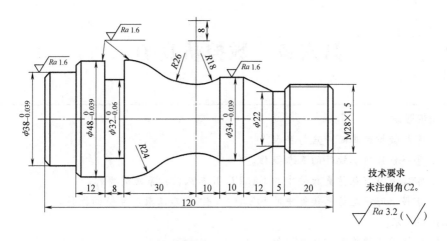

图 5-42　复习思考题 6 图

7. 如图 5-43 所示，毛坯尺寸为 $\phi80\text{mm}\times160\text{mm}$，材料为 45 钢，试编制其加工程序。

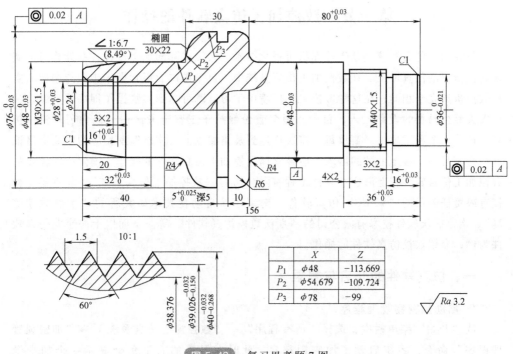

	X	Z
P_1	$\phi48$	-113.669
P_2	$\phi54.679$	-109.724
P_3	$\phi78$	-99

图 5-43　复习思考题 7 图

第六章　数控仿真加工

理论知识要求

　　1. 掌握数控仿真的开启与登录。

　　2. 掌握数控仿真软件的基本操作。

　　3. 掌握上海宇龙仿真软件中的 FANUC 0i 车床数控系统的操作。

　　4. 掌握上海宇龙仿真软件中的 SIEMENS 802D 车床数控系统的操作。

操作技能要求

　　1. 能够熟练操作数控仿真软件。

　　2. 能够应用仿真软件中的 FANUC 0i 车床数控系统进行仿真加工。

　　3. 能够应用仿真软件中的 SIEMENS 802D 车床数控系统进行仿真加工。

第一节　数控加工仿真软件的操作

　　数控加工仿真系统是基于计算机可视化技术，模拟实际的加工过程，在计算机上实现数控机床的仿真加工。在数控加工仿真系统中，机床操作面板和操作步骤与相应的实际数控机床完全相同，在这种虚拟工作环境中学习，既可达到实物操作训练的目的，又可大大减少昂贵的设备投入。目前，很多省份数控车工鉴定考试中，包含了理论、仿真、技能三个考试模块，要求每个模块均达到及格线以上，才能颁发相应的职业资格证书。为满足职业鉴定考试的需求，应该掌握数控加工仿真软件的操作。国内应用较多的数控加工仿真软件有上海宇龙软件工程有限公司的"数控加工仿真系统"、北京斐克科技有限责任公司的"VNUC"仿真软件、南京宇航自动化技术研究所的"宇航数控仿真"、南京斯沃软件技术有限公司的"斯沃数控仿真软件"等。下面以上海宇龙仿真软件为例，介绍数控仿真软件的操作。

一、仿真软件的开启与登录

1. 启动加密锁管理程序

　　从"开始"菜单栏中，选择"所有程序"→"数控加工仿真系统"→"加密锁管理程序"命令，系统启动了加密锁程序，此时在屏幕的右下角会显示一个加密锁""图标。

2. 用户登录

　　从"开始"菜单栏中，选择"所有程序"→"数控加工仿真系统"→"数控加工仿真系统"命令，或在桌面上双击"数控加工仿真系统"图标，系统弹出了登录界面，如图 6-1 所示。

（1）快速登录练习模式 用户不需要输入用户名和密码，直接单击"快速登录"按钮，即可进入数控加工仿真系统，并在屏幕的右下角显示"自由练习"。

（2）指定用户名和密码登录 通过输入用户名和密码，系统提供了"系统设置"和"考试"两种登录模式。

1）系统设置。在登录界面中输入系统管理员的用户名和密码，单击"确定"

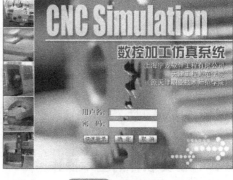

图 6-1 登录界面

按钮，即可进入数控加工仿真系统，并在屏幕的右下角显示"自由练习"。

2）考试。输入由系统管理员提供的用户名和密码，单击"确定"按钮，即可进入数控加工仿真系统，并在屏幕的右下角显示"考试"。

3. 仿真界面

在登录界面中单击"快速登录"按钮，系统打开了数控加工仿真系统，如图 6-2 所示。

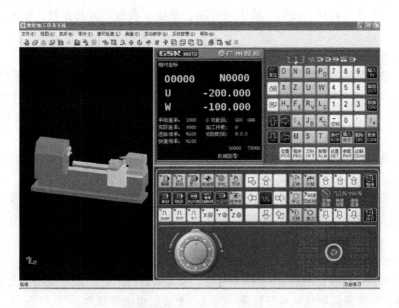

图 6-2 数控加工仿真系统

（1）标题栏 保存或打开项目后，在标题栏中将显示当前项目的文件名。

（2）菜单栏 菜单栏包含了数控加工仿真软件的所有应用功能。

（3）工具栏　工具栏由菜单栏中的一些常用功能的快捷键组成，与菜单栏中的功能完全相同。

（4）仿真区域　该区域可以显示仿真机床或显示程序轨迹，并能动态旋转、缩放、移动图形文件。

（5）系统面板和机床操作面板　模拟真实的系统面板和机床操作面板，通过该面板可对仿真机床进行操作。

（6）提示信息栏　显示当前按钮功能的说明。

（7）状态栏　显示当前所引入的模块。

二、仿真软件的基本操作

1. 文件操作

单击"文件"菜单，系统弹出下拉菜单，在该菜单中包括新建项目、打开项目、保存项目、另存为项目、导入零件模型、导出零件模型、开始记录、结束记录、演示等功能。

（1）新建项目　新建一个项目，并使仿真系统初始化。

（2）打开项目　选择"打开项目"命令，用户可以打开一个扩展名为". MAC"的项目文件。

（3）保存项目　对操作步骤进行保存。项目保存的内容包括所选机床、毛坯、加工成形后的零件、刀具、夹具、输入的程序、坐标系参数、刀具参数，但不包括操作过程。

（4）另存为项目　将当前项目指定一个新的保存路径。

（5）导入零件模型　在仿真加工过程中，除了可以直接使用系统提供的毛坯外，还可以对经过部分加工的毛坯进行再加工，这种毛坯系统称为零件模型。选择"文件"→"导入零件模型"命令，用户可以调用一个扩展名为". PRT"的毛坯文件。

（6）导出零件模型　该功能可以把经过部分加工的零件保存起来，作为下道工序的毛坯使用。

（7）开始记录　选择"开始记录"命令，系统弹出"另存为"对话框，输入扩展名为". OPR"的记录文件名，单击"保存"按钮，系统开始记录用户的所有操作。

（8）结束记录　选择"结束记录"命令，系统将终止当前的记录。

（9）演示　打开扩展名为". OPR"的记录文件进行回放。在自动回放过程中，按<Shift>键，可重新控制鼠标进行暂停、快进、重播、退出等操作。

2. 视图操作

单击"视图"菜单，系统弹出下拉菜单，在该菜单中用户可对视图、控制面板的显示和视图选项进行设置。

（1）视图变换操作　单击"视图"菜单，在下拉菜单中，用户可选择"复位"

"动态平移""动态旋转""动态缩放""局部放大""绕 X 轴旋转""绕 Y 轴旋转""绕 Z 轴旋转""前视图""俯视图""左侧视图"和"右侧视图"命令，或单击工具栏中 按钮对视图进行变换。

（2）控制面板　选择"视图"→"控制面板切换"命令或单击工具栏中 按钮，系统将隐藏或显示控制面板。

（3）选项　选择"视图"→"选项"命令或单击工具栏中 按钮，系统弹出"视图选项"对话框，如图 6-3 所示。

1）仿真加速倍率。设置仿真的速度，其设置范围为 1~100，数值小仿真速度慢，数值大仿真速度快。

2）开/关。设置声音和铁屑的状态。

3）机床显示方式。系统提供了"实体"和"透明"两种机床显示方式。

4）机床显示状态。系统提供了"显示"和"隐藏"两种机床显示状态。

5）零件显示方式。系统提供了"实体""透明"和"剖面"三种零件显示方式，其中"剖面"用于车床零件的显示。

6）显示机床罩子。设置机床的防护罩是否显示。

7）对话框显示出错信息。设置出错信息的显示方式。选中此选项，出错信息将以对话框的方式显示；否则，出错信息将显示在屏幕的右下角。

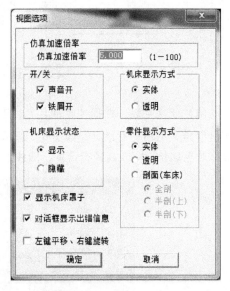

图 6-3　"视图选项"对话框

8）左键平移、右键旋转。在仿真区域设置鼠标的使用方法。选中此选项，在仿真区域，单击鼠标左键不松并移动鼠标可以平移图形；单击鼠标右键不松并移动鼠标可以旋转图形。

3. 选择机床类型

选择"机床→选择机床"命令（图 6-4a）或单击工具栏中 按钮，弹出"选择机床"对话框，在对话框中选择控制系统、机床类型等，最后单击确定按钮，如图 6-4b 所示。

通过选择不同的控制系统和机床类型，用户可以组合不同系统和不同类型的数控仿真机床。

4. 零件操作

单击"零件"菜单，系统弹出下拉菜单，在该菜单中用户可对毛坯等进行设置。

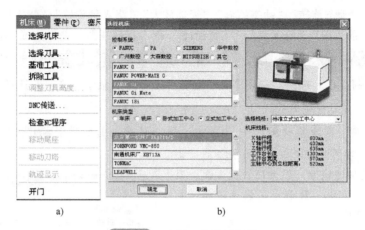

图 6-4   选择机床类型操作

（1）定义毛坯　选择"零件"→"定义毛坯"命令或单击工具栏中 ⬛ 按钮，系统弹出"定义毛坯"对话框，如图6-5所示。系统提供了长方形和圆柱形两种毛坯，长方形可对毛坯长、宽和高进行设置，圆柱形可对毛坯的直径和高度进行设置。

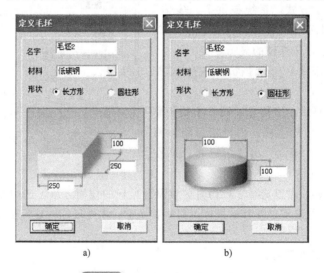

图 6-5   "定义毛坯"对话框

a）长方形毛坯定义　b）圆柱形毛坯定义

（2）放置零件　选择"零件"→"放置零件"命令或单击工具栏中 ⬛ 按钮，系统弹出图6-6a所示对话框。在列表中单击所需的零件，选中的零件信息加亮显示，单击"确定"按钮，系统自动关闭对话框，零件将被放到机床上，如图6-6b所示。

（3）移动零件　选择"零件"→"移动零件"命令，系统弹出"移动零件"对话框，"移动零件"命令与"放置零件"命令时弹出的移动对话框相同，如图6-7所示。

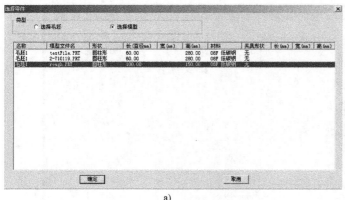

a)

b)

图 6-6 放置零件

通过该操作框可对已安装的零件进行伸缩移动来达到加工的需要。单击![]按钮一次，零件向外移动 10mm；单击![]按钮一次，零件向内移动 10mm；单击![]按钮，零件掉头。调整结束后，单击"退出"按钮，关闭该对话框。

（4）拆除零件 选择"零件"→"拆除零件"命令，系统将拆除当前机床上的零件。

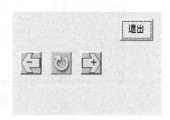

图 6-7 移动对话框

5. 刀具选择

选择"机床"→"选择刀具"命令或单击工具栏中![]按钮，系统弹出"刀具选择"对话框，如图 6-8 所示。

（1）选择车刀

1）在对话框左侧排列的编号 1~8 中，选择所需的刀位号。刀位号即为刀具在车床刀架上的位置编号。被选中的刀位号的背景颜色变为浅黄色。

2）在刀片列表框中选择了所需的刀片后，系统自动给出相匹配的刀柄供选择。

3）指定加工方式，可选择内圆加工或外圆加工。

4）选择刀柄。当刀片和刀柄都选择完毕，刀具被确定，并且输入到所选的刀位。刀位号对应的图片框中显示装配完成的完整刀具。

注：如果在刀片列表框中选择了钻头，系统只提供一种默认刀柄，则刀具已被确定，显示在所选刀位号对应的图片框中。

（2）刀尖半径修改 允许操作者修改刀尖半径，刀尖半径范围为 0~10mm。

（3）刀具长度修改 允许修改刀具长度。刀具长度是指从刀尖开始到刀架的距离。刀具长度的范围为 60~300mm。

（4）输入钻头直径 当在刀片中选择钻头时，"钻头直径"一栏变亮，允许输入长度，如图 6-9 所示。

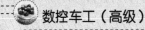
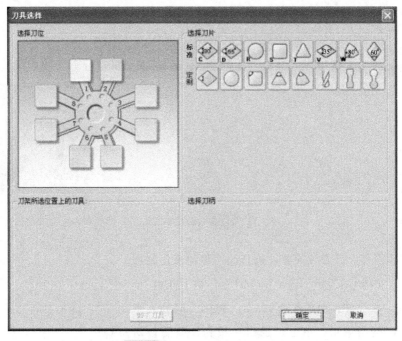

图 6-8　"刀具选择"对话框

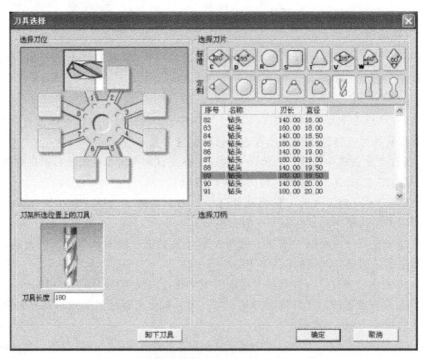

图 6-9　输入钻头直径

（5）卸下当前刀具　当前选中的刀位号中的刀具可通过"卸下刀具"按钮卸下。

（6）确认选刀　选择完刀具，完成刀尖半径（钻头直径）、刀具长度修改后，单击"确认"按钮完成选刀，刀具按所选刀位安装在刀架上；单击"取消"按钮退出选刀操作。

注：选择车刀时，刀位号被选中的刀具在确认退出后，放置在刀架上可立即加工零件的位置。

6. 车床工件测量

数控加工仿真软件提供了卡尺以完成对工件的测量。如果当前机床上有工件且工件不处于正在被加工的状态，选择"测量"→"坐标测量"命令，系统弹出图6-10所示对话框。

对话框上半部分的视图显示了当前机床上工件的剖视图。坐标系水平方向上以工件轴线为 Z 轴，向右为正方向，默认工件最右端中心为原点，拖动 可以改变 Z 轴的原点位置。垂直方向上为 X 轴，显示工件的半径刻度。Z 向、X 向各有一把卡尺用来测量两个方向上的投影距离。

下半部分的列表中显示了组成工件剖视图的各条线段。每条线段包含以下数据。

（1）标号　每条线段的编号，单击"显示标号"按钮，视图中将用黄色标注出每一条线段在此列表中对应的标号。

（2）线型　线型包括直线和圆弧，螺纹将用小段的直线组成。

（3）X　显示此线段自左向右的起点 X 值，即直径/半径值。选中"直径方式显示 X 坐标"，列表中"X"列显示直径，否则显示半径。

（4）Z　显示此线段自左向右的起点距零件最右端的距离。

（5）长度　线型若为直线，显示直线的长度；若为圆弧，显示圆弧的弧长。

（6）累积长　从零件的最右端开始到线段的终点在 Z 方向上的投影距离。

（7）半径　线型若为直线，不做任何显示；若为圆弧，显示圆弧的半径

（8）直线终点/圆弧角度　线型若为直线，显示直线终点坐标；若为圆弧，显示圆弧的角度。

（9）选择一条线段

1）在列表中单击选择一条线段，当前行变蓝，视图中将用黄色标记出此线段在工件剖视图上的详细位置，如图6-10所示。

2）在视图中单击一条线段，线段变为黄色，且标注出线段的尺寸，对应列表中的一条线段显示变蓝。

3）单击"上一段"和"下一段"按钮可以相邻线段间切换。视图和列表中相应变为选中状态。

（10）设置测量原点

1）在按钮前的文本框中填入所需坐标原点距零件最右端的位置，然后单击"设置测量原点"按钮。

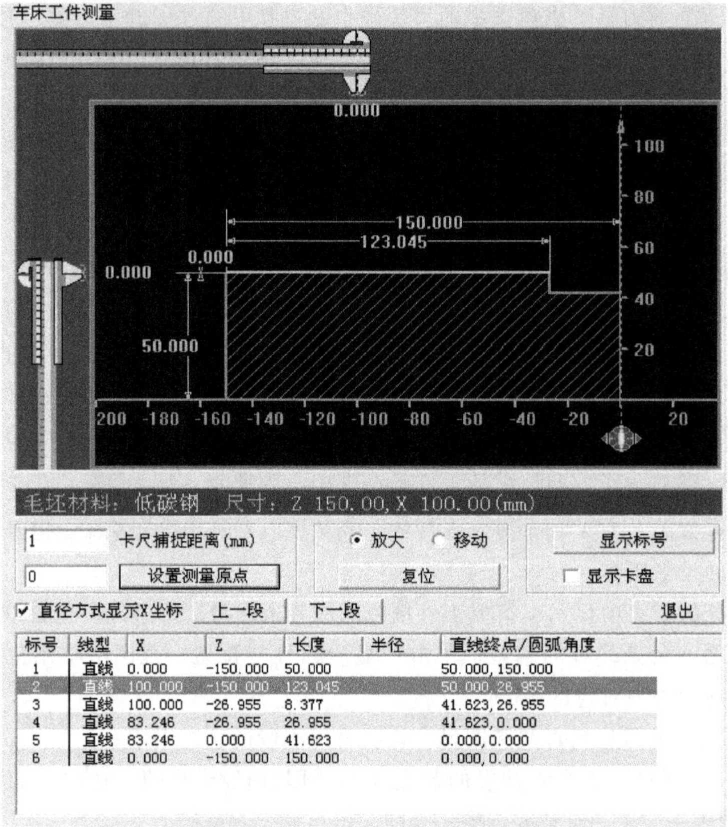

图 6-10 “车床工件测量”对话框

2）拖动设置测量原点。拖动时在虚线上有一黄色圆圈在 Z 轴上滑动，遇到线段端点时，跳到线段端点处，如图 6-11 所示。

（11）视图操作　单击对话框中“放大”或者“移动”单选按钮可以使鼠标在视图上拖动时做相应的操作，完成放大或者移动视图。单击“复位”按钮视图恢复到初始状态。

单击“显示卡盘”复选按钮，视图中用红色显示卡盘位置，如图 6-12 所示。

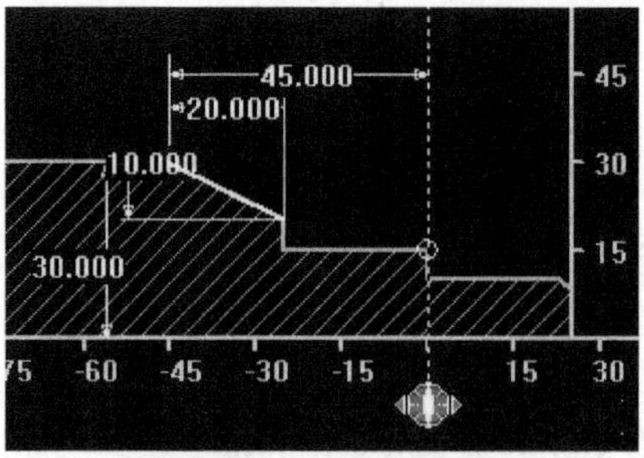

图 6-11 设置测量原点

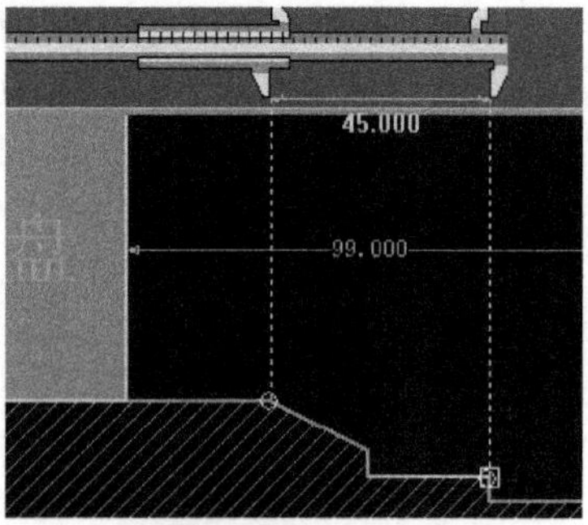

图 6-12 显示卡盘

（12）卡尺测量 在视图的 X，Z 向各有一把卡尺，可以拖动卡尺的两个卡爪测量任意两位置间的水平距离和垂直距离。如图 6-12 所示，移动卡爪时，延长线与工件焦点由 ░░ 变为 ░░ 时，卡尺位置为线段的一个端点，用同样的方法使另一个卡爪处于端点位置，就测出两端点间的投影距离，此时卡尺读数为 45.000。通过设置"卡尺捕捉距离（mm）"，可以改变卡尺移动端查找线段端点的范围。

单击"退出"按钮，即可退出测量对话框。

第二节　FANUC 0i 车床标准面板操作

一、面板简介

上海宇龙仿真软件中的 FANUC 0i 车床标准面板如图 6-13 所示，面板上各按钮的名称及功能说明见表 6-1。

图 6-13　FANUC 0i 车床标准面板

表 6-1　FANUC 0i 车床标准面板上各按钮的名称及功能说明

按钮	名称	功 能 说 明
▣	自动运行	单击此按钮后，系统进入自动加工模式
▣	编辑	单击此按钮后，系统进入程序编辑状态，用于直接通过面板输入数控程序和编辑程序

（续）

按钮	名称	功 能 说 明
	MDI	单击此按钮后，系统进入 MDI 模式，手动输入并执行指令
	远程执行	单击此按钮后，系统进入远程执行模式即 DNC 模式，输入输出资料
	单段	单击此按钮后，运行程序时每次执行一条数控指令
	单段跳过	单击此按钮后，数控程序中的注释符号"/"有效
	选择性停止	单击此按钮后，"M01"代码有效
	机械锁定	锁定机床
	试运行	机床进入空运行状态
	进给保持	程序运行暂停。在程序运行过程中，单击此按钮运行暂停。按"循环启动"按钮恢复运行
	循环启动	程序运行开始。系统处于"自动运行"或"MDI"位置时按下有效，其余模式下使用无效
	循环停止	程序运行停止。在数控程序运行中，单击此按钮停止程序运行
	回原点	机床处于回原点模式。机床必须首先执行回原点操作，然后才可以运行
	手动	机床处于手动模式，可以手动连续移动
	手动脉冲	机床处于手轮控制模式
	手动脉冲	机床处于手轮控制模式
	X 轴选择	在手动状态下，单击此按钮则机床移动 X 轴
	Z 轴选择	在手动状态下，单击此按钮则机床移动 Z 轴
	正方向移动	在手动状态下，单击此按钮系统将向所选轴正向移动。在回原点状态时，单击此按钮将所选轴回原点
	负方向移动	在手动状态下，单击此按钮系统将向所选轴负向移动
	快速	单击此按钮后，机床处于手动快速状态
	主轴倍率	将光标移至此旋钮上后，通过单击或右击来调节主轴旋转倍率

（续）

按钮	名称	功 能 说 明
	进给倍率	调节主轴运行时的进给速度倍率
	急停	单击急停按钮,使机床移动立即停止,并且所有的输出如主轴的转动等都会关闭
	超程释放	系统超程释放
	主轴控制	从左至右分别为:正转、停止、反转
	手轮显示	单击此按钮后,则可以显示出手轮面板
	手轮面板	单击H按钮后将显示手轮面板
	手轮轴选择	在手轮模式下,将光标移至此旋钮上后,通过单击或右击来选择进给轴
	手轮进给倍率	在手轮模式下,将光标移至此旋钮上后,通过单击或右击来调节手轮步长。X1、X10、X100 分别代表移动量为 0.001mm、0.01mm、0.1mm
	手轮	将光标移至此旋钮上后,通过单击或右击来转动手轮
	启动	启动控制系统
	停止	停止控制系统

二、车床准备

（1）激活车床　单击"启动"按钮 ，此时车床电机和伺服控制的指示灯变亮 。检查"急停"按钮是否松开至 状态。若未松开,单击"急停"按钮 ,将其松开。

（2）车床回原点　检查面板上回原点指示灯是否亮 。若指示灯亮,则已进入回原点模式;若指示灯不亮,则单击"回原点"按钮 ,转入回原点模式。

在回原点模式下，先将 X 轴回原点，单击面板上的"X 轴选择"按钮 X ，使 X 轴方向移动指示灯变亮 X ，单击"正方向移动"按钮 + ，此时 X 轴将回原点，X 轴回原点指示灯变亮 X原点灯 ，CRT 上的 X 坐标变为"390.00"。同样，再单击"Z 轴选择"按钮 Z ，使指示灯变亮，单击 + ，Z 轴将回原点，Z 轴回原点指示灯变亮 Z原点灯 ，此时 CRT 界面如图 6-14 所示。

三、对刀

数控程序一般按工件坐标系编程，对刀的过程就是建立工件坐标系与机床坐标系之间关系的过程。下面具体说明车床对刀的方法。其中将工件右端面中心点设为工件坐标系原点。将工件上其他点设为工件坐标系原点的方法与对刀方法类似。

1. 试切法设置

测量工件原点，直接输入工件坐标系 G54～G59。

（1）切削外径　单击面板上的"手动"按钮 WW ，手动状态指示灯变亮 WW ，机床进入手动模式，单击面板上的 X 按钮，使 X 轴方向移动指示灯变亮 X ，单击 + 或 − 按钮，使机床在 X 轴方向移动；同样使机床在 Z 轴方向移动。通过手动方式将机床移到如图 6-15 所示的大致位置。

单击面板上的 按钮，使其指示灯变亮，主轴转动。再单击"Z 轴选择"按钮 Z ，使 Z 轴方向移动指示灯变亮 Z ，单击 − 按钮，用所选刀具来试切工件外圆，如图 6-16 所示。然后单击 + 按钮，X 方向保持不动，刀具退出。

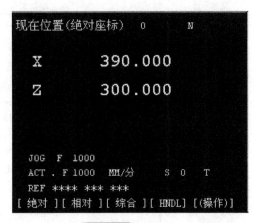

现在位置(绝对座标)　　O　　　N

| X | 390.000 |
| Z | 300.000 |

```
JOG  F 1000
ACT . F 1000   MM/分      S  0  T
REF **** *** ***
[绝对 ][ 相对 ][ 综合 ][ HNDL] [(操作)]
```

图 6-14　回原点

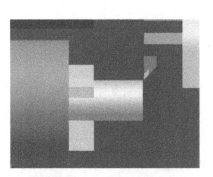

图 6-15　刀具快速靠近工件

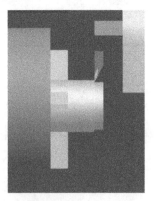

图 6-16　试切外圆

（2）测量切削位置的直径　单击面板上的 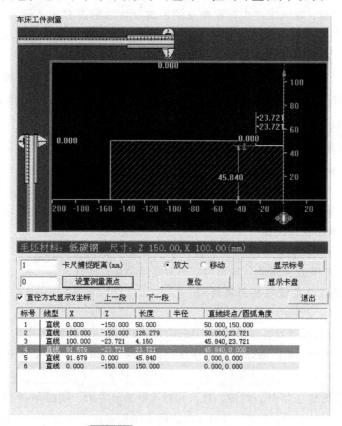 按钮，使主轴停止转动，然后选择"测量"→"坐标测量"命令，在弹出的对话框中单击试切外圆时所切线段，选中的线段由红色变为黄色，记下下半部对话框中对应的 X 值（即直径），如图 6-17 所示。

图 6-17　测量切削位置的直径

（3）输入 X 向刀补值　单击 OFFSET SETTING 按钮，把光标定位在需要设定的坐标系上，光标移到 X，输入直径值，单击"测量"按钮（通过单击"操作"按钮，可以进入相应的菜单）。

（4）切削端面　单击面板上的 ⟳ 或 ⟲ 按钮，使其指示灯变亮，主轴转动。将刀具移至如图 6-18a 所示的位置，单击面板上的 X 按钮，使 X 轴方向移动指示灯变亮 ⚊，单击 − 按钮，切削工件端面，如图 6-18b 所示。然后

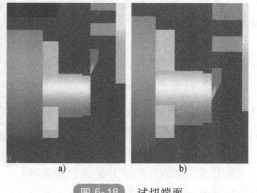

图 6-18　试切端面

单击 + 按钮，Z 方向保持不动，刀具退出。单击面板上的"主轴停止"按钮 ，使主轴停止转动。

（5）输入 Z 向刀补值　把光标定位在需要设定的坐标系上。在面板上单击需要设定的轴"Z"按钮，输入工件坐标系原点的距离（注意距离有正负号），单击"测量"按钮，自动计算出坐标值填入。

2. 测量、输入刀具偏移量

使用这个方法对刀，在程序中直接使用机床坐标系原点作为工件坐标系原点。

用所选刀具试切工件外圆，单击"主轴停止"按钮 ，使主轴停止转动，选择"测量"→"坐标测量"命令，得到试切后的工件直径，记为 α。

保持 X 轴方向不动，刀具退出。单击 按钮，进入形状补偿参数设定界面，将光标移到与刀位号相对应的位置，输入 $X\alpha$，单击"测量"按钮，对应的刀具偏移量自动输入。

试切工件端面，把端面在工件坐标系中 Z 的坐标值，记为 β（此处以工件端面中心点为工件坐标系原点，则 β 为 0）。

保持 Z 轴方向不动，刀具退出。进入形状补偿参数设定界面，将光标移到相应的位置，输入 $Z\beta$，单击"测量"按钮对应的刀具偏移量自动输入。

3. 设置偏移值完成多把刀具对刀

方法一：

选择一把刀为标准刀具，采用试切法或自动设置坐标系法完成对刀，把工件坐标系原点放入 G54～G59，然后通过设置偏移量完成其他刀具的对刀，下面介绍刀具偏移量的获取办法。

单击 POS 按钮和［相对］软键，进入相对坐标显示界面，如图 6-19 所示。

选定的标刀试切工件端面，将刀具当前的 Z 轴位置设为相对零点（设零前不得有 Z 轴位移）。

依次单击 SHIFT、Z_W、0 输入"W0"，单击"预定"按钮，则将 Z 轴当前坐标值设为相对坐标原点。

标刀试切零件外圆，将刀具当前 X 轴的位置设为相对零点（设零前不得有 X 轴的位移）。依次单击 SHIFT、X_U、0 输入"U0"，单击"预定"按钮，则将 X 轴当前坐标值设为相对坐标原点。此时界面如图 6-20 所示。

换刀后，移动刀具使刀尖分别与标准刀切削过的表面接触。接触时显示的相对

图 6-19　相对坐标显示界面

值，即为该刀相对于标刀的偏移量 ΔX，ΔZ（为保证刀准确移到工件的基准点上，可采用手动脉冲进给方式）。此时界面如图 6-21 所示，所显示的值即为偏移量。

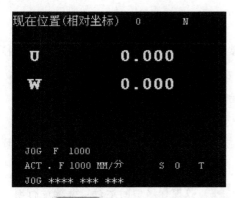

图 6-20　标刀的偏置值

图 6-21　非标刀的偏置值

将偏移量输入到磨耗参数补偿表或形状参数补偿表内。

注：**SHIFT** 按钮用来切换字母，如 **X_u**，直接单击输入的为"X"，单击 **SHIFT**，再单击 **X_u**，输入的为"U"。

方法二：

分别对每一把刀测量、输入刀具偏移量。

四、手动操作

1. 手动/连续方式

单击面板上的"手动"按钮，使其指示灯亮，机床进入手动模式；分别单击 **X**、**Z** 按钮，选择移动的坐标轴；分别单击 **+**、**-** 按钮，控制机床的移动方向。

注：刀具切削零件时，主轴需转动。加工过程中刀具与零件发生非正常碰撞后（非正常碰撞包括车刀的刀柄与零件发生碰撞等），系统弹出警告对话框，同时主轴自动停止转动，调整到适当位置，继续加工时需再次单击 按钮，使主轴重新转动。

2. 手动脉冲方式

在手动/连续方式或在对刀需精确调节机床时，可用手动脉冲方式调节机床。

单击面板上的"手动脉冲"按钮 或，使指示灯变亮。单击 **H** 按钮，显示手轮面板。鼠标对准"手轮轴选择"旋钮 ，单击或右击选择坐标轴。

鼠标对准"手轮进给倍率"旋钮 ，单击或右击选择合适的脉冲当量。

鼠标对准手轮，单击或右击精确控制机床的移动。单击 **H** 按钮，可隐藏手轮面板。

五、自动加工方式

1. 自动/连续方式

（1）自动加工流程　检查机床是否回零，若未回零，先将机床回零。导入数控程序或自行编写一段程序。单击面板上的"自动运行"按钮 ⬛，使其指示灯变亮 ⬛。单击面板上的"循环启动"按钮 ⬛，程序开始执行。

（2）中断运行　数控程序在运行过程中可根据需要暂停、急停和重新运行。

数控程序在运行时，单击"进给保持"按钮 ⬛，程序停止执行；再单击"循环启动"按钮 ⬛，程序从暂停位置开始执行。

数控程序在运行时，单击"急停"按钮 ⬛，数控程序中断运行。继续运行时，先将其松开，再单击"循环启动"按钮 ⬛，余下的数控程序从中断行开始作为一个独立的程序执行。

2. 自动/单段方式

自动运行时，单击面板上的"单段"按钮 ⬛，再单击"循环启动"按钮 ⬛，程序开始执行。自动/单段方式执行每一行程序均需单击一次"循环启动"按钮 ⬛。单击"单段跳过"按钮 ⬛，则程序运行时跳过符号"/"有效，该行成为注释行，不执行；单击"选择性停止"按钮 ⬛，则程序中 M01 有效。

可以通过"主轴倍率"旋钮和"进给倍率"旋钮来调节主轴旋转的速度和移动的速度。单击 ⬛ 按钮可将程序重置。

3. 检查运行轨迹

数控程序导入后，可检查运行轨迹。

单击面板上的"自动运行"按钮 ⬛，使其指示灯变亮 ⬛，转入自动加工模式，单击 ⬛ 按钮，单击数字/字母按钮，输入"Ox"（x 为所需要检查运行轨迹的数控程序号），单击 ↓ 按钮开始搜索，找到后，程序显示在界面上。单击 ⬛ 按钮，进入检查运行轨迹模式。单击"循环启动"按钮 ⬛，即可观察数控程序的运行轨迹，此时也可通过"视图"菜单栏中的动态旋转、动态放缩、动态平移等方式对三维运行轨迹进行全方位的动态观察。

第三节　SIEMENS 802D 车床标准面板操作

一、面板简介

上海宇龙仿真软件中的 SIEMENS 802D 车床标准面板如图 6-22 所示，面板上各按钮的名称及功能说明见表6-2。

a)

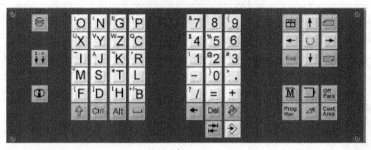

b)

图 6-22　SIEMENS 802D 车床标准面板

表 6-2　SIEMENS 802D 面板上各按钮的名称及功能说明

按钮	名称	功能说明
	急停	单击此按钮后,使机床移动立即停止,并且所有的输出(如主轴的转动等)都会关闭
	点动距离选择	在单步或手轮方式下,用于选择移动距离
	手动方式	手动方式,连续移动
	回零方式	机床回零。机床必须首先执行回零操作,然后才可以运行
	自动方式	进入自动加工模式
	单段	单击此按钮后,运行程序时每次执行一条数控指令
	手动数据输入 (MDA)	单程序段执行模式
	主轴正转	单击此按钮后,主轴开始正转

（续）

按钮	名称	功能说明
	主轴停止	单击此按钮后,主轴停止转动
	主轴反转	单击此按钮后,主轴开始反转
	快速	在手动方式下,单击此按钮后,再单击"移动"按钮则可以快速移动机床
+Z -Z +X -X	移动	
	复位	单击此按钮后,复位数控系统,包括取消报警、主轴故障复位、中途退出自动操作循环和输入、输出过程等
	循环保持	程序运行暂停。在程序运行过程中,单击此按钮运行暂停,单击 按钮恢复运行
	运行开始	程序运行开始
	主轴倍率修调	将光标移至此旋钮上后,通过单击或右击来调节主轴倍率
	进给倍率修调	调节数控程序自动运行时的进给速度倍率,调节范围为 0 ~ 120%。置光标于旋钮上,单击旋钮逆时针转动,右击旋钮顺时针转动
	报警应答	
	通道转换	
	信息	
	上档	两种功能进行转换。单击此按钮,当单击字符按钮时,该按钮上行的字符(除了光标按钮)就被输出
	空格	
	删除(退格)	自右向左删除字符
Del	删除	自左向右删除字符
	取消	
	制表	

（续）

按钮	名称	功 能 说 明
	回车/输入	接受一个编辑值;打开、关闭一个文件目录;打开文件
	翻页	
 M	加工操作区域	单击此按钮进入加工操作区域
	程序操作区域	
 Off Para	参数操作区域	单击此按钮进入参数操作区域
 Prog Man	程序管理操作区域	单击此按钮进入程序管理操作区域
	报警/系统操作区域	
	选择转换	一般用于单选、多选框

二、机床准备

1. 激活机床

检查"急停"按钮是否松开至 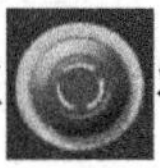 状态，若未松开，单击"急停"按钮  ，将其松开。

2. 机床回参考点

（1）进入"回参考点"模式　系统启动之后，机床将自动处于"回参考点"模式；在其他模式下，依次单击  和  按钮进入"回参考点"模式。回参考点前的界面如图 6-23 所示。

（2）回参考点操作步骤

1）X 轴回参考点。单击 +X 按钮，X 轴将回到参考点，回到参考点之后，X 轴的回零灯将从 变为 。

2）Z 轴回参考点。单击 +Z 按钮，Z 轴将回到参考点，回到参考点之后，Z 轴的回零灯将从 变为 。

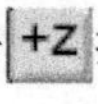

回参考点后的界面如图 6-24 所示。

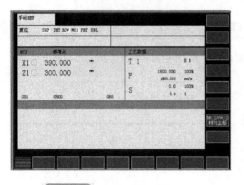

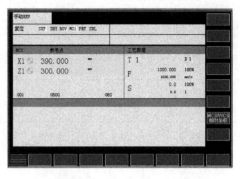

图 6-23　回参考点前的界面　　　　图 6-24　回参考点后的界面

三、选择刀具

依次选择菜单栏中的"机床"→"选择刀具"命令或者在工具栏中单击 🍴 按钮，系统将弹出"刀具选择"对话框，如图 6-25 所示。后置刀架的数控车床允许同时安装 8 把刀具。前置刀架的车床允许同时安装 4 把刀具，钻头将被安装在尾座上。

1. 选择车刀

1）在对话框左侧排列的编号 1~8 中，选择所需的刀位号。刀位号即车床刀架上的位置编号。被选中的刀位号的背景颜色变为黄色。

2）指定加工方式，可选择内圆加工或外圆加工。

3）在刀片列表框中选择了所需的刀片后，系统自动给出相匹配的刀柄供选择。

4）选择刀柄。当刀片和刀柄都选择完毕，刀具被确定，并且输入到所选的刀位中。旁边的图片显示其适用的方式。

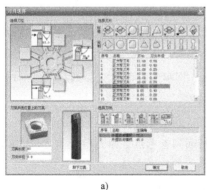
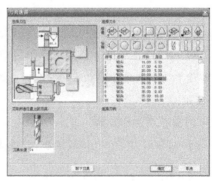

a)　　　　　　　　　　　　　　　b)

图 6-25　"刀具选择"对话框

a）斜床身后置刀架　b）平床身前置刀架

2. 刀尖半径

显示刀尖半径，允许操作者修改刀尖半径，刀尖半径可以是 0，单位为 mm。

3. 刀具长度

显示刀具长度，允许修改刀具长度。刀具长度是指从刀尖开始到刀架的距离。

4. 输入钻头直径

当在刀片中选择钻头时，"钻头直径"一栏变亮，允许输入直径。

5. 卸下刀具

当前选中的刀位号中的刀具可通过"卸下刀具"按钮卸下。

6. 确认选刀

选择完刀具，完成刀尖半径（钻头直径）、刀具长度修改后，单击"确认"按钮完成选刀。或者单击"取消"按钮退出选刀操作。

四、对刀

数控程序一般按工件坐标系编程，对刀过程就是建立工件坐标系与机床坐标系之间对应关系的过程。常见的是将工件右端面中心点设为工件坐标系原点。

1. 单把刀具对刀

SIEMENS 802D 提供了两种对刀方法：用测量工件方式对刀和使用长度偏移法对刀。

（1）用测量工件方式对刀　此方式对刀是用所选的刀具试切零件的外圆和端面，经过测量和计算得到工件端面中心点的坐标值。具体操作过程如下。

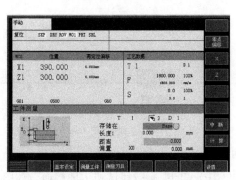

1）单击板上 $\sqrt[m]{\hspace{-1mm}}$ 按钮，切换到手动状态，适当单击 -x 、 +X 和 +z 、 -z 按钮，使刀具移动到可切削工件的大致位置。

2）单击面板上 按钮，控制主轴的转动。

图 6-26　"工件测量"对话框

3）单击 测量工件 按钮，进入"工件测量"对话框，如图 6-26 所示。

4）单击 按钮选择存储工件坐标原点的位置（可选 Base，G54，G55，G56，G57，G58，G59）。

5）单击 -z 按钮，用所选刀具试切工件外圆，如图 6-27 所示；单击 +z 按钮，将刀具退至工件外部，再单击 按钮，使主轴停止转动。

6）选择"测量"→"技术测量"命令，单击刀具试

图 6-27　试切工件外圆

切外圆时所切线段（选中的线段由红色变为黄色），如图 6-28 所示。记下下面对话框中对应的 X 的值，记为 X2；将 X2 填入到"距离"对应的文本框中，并单击 按钮。

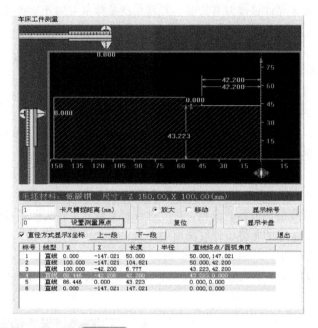

图 6-28　测量试切工件外圆

7）单击 计算 按钮，即可得到工件坐标原点的 X 分量在机床坐标系中的坐标。

8）单击 Z 按钮，继续测量工件坐标原点的 Z 分量。

9）将刀具移动到如图 6-29 的位置，单击面板上 或 按钮，控制主轴的转动。

10）单击 -X 按钮试切工件端面，如图 6-30 所示；然后单击 +X 按钮将刀具退出到工件外部，再单击 按钮，使主轴停止转动。

图 6-29　靠近工件

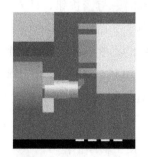

图 6-30　试切工件端面

11）在"距离"文本框中填入"0"，并单击 ⬦ 按钮。

12）单击 计算 按钮，即可得到工件坐标原点的 Z 分量在机床坐标系中的坐标。至此，使用测量工件方式对刀的操作已经完成。

（2）使用长度偏移法对刀

1）单击 测量刀具 按钮，切换到"测量刀具"界面，然后单击 手动测量 按钮，进入图6-31所示界面。

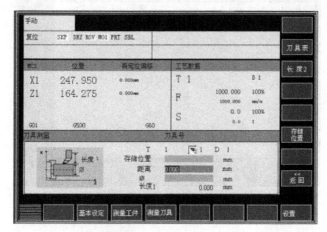

图 6-31　　"手动测量"界面

2）单击面板上的 🕸 按钮，进入手动状态。

3）试切工件外圆，并测量被切外圆的直径。

4）将所测得的直径值写入"φ"后的文本框内，然后单击 ⬦ 按钮，再依次单击 存储位置 、 设置长度1 按钮，此时界面如图6-32所示，系统自动将刀具长度1记入"刀具表"。

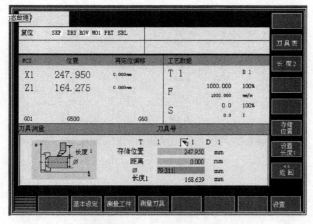

图 6-32　储存试切外圆直径

5）试切端面。

6）单击 长度2 按钮，切换到测量 Z 的界面，在"Z0"后的文本框中填写"0"，然后单击 ➡ 按钮，再单击 设置 长度2 按钮。

至此，完成了 Z 方向上的刀具参数设置，并且刀具表中信息如图 6-33 所示。

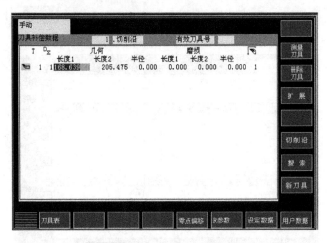

图 6-33　单把刀对刀的刀具表

此时即用长度偏移法完成了对单把刀的对刀。

2. 多把刀对刀

第一把刀的对刀方法同单把刀对刀，其他刀具按照如下的步骤进行对刀（以 2 号刀为例）。

1）单击 按钮，进入到 MDA 模式，然后单击 M 按钮，进入到如图 6-34 所示的界面中。

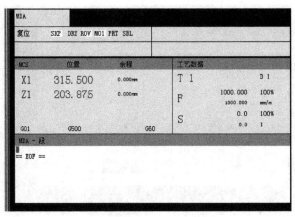

图 6-34　MDA 界面

2）输入换刀指令"T02D01"，然后依次单击 ⚡ 和 ⬦ 来运行 MDA 程序；运行完毕之后，第 2 把刀被换为当前刀具。

3）试切零件外圆，并且测量被切削的外圆的直径，并设置"长度 1"。

4）X 向对完之后，在手动方式下，将刀具移动到如图 6-35a 所示的位置（在 Z 向上，不能用试切端面的方法来设置，以免破坏第 1 把刀的坐标系）。

依次单击 测量刀具 、 长度2 按钮使系统进入到如图 6-35b 所示的界面；将光标停在"距离"文本框中输入"0"，并单击 ⬦ 按钮，然后单击 设置长度2 按钮；至此，已完成了 2 号刀的对刀，并且刀具表中信息如图 6-36 所示。

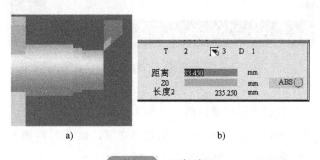

a)　　　　　　　　　　　　　b)

图 6-35　Z 向对刀

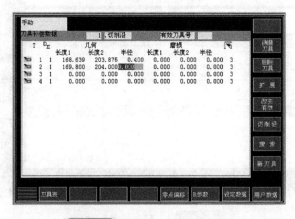

图 6-36　多把刀对刀的刀具表

其他刀具都可以使用如上的方法进行对刀。

五、设定参数

1. 设置运行程序时的控制参数

1）使用程序控制机床运行，已经选择好了运行的程序参考选择待执行的程序。

2）单击面板上 ➡ 按钮，若当前界面为加工操作区，则系统显示出如图 6-37 所示的界面；否则仅在左上角显示当前操作模式（"自动"）而界面不变。

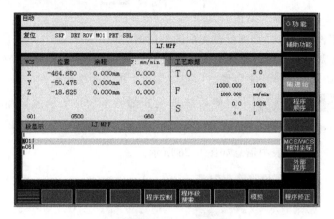

图 6-37　自动界面

3）"程序顺序"按钮可以切换段的 7 行和 3 行显示。

4）"程序控制"按钮可设置程序运行的控制选项，如图 6-38 所示。单击 返回 按钮返回前一界面。竖排按钮对应的说明见表 6-3。

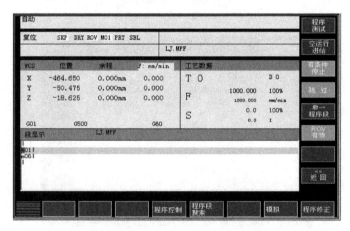

图 6-38　"程序控制"选项

表 6-3　竖排按钮对应的说明

按钮	显示	说　　明
程序测试	PRT	在程序测试方式下所有到进给轴和主轴的给定值被禁止输出,机床不动,但显示运行数据
空运行进给	DRY	进给轴以空运行设定数据中的设定参数运行,执行空运行进给时编程指令无效
有条件停止	M01	程序在执行到有 M01 指令的程序时停止运行

（续）

按钮	显示	说　　明
跳过	SKP	前面有斜线标志的程序在程序运行时跳过不予执行,如/N100G
单一程序段	SBL	此功能生效时零件程序按如下方式逐段运行:每个程序段逐段解码,在程序段结束时有一暂停,但在没有空运行进给的螺纹程序段时为一例外,在此只有螺纹程序段运行结束后才会产生一暂停。单段功能只有处于程序复位状态时才可以选择
ROV 有效	ROV	修调开关对于快速进给也生效

2. 刀具参数管理

（1）建立新刀具　若当前不是在参数操作区域,单击面板上的"参数操作区域"按钮，切换到参数操作区域。单击"刀具表"按钮切换到刀具表界面,如图 6-39a 所示。单击"新刀具"按钮,切换到新刀具界面,如图 6-39b 所示。

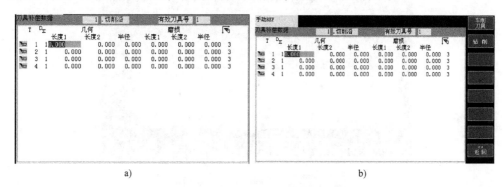

a)   b)

图 6-39　刀具表界面和新刀具界面

　　单击"车削刀具"和"钻削"按钮将分别弹出如图 6-40 所示的"新刀具"对话框。在对话框中输入要创建刀具数据的刀具号;单击"确认"按钮,则创建对应刀具,单击"中断"按钮,返回新刀具界面,不创建任何刀具;单击"返回"按钮可以退回到刀具表界面。

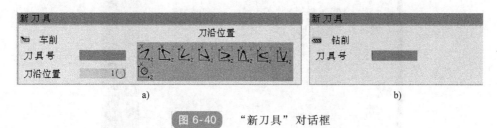

a)   b)

图 6-40　"新刀具"对话框

　　（2）搜索刀具　单击"刀具表"按钮切换到刀具表界面;单击"搜索"按钮,在搜索刀具对话框中输入刀具号;单击"确认"按钮,光标将自动移动到相应的行,单击"中断"按钮,仅返回上一界面,不做任何事情。

（3）手动编辑刀具数据 单击"刀具表"按钮切换到刀具表界面，用面板上的方向键（↑、↓、←、→）将光标定位到要修改的数据，若刀具数据多于一页，可用 █ 和 █ 按钮翻页；输入数值；单击 ◈ 按钮确认，或移动光标，数据将自动保存。

（4）删除刀具数据 单击"删除刀具"按钮，系统弹出"删除刀具"对话框，如图 6-41 所示。如果单击"确认"按钮，对话框被关闭，并且对应刀具及所有刀沿数据将被删除；如果单击"中断"按钮，则仅仅关闭对话框。

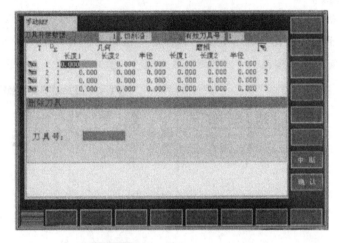

图 6-41 "删除刀具"对话框

（5）显示和编辑扩展数据 对于一些特殊刀具，刀具表界面中无法输入数据时可以使用此功能。单击"扩展"按钮，进入扩展刀具数据界面，如图 6-42 所示。

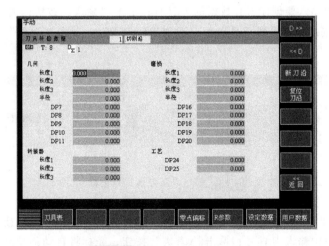

图 6-42 扩展刀具数据界面

初始的刀具号为当前选中的刀具。单击"D>>"和"<<D"按钮选择下一个或上一个刀沿数据；单击"新刀沿"按钮可创建新的刀沿；光标键移动到修改的数据，输入数据；单击"复位刀沿"按钮可复位修改前的刀沿的所有数据；单击"返回"按钮退回到上一界面。

（6）创建新刀沿

1）切换到刀具表界面，单击"切削沿"按钮，切换到如图 6-43 所示界面。

2）单击"新刀沿"按钮，为当前刀具创建一个新的刀沿数据，且当前刀沿号变为新的刀沿号（刀沿号不得超过 9 个），如图 6-44 所示

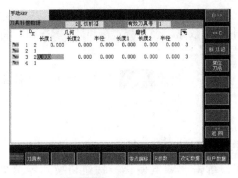

图 6-43　切削沿界面　　　　　　图 6-44　新刀沿

3）单击"返回"按钮，返回到刀具表界面。

3. 零偏数据功能

（1）基本设定　在相对坐标系中设定临时参考点（相对坐标系的基本零偏），进入基本设定界面。

1）单击 按钮切换到手动方式或单击 按钮切换到 MDA 方式。

2）单击"基本设定"按钮，系统进入到如图 6-45 所示的界面。

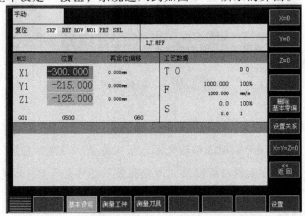

图 6-45　基本设定界面

① 设置基本零偏的方式。设置基本零偏有两种方式："设置关系"按钮被按下的方式和"设置关系"按钮没有被按下的方式。

当"设置关系"按钮没有被按下时，文本框中的数据表示相对坐标系的原点在机床坐标系中的坐标。例如：当前机床位置在机床坐标系中的坐标为 $X=390$、$Z=300$，基本设定界面中文本框的内容分别为 $X=390$、$Z=300$，则此时机床位置在相对坐标系中的坐标为 $X=0$、$Z=0$。

当"设置关系"按钮被按下时，文本框中的数据表示当前位置在相对坐标系中的坐标。例如：文本框中的数据为 $X=100$、$Z=100$，则此时机床位置在相对坐标系中的坐标为 $X=100$、$Z=100$。

② 基本设定的操作方法。直接在文本框中输入数据。使用 X=0 和 Z=0 按钮，将对应文本框中的数据设成零。

使用 X=Y=Z=0 按钮将所有文本框中的数据设成零；使用 删除基本零偏 按钮，用机床坐标系原点来设置相对坐标系原点。

（2）输入和修改零偏值

1）若当前不是在参数操作区域，单击"参数操作区域" Off Para 按钮，切换到参数操作区域。

2）若参数操作区域显示的不是零偏界面，单击"零点偏移"按钮切换到零偏界面，如图 6-46 所示。

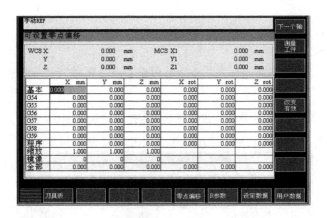

图 6-46　零偏界面

3）使用光标键定位到要修改的数据的文本框上（其中程序、缩放、镜像和全部栏为只读），输入数值，单击 ➡ 键或移动光标，系统将显示"改变有效"，此时输入的新数据还没有生效（在程序实现时可以使"改变有效"始终处于显示状态）。

4）单击"改变有效"按钮使新数据生效。

4. 编程设定数据

设置与机床运行和程序控制相关的数据。

1）若当前不是在参数操作区域，单击"参数操作区域" 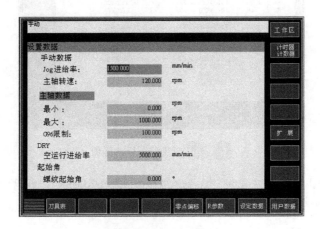按钮，切换到参数操作区域。

2）若参数操作区域显示的不是设定数据界面，单击"设定数据"按钮切换到设定数据界面，如图 6-47 所示。

图 6-47　设定数据界面

3）移动光标到输入位置并输入数据。

4）单击 按钮或移动光标到其他位置来确定输入。

图 6-47 中的参数说明：

1）Jog 进给率。在 Jog 状态下的进给率。如果该进给率为零，则系统使用机床数据中存储的数值。

2）主轴转速。设定主轴转速。

3）最小/最大。对主轴转速的限制只可以在机床数据所规定的范围内进行。

4）G96 限制。在恒定切削速度（G96）时可编程的最大速度（LIMS）。

5）空运行进给率。在自动方式中若选择空运行进给功能，则程序不按编程的进给率执行，而是执行在此输入的进给率。

6）螺纹起始角。在加工螺纹时主轴有一起始位置作为起始角，当重复进行该加工过程时，就可以通过改变此起始角切削多线螺纹。

5. R 参数

"R 参数"窗口中列出了系统中所用到的所有 R 参数，需要时可以修改这些参数。若当前不是在参数操作区域，单击"参数操作区域" 按钮和"R 参数"按钮进入 R 参数修改界面，如图 6-48 所示。利用 、 、 、 按钮或 、 按钮移动要输入的位置，然后输入数据，单击 按钮或移动光标到其他位置来确认输入。也可利用"搜索"按钮，输入要搜索的 R 参数的索引号查找 R 参数。

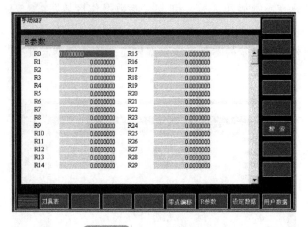

图 6-48　R 参数修改界面

注：R 参数从 R0~R299 共有 300 个，输入数据范围为 $\pm(0.0000001~99999999)$，若输入数据超过范围后，自动设置为允许的最大值。

六、自动加工

1. 自动/连续方式

（1）自动加工流程

1）检查机床是否回零。若未回零，先将机床回零。

2）使用程序控制机床运行，已经选择好了运行的程序参考选择待执行的程序。

3）单击面板上"自动方式"按钮 ，若当前界面为加工操作区域，则系统显示出如图 6-37 所示的界面；否则仅在左上角显示当前操作模式（"自动"）而界面不变。

4）单击 按钮开始执行程序。

5）程序执行完毕。或单击"复位"按钮中断加工程序，再单击"运行开始"按钮从头开始。

（2）中断运行　数控程序在运行过程中可根据需要暂停、停止、急停和重新运行。

1）数控程序在运行过程中，单击"循环保持"按钮 ，程序暂停运行，机床保持暂停运行时的状态。再次单击"运行开始"按钮 ，程序从暂停行开始继续运行。

2）数控程序在运行过程中，单击"复位"按钮 ，程序停止运行，机床停止。再次单击"运行开始"按钮 ，程序从头开始继续运行。

3）数控程序在运行过程中，单击"急停"按钮 ，数控程序中断运行。继续运行时，先将"急停"按钮松开，再单击"运行开始"按钮 ，余下的数控程序从中断行开始作为一个独立的程序运行。

2. 自动/单段方式

1）检查机床是否回零。若未回零，先将机床回零。

2）选择一个供自动加工的数控程序（主程序和子程序需分别选择）。

3）单击面板上的自动加工按钮，机床进入自动加工模式。

4）单击面板上的单段方式按钮。

5）每单击一次"运行开始"按钮，数控程序执行一行，可以通过主轴倍率修调旋钮和进给倍率修调旋钮来调节主轴旋转的速度和刀具移动的速度。

注：数控程序执行后，想回到程序开头，可单击面板上的"复位"按钮。

七、机床操作的一些其他功能

1. 坐标系切换

用此功能可以改变当前显示的坐标系。当前界面不是加工操作区域，单击"加工操作区域"按钮，切换到加工操作区域。切换机床坐标系，单击按钮，系统出现如图 6-49 所示界面。

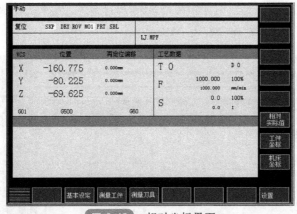

图 6-49　相对坐标界面

单击按钮，可切换到相对坐标系；单击按钮，可切换到工件坐标系；单击按钮，可切换到机床坐标系。

2. 手轮

在手动/连续加工或在对刀，需精确调节机床时，可用手动脉冲方式调节机床。

若当前界面不是加工操作区域，单击"加工操作区域"按钮，切换到加工操作区域。单击按钮进入手动方式，单击按钮设置手轮进给速率（1 INC、10 INC、100 INC、1000 INC）。单击手轮方式按钮，出现如图 6-50 所示界面。

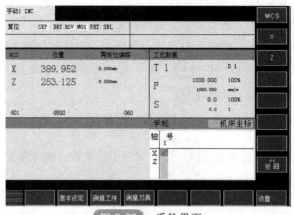

图 6-50　手轮界面

单击 X 或 Z 按钮可以选择当前需要用手轮操作的轴；在系统面板的右边单击 手轮 按钮，打开手轮；鼠标对准手轮，单击或右击，精确控制机床的移动。单击 ← 按钮，可隐藏手轮。

3. MDA 方式

1）单击面板上 按钮，机床切换到 MDA 运行方式，则系统显示出如图 6-51 所示界面，界面左上角显示当前操作模式"MDA"。

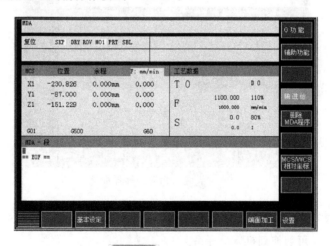

图 6-51　MDA 界面

2）用系统面板输入指令。

3）输入完一段程序后，将光标定位到程序头，单击面板上"运行开始"按钮 ，运行程序。

注：在程序启动后不可以再对程序进行编辑，只在"停止"和"复位"状态下才能编辑。

八、数控程序处理

数控程序可以通过记事本或写字板等编辑软件输入并保存为文本格式文件，也可直接用 SIEMENS 802D 系统内部的编辑器直接输入程序。

1. 新建一个数控程序

1）单击面板上 Prog Main 按钮，进入程序管理界面，如图 6-52 所示。单击 "新程序" 按钮，则弹出新程序对话框，如图 6-53 所示。

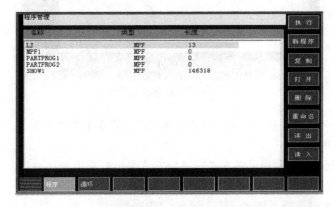

图 6-52 程序管理界面

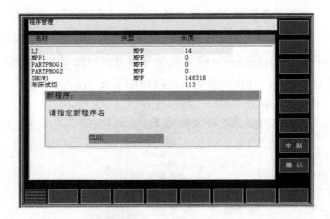

图 6-53 "新程序" 对话框

2）输入新程序名。若没有扩展名，自动添加 ".MPF" 为扩展名，而子程序扩展名 ".SPF" 需随文件名一起输入。输入新程序名必须遵循以下原则。

① 开始的两个符号必须是字母。

② 其后的符号可以是字母、数字或下划线。

③ 最多为 16 个字符。

④ 不得使用分隔符。

3）单击"确认"按钮，生成新程序文件，并进入到程序编辑界面，如图 6-54 所示。

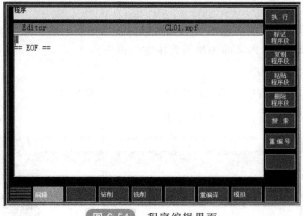

图 6-54 程序编辑界面

4）若单击"中断"按钮，将关闭此对话框并回到程序管理界面。

2. 数控程序传送

（1）读入程序 先利用记事本或写字板方式编辑好加工程序并保存为文本格式文件，文本格式文件的头两行必须是如下的内容。

%_ N_ 复制进数控系统之后的文件名_ MPF

: $ PATH =/_ N_ MPF_ DIR

单击 Prog Man 按钮，进入程序管理界面；单击"读入"按钮；在菜单栏中选择"机床"→"DNC 传送"命令，选择事先编辑好的程序，此程序将被自动复制进数控系统。

（2）读出程序 单击 Prog Man 按钮，进入程序管理界面；用 ↑、↓ 或 、 按钮选择要读出的程序；单击"读出"按钮，显示如图 6-55 所示的对话框；选择好需要保存的路径，输入文件名，单击"保存"按钮保存。

图 6-55 "另存为"对话框

3. 选择待执行的程序

1）单击 Prog Man 按钮，系统将进入如图 6-56 所示的界面，显示已有程序列表。

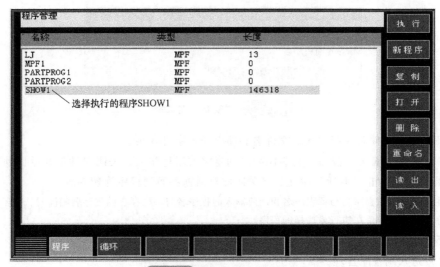

图 6-56 选择待执行的程序

2）用 ⬆ 、 ⬇ 按钮移动选择条，选择要执行的程序。单击"执行"按钮，选择的程序将被作为运行程序，在界面右上角将显示此程序的名称，如图 6-57 所示。

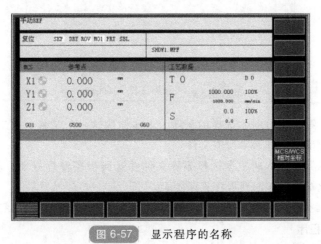

图 6-57 显示程序的名称

3）按其他按钮（如 **M** 按钮或 按钮等），切换到其他界面。

4. 程序复制

1）进入到程序管理界面。

2）使用光标选择要复制的程序。

3）单击"复制"按钮，系统出现如图 6-58 所示"复制"对话框，标题栏上显示要复制的程序。

输入程序名。若没有扩展名，自动添加".MPF"为扩展名，而子程序扩展名

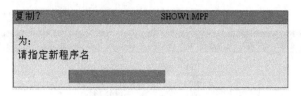

图 6-58　"复制"对话框

"．SPF"需随文件名一起输入。文件名必须以两个字母开头。

4）单击"确认"按钮，复制源程序到指定的新程序名，关闭对话框并返回到程序管理界面。若单击"中断"按钮，将关闭此对话框并回到程序管理界面。

注：若输入的程序名与源程序名相同或输入的程序名与一已存在的程序名相同时，将不能创建程序；可以复制正在执行或选择的程序。

5. 删除程序

1）进入到程序管理界面。

2）使用光标选择要删除的程序。

3）单击"删除"按钮，系统出现如图 6-59 所示"删除文件"对话框。

图 6-59　"删除文件"对话框

选择选项：第一项为刚才选择的程序，表示删除这一个文件；第二项"删除全部文件"表示要删除程序列表中所有文件。

单击"确认"按钮，将根据选择删除文件并返回程序管理界面。若单击"中断"按钮，将关闭此对话框并回到程序管理界面。

注：若没有运行机床，可以删除当前选择的程序，但不能删除当前正在运行的程序。

6. 重命名程序

1）进入到程序管理界面。

2）用光标选择要重命名的程序。

3）单击"重命名"按钮，系统出现如图 6-60 所示"改换程序名"对话框。

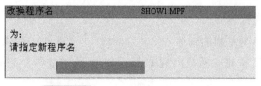

图 6-60　"改换程序名"对话框

输入新的程序名。若没有扩展名，自动添加".MPF"为扩展名，而子程序扩展名".SPF"需随文件名一起输入。

4）单击"确认"按钮，源文件名更改为新的文件名并回到程序管理界面。若单击"中断"按钮，将关闭此对话框并回到程序管理界面。

注：若文件名不合法（应以两个字母开头）、新名与旧名相同或名与一已存在的文件相同，弹出警告对话框。

若在机床停止时重命名当前选择的程序，则当前程序变为空程序，显示同删除当前选择程序相同的警告。

可以重命名当前运行的程序，改名后，当前显示的运行程序名也随之改变。

7．程序编辑

（1）编辑程序

1）在程序管理界面，选中一个程序，单击"打开"按钮或 按钮，进入到如图 6-61 所示编辑主界面，编辑程序为选中的程序。在其他主界面下，单击 按钮，也可进入到编辑主界面，其中程序为以前载入的程序。

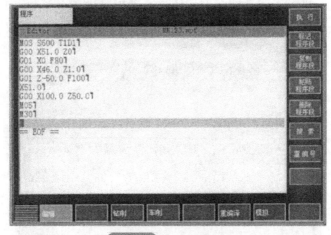

图 6-61　编辑主界面

2）输入程序，程序立即被存储。

3）单击"执行"按钮来选择当前编辑程序为运行程序。

4）单击"标记程序段"按钮，开始标记程序段，复制、删除或输入新的字符时将取消标记。

5）单击"复制程序段"按钮，将当前选中的一段程序复制到剪切板。

6）单击"粘贴程序段"按钮，当前剪切板上的文本粘贴到当前的光标位置。

7）单击"删除程序段"按钮可以删除当前选择的程序段。

8）单击"重编号"按钮，将重新编排行号。

注："钻削"按钮，"车削"按钮及铣床中的"铣削"按钮暂不支持；若编辑的程序是当前

正在执行的程序，则不能输入任何字符。

（2）搜索程序

1）切换到编辑主界面。

2）单击"搜索"按钮，系统弹出如图 6-62 所示"搜索"对话框。若需按行号搜索，单击"行号"按钮，对话框变为如图 6-63 所示对话框。

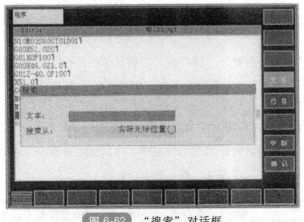

图 6-62　"搜索"对话框

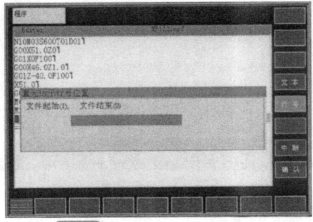

图 6-63　"置光标于行号位置"对话框

3）若找到了要搜索的字符串或行号，光标将停到此字符串的前面或对应行的行首。

搜索文本时，若搜索不到，主界面无变化，在底部显示"未搜索到字符串"。搜索行号时，若搜索不到，光标停到程序尾。

（3）程序段搜索　使用程序段搜索功能查找所需要的零件程序中的指定行，且从此行开始执行程序。

1）单击面板上"自动方式"按钮![自动方式按钮]切换到如图 6-64 所示自动加工界面。

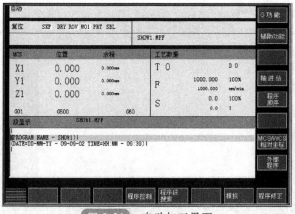

图 6-64　自动加工界面

2）单击"程序段搜索"按钮切换到如图 6-65 所示程序段搜索界面，若不满足前置条件，此按钮按下无效。

图 6-65　程序段搜索界面

3）单击"搜索断点"按钮，光标移动到上次执行程序中止时的行上。单击"搜索"按钮，弹出如图 6-62 所示"搜索"对话框，可从当前光标位置开始搜索或从程序头开始，输入数据后确认，则跳到搜索到的位置。

4）单击"启动搜索"按钮，界面回到自动加工界面下，并把搜索到的行设置为运行行。单击"计算轮廓"按钮可使机床返回到中断点，并返回到自动加工界面。

注：若已使用过一次"启动搜索"按钮，则单击"启动搜索"按钮时，会弹出对话框，警告不能启动搜索，需按<RESET>键后才可再次使用"启动搜索"。

8. 调用固定循环

单击 Prog Man. 按钮进入程序管理界面，如图 6-66 所示。单击 打开 按钮，进入如图 6-67 所示界面。

在程序编辑主界面中可看到 钻削 与 车削 按钮，单击 钻削 按钮进入如图 6-68 所示的钻削程序。

图 6-66　进入的程序管理界面

图 6-67　进入的程序编辑主界面

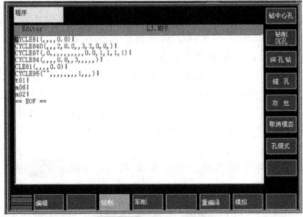

图 6-68　钻削程序

在此界面中可以看到 钻中心孔 、 钻削沉孔 、 深孔钻 、 镗孔 、 攻丝 等，若想调用某类型的程序则单击相应的按钮，即可进入相应的固定循环程序参数设置界面，输入参数后，单击 确认 按钮确认，即可调用该程序。例如：若调用钻中心孔程序，则单击 钻中心孔 按钮进入如图 6-69 所示界面，在此界面的左上角，可以看到为实现钻中心孔操作，系统自动调用的程序名称 "CYCLE81"。

界面右侧为可设定的参数栏，单击 ↑ 和 ↓ 按钮，使光标在各参数栏中移动，输入参数后，单击 确认 按钮确认，即可调用该程序。

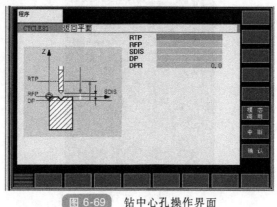

图 6-69　钻中心孔操作界面

九、检查运行轨迹

通过线框图模拟出刀具的运行轨迹。前置条件：当前为自动运行方式且已经选择了待加工的程序。

1）单击 → 按钮，在自动加工模式主界面下，单击"模拟"按钮或在程序编辑主界面下单击"模拟"按钮，系统进入如图 6-70 所示界面。

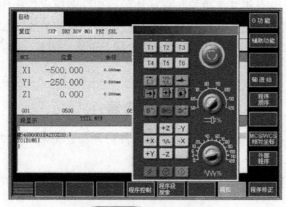

图 6-70　模拟界面

2）单击 ◇ 按钮开始模拟执行程序。执行后，则可看到运行轨迹并可以通过工具栏上的按钮来调整观看的角度及画面的大小。运行轨迹如图 6-71 所示。

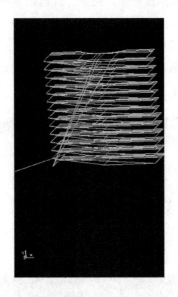

图 6-71　运行轨迹

☆**考核重点解析**

　　目前，全国很多省份的数控高级工技能鉴定考试中，考核内容包含了理论、仿真、技能三个考试模块，要求每个模块均达到及格线以上，才能颁发高级数控车工职业资格证书。有些省份仿真考试过关率很低，主要原因是因为很多学校和培训机构没有开设数控仿真培训课，造成了很多考生不达标。数控仿真软件虽然模拟真实的数控机床操作，但真正掌握数控仿真软件的操作，必须进行操作培训。数控仿真考试一般是在考试系统提供的仿真软件中进行给定零件的编程与加工，成绩由考试系统进行自动评定。数控仿真考试一般包含外圆、锥体、圆弧、槽、螺纹、内孔、非圆曲线的加工。

复习思考题

　　1. 在数控仿真软件中完成图 6-72 所示零件的加工，毛坯尺寸为 $\phi50\mathrm{mm}\times105\mathrm{mm}$，材料为 45 钢。

　　2. 在数控仿真软件中完成图 6-73 所示零件的加工，毛坯尺寸为 $\phi90\mathrm{mm}\times140\mathrm{mm}$，材料为 45 钢。

　　3. 在数控仿真软件中完成图 6-74 所示零件的加工，毛坯尺寸为 $\phi52\mathrm{mm}\times132\mathrm{mm}$，

材料为45钢。

4. 在数控仿真软件中完成图 6-75 所示零件的加工，毛坯尺寸为 $\phi52\text{mm}\times132\text{mm}$，材料为45钢。

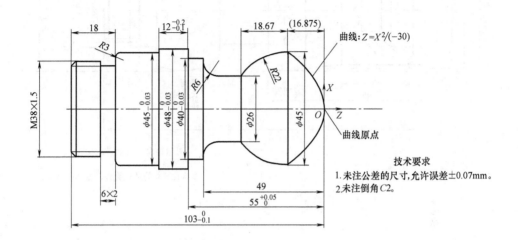

曲线：$Z=X^2/(-30)$

技术要求
1. 未注公差的尺寸，允许误差±0.07mm。
2. 未注倒角C2。

图 6-72　复习思考题 1 图

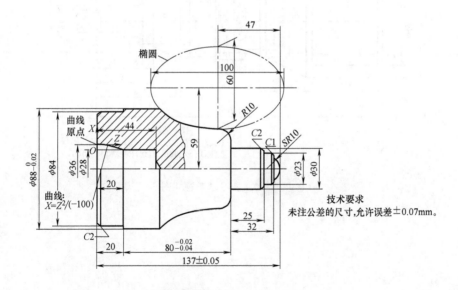

曲线：$X=Z^2/(-100)$

技术要求
未注公差的尺寸，允许误差±0.07mm。

图 6-73　复习思考题 2 图

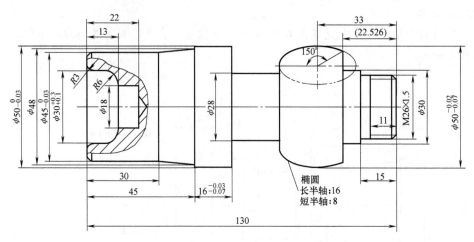

技术要求
1.未注倒角C2。
2.未注公差的尺寸,允许误差±0.07mm。

图 6-74　复习思考题 3 图

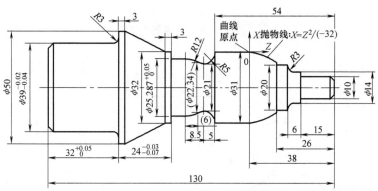

技术要求
1.未注倒角C2。
2.未注公差的尺寸,允许误差±0.07mm。

图 6-75　复习思考题 4 图

第七章　数控车床的故障与维修

理论知识要求

1. 了解数控车床故障的分类。
2. 掌握数控车床故障产生的规律。
3. 掌握数控车床的故障诊断技术。
4. 了解数控车床电气故障常见种类。
5. 掌握数控车床电气故障的调查与分析。
6. 掌握数控车床电气常见故障的诊断方法。
7. 掌握数控车床电气故障的排除方法。
8. 了解电气维修中应注意的事项。
9. 掌握数控系统硬件故障检查与分析方法。
10. 掌握数控系统硬件更换方法。

操作技能要求

1. 能够排除数控车床常见机械故障。
2. 能够排除数控车床常见电气故障。
3. 能够排除数控系统硬件故障。

第一节　数控车床故障诊断

一、数控车床的故障

　　数控车床是高度机电一体化的设备。它与传统的机械设备相比，内容上虽然也包括机械、电气、液压与气动方面的故障，但数控车床的故障诊断和维修侧重于机械、电气系统、气动乃至光学等方面装置的交接点上。由于数控系统种类繁多，结构各异，形式多变，给测试和监控带来了许多困难。

1. 数控车床故障的分类

　　数控车床的故障多种多样，按其故障的性质和故障产生的原因及不同的分类方式可划分为不同的故障（见表 7-1）。

2. 机械故障

　　机械故障就是指机械系统（零件、组件、部件或整台设备乃至一系列的设备组合）

因偏离其设计状态而丧失部分或全部功能的现象。数控车床机械故障的分类见表 7-2，其说明见表 7-3。

表 7-1　数控车床故障的分类

分类方式	分类	说　　明	举　例
按故障出现的必然性和偶然性分类	系统性故障	是指只要满足一定的条件，车床或数控系统就必然出现的故障	1）电压过高或过低，系统就会产生电压过高报警或电压过低报警 2）切削用量安排得不合适，就会产生过载报警等
	随机故障	1）是指在同样的条件下，只偶尔出现一次或两次的故障 2）要想人为地再使其出现同样的故障则是不太容易的，有时很长时间也难再遇到一次 3）这类故障的诊断和排除都是很困难的 4）一般情况下，这类故障往往与机械结构的局部松动、错位，数控系统中部分元件工作特性的漂移，车床电器元件可靠性下降有关 5）有些数控车床采用电磁离合器变档，离合器剩磁也会产生类似的现象 6）排除此类故障应该经过反复试验，综合判断	一台数控车床本来正常工作，突然出现主轴停止时漂移，停电后再送电，漂移现象仍不能消除。调整零漂电位器后现象消失，这显然是工作点漂移造成的
按故障产生时有无破坏性分类	破坏性故障	1）故障产生会对车床和操作人员造成侵害，导致车床损坏或人身伤害 2）有些破坏性故障是人为造成的 3）维修人员在进行故障诊断时，决不允许重现故障，只能根据现场人员的介绍，经过检查来分析，排除故障 4）这类故障的排除技术难度较大且有一定风险，故维修人员需非常慎重	有一台数控转塔车床，为了试运行而编制一个只车外圆的小程序，结果造成刀具与卡盘碰撞。分析的结果是操作人员对刀错误
	非破坏性故障	1）大多数的故障属于此类故障，这种故障往往通过"清零"即可消除 2）维修人员可以重现此类故障，通过现象进行分析、判断	
按故障发生的原因分类	数控车床自身故障	1）是由于数控车床自身的原因引起的，与外部使用环境条件无关 2）数控车床所发生的绝大多数故障均属此类故障 3）应区别有些故障并非车床本身而是外部原因所造成的	

（续）

分类方式	分类		说　　明	举例
按故障发生的原因分类	数控车床外部故障		这类故障是由于外部原因造成的。例如： 1）数控车床的供电电压过低，波动过大，相序不对或三相电压不平衡 2）周围的环境温度过高，有害气体、潮气、粉尘侵入 3）外来振动和干扰 4）还有人为因素所造成的故障	1）电焊机所产生的电火花干扰等均有可能使数控车床发生故障 2）操作不当，手动进给过快造成超程报警，自动切削进给过快造成过载报警等
以故障产生时有无自诊断显示来区分	有报警显示故障	硬件报警显示故障	1）硬件报警显示通常是指各单元装置上的报警灯（一般由 LED 发光管或小型指示灯组成）的指示 2）借助相应部位上的报警灯均可大致分析判断出故障发生的部位与性质 3）维修人员日常维护和排除故障时应认真检查这些报警灯的状态是否正常	控制操作面板、位置控制印制线路板、伺服控制单元、主轴单元、电源单元等部位以及光电阅读机、穿孔机等的报警灯亮
		软件报警显示故障	1）软件报警显示通常是指 CRT 显示器上显示出来的报警号和报警信息 2）由于数控系统具有自诊断功能，一旦检测到故障，即按故障的级别进行处理，同时在 CRT 上以报警号形式显示该故障信息 3）数控车床上少则几十种，多则上千种报警显示 4）软件报警有来自 NC 的报警和来自 PLC 的报警，可参阅相关的说明书	存储器报警、过热报警、伺服系统报警、轴超程报警、程序出错报警、主轴报警、过载报警以及断线报警等
	无报警显示故障		1）无任何报警显示，但车床却是在不正常状态 2）往往是车床停在某一位置上不能正常工作，甚至连手动操作都失灵 3）维修人员只能根据故障产生前后的现象来分析判断 4）排除这类故障是比较困难的	美国 DYNAPATH 10 系统在送电之后一切操作都失灵，再停电、再送电，不一定哪一次就恢复正常了 这个故障一直没有得到解决，后来在分析软件时才找到答案。原来是系统通电"清零"时间设计较短，元件性能稍有变化，就不能完成整机的通电"清零"过程
按故障发生在硬件上还是软件上来分类	软件故障	程序编制错误	1）故障排除比较容易，只要认真检查程序和修改参数就可以解决 2）参数的修改要慎重，一定要明确参数的含义以及与其相关的其他参数方可修动，否则顾此失彼还会带来更大的麻烦	
		参数设置不正确		

（续）

分类方式	分类	说　明	举例
按故障发生在硬件上还是软件上来分类	硬件故障	是指只有更换已损坏的器件才能排除的故障，这类故障也称为"死故障"。比较常见的是输入/输出接口损坏，功放元件得不到指令信号而丧失功能。解决方法只有两种： 1）更换接口板 2）修改 PLC 程序	
	车床品质下降故障	1）车床可以正常运行，但表现出的现象与以前不同 2）加工零件往往不合格 3）无任何报警信号显示，只能通过检测仪器来检测和发现 4）处理这类故障应根据不同的情况采用不同的方法	噪声变大、振动较强、定位精度超差、反向死区过大、圆弧加工不合格、车床起停有振荡等

表 7-2　数控车床机械故障的分类

标准	分类	说　明
故障发生的原因	磨损性故障	正常磨损而引发的故障，对这类故障形式，一般只进行寿命预测
	错用性故障	使用不当而引发的故障
	先天性故障	由于设计或制造不当而造成机械系统中存在某些薄弱环节而引发的故障
故障性质	间断性故障	只是短期内丧失某些功能，稍加修理调试就能恢复，不需要更换零件
	永久性故障	某些零件已损坏，需要更换才能恢复
故障发生后的影响程度	部分性故障	功能部分丧失的故障
	完全性故障	功能完全丧失的故障
故障造成的后果	危害性故障	会对人身、生产和环境造成危害的故障
	安全性故障	不会对人身、生产和环境造成危害的故障
故障发生的快慢	突发性故障	不能靠早期测试检测出来的故障。对这类故障只能进行预防
	渐发性故障	故障的发展有一个过程，因而可对其进行预测和监视
故障发生的频次	偶发性故障	发生频率很低的故障
	多发性故障	经常发生的故障
故障发生、发展规律	随机故障	故障发生的时间是随机的
	有规则故障	故障的发生比较有规则

表 7-3 数控车床机械故障的说明

故障	说　明
进给传动链故障	1）运动品质下降 2）修理常与运动副预紧力、松动环节和补偿环节有关 3）定位精度下降，反向间隙过大，机械爬行，轴承噪声过大
主轴部件故障	可能出现故障的部分有自动换刀部分的刀杆拉紧机构、自动换档机构及主轴运动精度的保持装置等
自动换刀装置（ATC）故障	1）自动换刀装置用于加工中心等设备，目前 50% 的机械故障与它有关 2）故障主要是刀库运动故障、定位误差过大、机械手夹持刀柄不稳定和机械手运动误差过大等。这些故障最后大多数都造成换刀动作卡住，使整机停止工作等
行程开关故障	压合行程开关的机械装置可靠性及行程开关本身品质特性都会大大影响整机的故障及排除故障的工作

二、数控车床故障产生的规律

1. 车床性能或状态

数控车床在使用过程中，其性能或状态随着使用时间的推移而逐步下降，呈现如图 7-1 所示的曲线。很多故障发生前会有一些预兆，即所谓潜在故障，其可识别的物理参数表明一种功能故障即将发生。功能故障表明车床丧失了规定的性能标准。

图 7-1 中点 P 表示性能已经恶化，并发展到可识别潜在故障的程度，这可能表明金属疲劳的一个裂纹将导致零件折断；可能是振动，表明即将会发生轴承故障；可能是一个过热点，表明电动机将损坏；可能是一个齿轮齿面过多的磨损等。点 F 表示潜在故障已变成功能故障，即它已质变到损坏的程度。P-F 间隔，就是从潜在故障的显露到转变为功能故障的时间间隔。各种故障的 P-F 间隔差别很大，从几秒到好几年，突发故障的 P-F 间隔就很短。较长的间隔意味着有更多的时间来预防功能故障的发生，此时如果积极主动地寻找潜在故障的物理参数，以采取新的预防技术，就能避免功能故障，争得较长的使用时间。

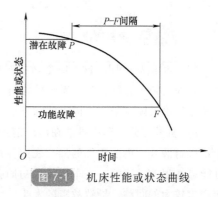

图 7-1 机床性能或状态曲线

2. 机械磨损故障

数控车床在使用过程中，由于运动机件相互产生摩擦，表面产生刮削、研磨，加上化学物质的侵蚀，就会造成磨损。磨损过程大致为下述三个阶段。

（1）初期磨损阶段 多发生于新设备启用初期，主要特征是摩擦表面的凸峰、氧化皮、脱碳层很快被磨去，使摩擦表面更加贴合，这一过程时间不长，而且对车床有益，通常称为"跑合"，如图 7-2 所示 Oa 段。

（2）稳定磨损阶段 由于跑合的结果，使运动表面工作在耐磨层，而且相互贴合，接触面积增加，单位接触面上的应力减小，因而磨损增加缓慢，可以持续很长时间，如图 7-2 所示 ab 段。

（3）急剧磨损阶段 随着磨损逐渐积累，零件表面耐磨层的磨耗超过极限程度，磨损速率急剧上升。理论上将正常磨损的终点作为合理磨损的极限。

根据磨损规律，数控车床的修理应安排在稳定磨损终点 b 为宜。这时，既能充分利用原零件性能，又能防止急剧磨损出现，也可稍有提前，以预防急剧磨损，但不可拖后。若使车床带病工作，势必带来更大的损坏，造成不必要的经济损失。在正常情况下，点 b 的时间一般为 7~10 年。

3. 数控车床故障率曲线

与一般设备相同，数控车床的故障率随时间变化的规律可用图 7-3 所示的浴盆曲线（也称为失效率曲线）表示。整个使用寿命期，根据数控车床的故障率大致分为 3 个阶段，即早期故障期、偶发故障期和耗损故障期。

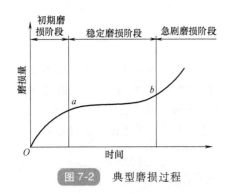

图 7-2 典型磨损过程

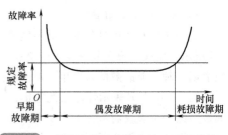

图 7-3 数控车床故障率曲线（浴盆曲线）

（1）早期故障期 这个时期数控车床故障率高，但随着使用时间的增加迅速下降。这段时间的长短，随产品、系统的设计与制造质量而异，约为 10 个月。数控车床使用初期之所以故障频繁，原因大致如下。

1）机械部分。车床虽然在出厂前进行过磨合，但时间较短，而且主要是对主轴和导轨进行磨合。由于零件的加工表面存在着微观的和宏观的几何形状偏差，部件的装配可能存在误差，因而，在车床使用初期会产生较大的磨合磨损，使设备相对运动部件之间产生较大的间隙，导致故障的发生。

2）电气部分。数控车床的控制系统使用了大量的电子元器件，这些元器件虽然在制造厂经过了严格的筛选和整机考机处理，但在实际运行时，由于电路的发热，交变负荷、浪涌电流及反电势的冲击，性能较差的某些元器件经不住考验，因电流冲击或电压击穿而失效，或特性曲线发生变化，从而导致整个系统不能正常工作。

3）液压部分。由于出厂后运输及安装阶段的时间较长，使得液压系统中某些部位长时间无油，气缸中润滑油干涸，而油雾润滑又不可能立即起作用，造成液压缸或气缸可能产生锈蚀。此外，新安装的空气管道若清洗不干净，一些杂物和水分也可能进入系统，造成液压气动部分的初期故障。

除此之外，还有元件、材料等原因会造成早期故障，这个时期一般在保修期以内。因此，数控车床购买后，应尽快使用，使早期故障尽量显示在保修期内。

（2）偶发故障期　数控车床在经历了初期的各种老化、磨合和调整后，开始进入相对稳定的偶发故障期（正常运行期）。正常运行期约为 7~10 年左右。在这个阶段，故障率低而且相对稳定，近似常数。

（3）耗损故障期　耗损故障期出现在数控车床使用的后期，其特点是故障率随着运行时间的增加而升高。出现这种现象的基本原因是数控车床的零部件及电子元器件经过长时间的运行，由于疲劳、磨损、老化等原因，使用寿命已接近完结，从而处于频发故障状态。

数控车床故障率曲线变化的三个阶段，真实地反映了从磨合、调试、正常工作到大修或报废的过程。加强数控车床的日常管理与维护保养，可以延长偶发故障期。准确地找出拐点，可避免过剩修理或修理范围扩大，以获得最佳的投资效益。

三、数控车床的故障诊断

数控车床是机电一体化紧密结合的典范，是一个庞大的系统，涉及机、电、液、气、电子、光等各项技术，在运行使用中不可避免地要产生各种故障，关键的问题是如何迅速诊断，确定故障部位，及时排除解决，保证正常使用，提高生产率。

1. 设备故障诊断技术

（1）设备故障诊断技术的含义　设备故障诊断技术是在当前国内外发展迅速、用途广泛、效果良好的一项重要的设备工程新技术，其起源和命名与仿生学有关。

设备故障诊断技术起源于军事需要，逐步开发了一些检测方法和监测手段，后来随同可靠性技术、电子光学技术以及计算机数据处理技术的发展，使得状态监测和故障诊断技术更加完善。

设备故障诊断技术从军用移植到民用并取得更大发展，主要是由于工业现代化的结果。机械设备的连续化、高速化、自动化和数字化带来生产率的提高、成本的降低以及能源和人力的节约，然而一旦发生故障，就会造成远非过去可比的经济损失。因此工业部门普遍要求能减少故障，并采取预测、预报的有效措施。

所谓设备故障诊断技术，就是"在设备运行中或基本不拆卸全部设备的情况下，掌握设备运行状态，判定产生故障的部位和原因，并预测预报未来状态的技术"。因此，它是防止事故的有效措施，也是设备维修的重要依据。

任何一个运行的设备系统，都会产生机械的、温度的、电磁的种种信号，通过这些信号可以识别设备的技术状况，而当其超过常规范围，即被认为存在异常或故障。设备只有在运行中才可能产生这些信号，这就是为什么要强调在动态下进行诊断的重要原因。在我国推广设备故障诊断技术的积极意义，是有利实行现代设备管理，进行维修体制改革，克服"过剩维修"及"维修不足"，从而达到设备寿命周期费用最经济和设备综合效率最高的目标。

（2）应用设备故障诊断技术的目的　采用设备故障诊断技术，至少可以达到以下目的。

1）保障设备安全，防止突发故障。

2）保障设备精度，提高产品质量。

3）实施状态维修，节约维修费用。

4）避免设备事故造成的环境污染。

5）给企业带来较大的经济效益。

2. 设备故障诊断技术的技术基础

可以用于设备故障诊断的技术有很多种，但基本技术主要是以下4种。

（1）检测技术　根据不同的诊断目的，选择适用的检查测量技术手段，以及对诊断对象最便于诊断的状态信号，进行检测采集的一项基本技术。由于设备状态信号是设备异常或故障信息的载体，因此能否真实、充分地检测到反映设备情况的状态信号，是这项技术的关键。

（2）信号处理技术　从伴有环境噪声和其他干扰的综合信号中，把能反映设备状态的特征信号提取出来的一项基本技术。为此需要排除或削弱噪声干扰，保留或增强有用信号，进行维式压缩和形式变换，以精化故障特征信息，达到提高诊断灵敏度和可靠性的目的。

（3）模式识别技术　对经过处理的状态信号的特征进行识别和判断，据以对是否存在故障，以及其部位、原因和严重程度予以确定的一项基本技术。设备状态的识别实际是一个分类问题。它是从不相干的背景下提取输入信号的有意义的特征，并将其变为可辨识的类别，以进行分类工作。

（4）预测技术　对未发生或目前还不够明确的设备状态进行预估和推测，据以判断故障可能的发展过程，以及何时将进入危险范围的一项基本技术。在设备故障诊断中，预测技术除主要用于分析故障的传播和发展外，还要对设备的劣化趋势及剩余寿命做出预报。

3. 设备故障诊断技术的基本原理和工作程序

设备故障诊断技术的基本原理及工作程序如图7-4所示。

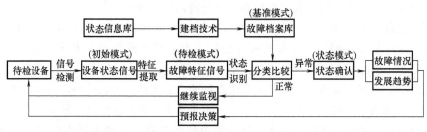

图 7-4　设备故障诊断技术的基本原理及工作程序

（1）信号检测　按照不同诊断目的和对象，选择最便于诊断的状态信号，使用传感器、数据采集器等技术手段，加以监测与采集。由此建立起来的是状态信号的数据库，属于初始模式。

（2）特征提取　将初始模式的状态信号通过信号处理，进行放大或压缩、形式变换、去除噪声干扰，以提取故障特征，形成待检模式。

（3）状态识别　根据理论分析结合故障案例，并采用数据库技术所建立起来的故障档案库为基准模式，把待检模式与基准模式进行比较和分类，即可区别设备的正常与异常。

（4）预报决策　经过判别，对属于正常状态的可继续监视，重复以上程序；对属于异常状态的，则要查明故障情况，做出趋势分析，估计今后发展和可继续运行的时间，以及根据问题所在提出控制措施和维修决策。

4. 机械故障诊断

所谓机械故障诊断，就是对机械系统所处的状态进行监测，判断其是否正常。

（1）机械故障诊断的任务

1）诊断引起机械系统的劣化或故障的主要原因。

2）掌握机械系统劣化、故障的部位、程度及原因等情况。

3）了解机械系统的性能、强度、效率。

4）预测机械系统的可靠性及使用寿命。

（2）机械故障诊断的分类　数控车床机械故障诊断的分类见表7-4。

表 7-4　数控车床机械故障诊断的分类

分类方式	分类	说明
按目的划分	功能诊断	对新安装或刚维修好的机械系统需要诊断它的功能是否正常，并根据诊断和检查的结果对它进行调整
	运行诊断	对正常运行的机械系统则进行状态的诊断，监视其故障的发生和发展
按方式划分	定期诊断	定期诊断是指间隔一定时间对工作的车床进行一次检查和诊断，也称为巡回检查和诊断，简称为巡检
	在线监测	在线监测是采用现代化仪表和计算机信号处理系统对机器或设备的运行状态进行连续监测和控制
按提取信息的方式划分	直接诊断	1）直接根据关键零件的信息确定这些零件的状态 2）如通过检测齿轮的安装偏心和运动偏心等参数判断齿轮运转是否正常
	间接诊断	1）通过二次诊断信息间接地得到有关运行工作状况 2）间接诊断方法往往要汇集多方面的信息，反复分析验证，才能避免误诊 3）如通过检测箱体的振动来判断齿轮箱中的齿轮是否正常等
按诊断所要求的机械运行工况条件划分	常规诊断	正常运行条件下进行的诊断
	特殊诊断	创造特殊的工作条件才能进行的诊断
按诊断过程划分	简易诊断	对机械系统的状态做出相对粗略的判断
	精密诊断	在简易诊断基础上更为细致的诊断，需详细地分析出故障原因、故障部位、故障程度及其发展趋势等一系列问题的诊断

（3）机械故障诊断的步骤　机械故障诊断基本步骤见表7-5。

| 表 7-5 | 机械故障诊断基本步骤 |

步骤	说　明
确定运行状态监测的内容	1）确定合适的监测方式、监测部位及监测参数等 2）监测的具体内容主要取决于故障形式，同时也要考虑被监测对象的结构、工作环境等因素以及现有测试条件
建立测试系统	选取合适的传感器及配套设施组成测试系统
特征提取	1）对测试系统获取的信号进行加工，包括滤波、异常数据的剔除以及各种分析算法等 2）从有限的信号中获得尽可能多的关于被诊断对象状态的信息，即进行有效的状态特征提取 3）此步是故障诊断过程的关键环节之一，也是机械故障诊断的核心
制定决策	1）此步机械故障诊断的最终目的 2）对被诊断对象未来发展趋势进行预测 3）要做出调整、控制、维修等干预决策

5. 数控车床机械故障诊断技术

由维修人员的感觉器官对车床进行问、看、听、触、嗅等的诊断，称为"实用诊断技术"，实用诊断技术有时也称为"直观诊断技术"。

（1）问　问清故障是突发的，还是渐发的，车床开动时有哪些异常现象。对比故障前后工件的精度和表面粗糙度，以便分析故障产生的原因。问清传动系统是否正常，出力是否均匀，背吃刀量和进给量是否减小等；润滑油品牌号是否符合规定，用量是否适当；车床何时进行过保养检修等。

（2）看

1）看转速。观察主传动速度的变化。例如：带传动的线速度变慢，可能是传动带过松或负荷太大。对主传动系统中的齿轮，主要看它是否跳动、摆动。对传动轴主要看它是否弯曲或晃动。

2）看颜色。主轴和轴承运转不正常，就会发热。长时间升温会使车床外表颜色发生变化，大多呈黄色。油箱里的油也会因温升过高而变稀，颜色变样；有时也会因久不换油、杂质过多或油变质而变成深墨色。

3）看伤痕。车床零部件碰伤损坏部位很容易发现，若发现裂纹时，应做记号，隔一段时间后再比较它的变化情况，以便进行综合分析。

4）看工件。若车削后的工件表面粗糙度 Ra 数值大，主要是由于主轴与轴承之间的间隙过大，溜板、刀架或压板楔铁有松动以及滚珠丝杠预紧松动等原因所致。若是磨削后的表面粗糙度 Ra 数值大，这主要是由于主轴或砂轮动平衡差，车床出现共振以及工作台爬行等原因所引起的。工件表面出现波纹，则看波纹数是否与车床主轴传动齿轮的齿数相等，如果相等，则表明主轴齿轮啮合不良是故障的主要原因。

5）看变形。观察车床的传动轴、滚珠丝杠是否变形。

6）看油箱与冷却箱。主要观察油或切削液是否变质，确定其能否继续使用。

（3）听　一般运行正常的车床，其声响具有一定的音律和节奏，并保持持续的稳定。机械运动发出的正常声音见表 7-6，异常声音见表 7-7。异常声音主要是由于机件的磨损、变形、断裂、松动和腐蚀等原因,致使在运行中发生碰撞、摩擦、冲击或振动所引起的。有些异常声音,表明车床中某一零件产生了故障;还有些异常声音,则是车床可能发生更大事故性损伤的预兆。异常声音的诊断见表7-8。

表7-6　机械运动发出的正常声音

机械运动部件	正 常 声 音
一般做旋转 运动的机件	1)在运转区间较小或处于封闭系统时,多发出平静的"嘤嘤"声 2)若处于非封闭系统或运转区间较大时,多发出较大的蜂鸣声 3)各种大型车床则产生低沉而振动声浪很大的轰隆声
正常运行的 齿轮副等	1)一般在低速下无明显的声响 2)链轮和齿条传动副一般发出平稳的"唧唧"声 3)直线往复运动的机件,一般发出周期性的"咯噔"声 4)常见的凸轮顶杆机构、曲柄连杆机构和摆动摇杆机构等,通常都发出周期性的"嘀嗒"声 5)多数轴承副一般无明显的声常声音,借助传感器(通常用金属杆或螺钉旋具)可听到较为清晰的"嘤嘤"声
各种介质的 传输设备	1)气体介质多为"呼呼"声 2)流体介质为"哗哗"声 3)固体介质发出"沙沙"声或"呵罗呵罗"声响

表7-7　异常声音

声音	特征	原　　因
摩擦声	声音尖锐而短促	两个接触面相对运动的研磨。例如:带打滑或主轴轴承及传动丝杠副之间缺少润滑油,均会产生这种异声
冲击声	音低而沉闷	一般是由于螺栓松动或内部有其他异物碰击
泄漏声	声小而长,连续不断	如漏风、漏气和漏液等
对比声	用手锤轻轻敲击来鉴别零件是否缺损。有裂纹的零件敲击后发出的声音就不那么清脆

表7-8　异常声音的诊断

过　　程	说　　明
确定应诊的异常声音	1)新车床运转过程中一般无杂乱的声响,一旦由某种原因引起异常声音时,便会清晰而单纯地暴露出来 2)旧车床运行期间声音杂乱,应当首先判明,哪些异常声音是必须予以诊断并排除的
确诊异常声音部位	根据车床的运行状态,确定异常声音部位
确诊异常声音零件	车床的异常声音,常因产生异常声音零件的形状、大小、材质、工作状态和振动频率不同而各异
根据异常声音与其他故障的关系进一步确诊或验证异常声音零件	1)同样的声音,其高低、大小、尖锐、沉重及脆哑等不一定相同 2)每个人的听觉也有差异,所以仅凭声音特征确诊车床异常声音的零件,有时还不够确切 3)根据异常声音与其他故障征象的关系,对异常声音零件进一步确诊与验证(表7-9)

表 7-9　　异常声音与其他故障征象的关系

故障征象	说　　明
振动	1）振动频率与异常声音的声频将是一致的，据此便可进一步确诊和验证异常声音零件 2）如对于动不平衡引起的冲击声，其声响次数与振动频率相同
爬行	在液压传动机构中，若液压系统内有异常声音，且执行机构伴有爬行，则可证明液压系统混有空气。这时，如果在液压泵中心线以下还有"吱嗡、吱嗡"的噪声，就可进一步确诊是液压泵吸空致液压系统混入空气
发热	1）有些零件产生故障后，不仅有异常声音，而且发热 2）某一轴上有两个轴承，其中有一个轴承产生故障，运行中发出"隆隆"声，这时只要用手一摸，就可确诊，发热的轴承即为损坏了的轴承

（4）触

1）温升。人的手指触觉是很灵敏的，能相当可靠地判断各种异常的温升，其误差可准确到 3~5℃。不同温度的感觉见表 7-10。

表 7-10　　不同温度的感觉

车床温度	感　　觉
0℃左右	手感冰凉，长时间触摸会产生刺骨的痛感
10℃左右	手感较凉，但可忍受
20℃左右	手感稍凉，随着接触时间延长，手感渐温
30℃左右	手感微温，有舒适感
40℃左右	手感如触摸高烧病人
50℃左右	手感较烫，如时间较长可有汗感
60℃左右	手感很烫，但可忍受 10s 左右
70℃左右	手有灼痛感，且手的接触部位很快出现红色
80℃以上	1）瞬时接触手感"麻辣火烧"，时间过长，可出现烫伤 2）为了防止手指烫伤，应注意手的触摸方法，一般先用右手并拢的食指、中指和无名指指背中节部位轻轻触及机件表面，断定对皮肤无损害后，才可用手指肚或手掌触摸

2）振动。轻微振动可用手感鉴别，至于振动的大小可找一个固定基点，用一只手去同时触摸便可以比较出振动的大小。

3）伤痕和波纹。肉眼看不清的伤痕和波纹，若用手指去摸则可很容易地感觉出来。摸的方法是：对圆形零件要沿切向和轴向分别去摸；对平面则要左右、前后均匀去摸；摸时不能用力太大，只轻轻把手指放在被检查面上接触便可。

4）爬行。用手摸可直观地感觉出来。

5）松或紧。用手转动主轴或摇动手轮，即可感到接触部位的松紧是否均匀适当。

（5）嗅　剧烈摩擦或电器元件绝缘破损短路，使附着的油脂或其他可燃物质发生氧化蒸发或燃烧产生油烟气、焦糊气等异味，应用嗅觉诊断的方法可收到较好的效果。

第二节 数控车床电气故障与维修

一、常见电气故障分类

数控车床的电气故障可按故障的性质、表象、原因或后果等分类。

1. 硬件故障和软件故障

以故障发生的部位分，电气故障分为硬件故障和软件故障。硬件故障是指电子和电器元件、印制电路板、电线电缆、接插件等的不正常状态甚至损坏，这时需要修理甚至更换才可排除的故障。软件故障一般是指 PLC 逻辑控制程序中产生的故障，需要输入或修改某些数据甚至修改 PLC 程序方可排除的故障。零件加工程序故障也属于软件故障。最严重的软件故障则是数控系统软件的缺损甚至丢失，这就只有与生产厂商或其服务机构联系解决了。

2. 有诊断指示故障和无诊断指示故障

以故障出现时有无指示，电气故障分为有诊断指示故障和无诊断指示故障。当今的数控系统都设计有完美的自诊断程序，实时监控整个系统的软、硬件性能，一旦发现故障则会立即报警或者还有简要文字说明在屏幕上显示出来，结合系统配备的诊断手册不仅可以找到故障发生的原因、部位，而且还有排除的方法提示。车床制造者也会针对具体车床设计有相关的故障指示及诊断说明书。上述有诊断指示故障加上各电气装置上的各类指示灯使得绝大多数电气故障的排除较为容易。无诊断指示故障一部分是上述诊断程序的不完整性所致（如开关不闭合、接插松动等）。这类故障则要依靠产生故障前的工作过程和故障现象及后果，并依靠维修人员对车床的熟悉程度和技术水平加以分析、排除。

3. 破坏性故障和非破坏性故障

以故障出现时有无破坏性，电气故障分为破坏性故障和非破坏性故障。对于破坏性故障，损坏工件甚至车床的故障，维修时不允许重演，这时只能根据产生故障时的现象进行相应的检查、分析来排除，技术难度较高且有一定风险。如果可能会损坏工件，则可卸下工件，试着重现故障过程，但应十分小心。

4. 系统性故障和随机性故障

以故障出现的偶然性，电气故障分为系统性故障和随机性故障。系统性故障是指只要满足一定的条件则一定会产生的确定的故障；而随机性故障是指在相同的条件下偶尔发生的故障，这类故障的分析较为困难，通常多与车床机械结构的局部松动错位、部分电气工件特性漂移或可靠性降低、电气装置内部温度过高等有关。此类故障的分析需经反复试验、综合判断才可能排除。

5. 运动特性下降的故障

以车床的运动品质特性来衡量，则是车床运动特性下降的故障。在这种情况下，车床虽能正常运转却加工不出合格的工件。例如：车床定位精度超差、反向死区过大、坐标运行不平稳等。这类故障必须使用检测仪器确诊产生误差的机、电环节，然后通过对机械传动系统、数控系统和伺服系统的最佳化调整来排除。

此处故障的分类是为了便于故障的分析排除，而一种故障的产生往往是多种类型的混合，这就要求维修人员具体分析，参照上述分类采取相应的分析、排除法。

二、故障的调查与分析

这是故障排除的第一阶段，是非常关键的阶段。

1. 发生故障时的处理

（1）询问调查　在接到车床现场出现故障要求排除的信息时，首先应要求操作人员尽量保持现场故障状态，不做任何处理，这样有利于迅速精确地分析故障原因。同时仔细询问故障指示情况、故障表象及故障产生的背景情况，依此做出初步判断，以便确定现场故障排除所应携带的工具、仪表、图样资料、备件等，减少往返时间。

（2）现场检查　到达现场后，首先要验证操作人员提供的各种情况的准确性、完整性，从而核实初步判断的准确度。由于操作人员的水平，对故障状况描述不清甚至完全不准确的情况不乏其例，因此到现场后仍然不要急于动手处理，重新仔细调查各种情况，以免破坏了现场，使故障排除增加难度。

（3）故障分析　根据已知的故障状况按上述故障分类办法分析故障类型，从而确定故障排除原则。由于大多数故障是有指示的，所以一般情况下，对照车床配套的数控系统诊断手册和使用说明书，可以列出产生该故障的多种可能的原因。

（4）确定原因　对多种可能的原因进行排查从中找出本次故障的真正原因，对维修人员来讲，这是一种对该车床熟悉程度、知识水平、实践经验和分析判断能力的综合考验。

（5）故障排除准备　有的故障的排除方法可能很简单，有些故障则往往较复杂，需要做一系列的准备工作，如工具仪表的准备、局部的拆卸、零部件的修理、元器件的采购甚至故障排除计划步骤的制订等。

2. 常用的故障诊断方法

数控车床电气系统故障的调查、分析与诊断的过程也就是故障的排除过程，一旦查明了原因，故障也就几乎等于排除了。因此故障分析诊断的方法也就变得十分重要了。多年来，广大维修人员在大量的数控车床维修实践中摸索出不少可快速找出故障原因的检验方法，这里仅对一些常用的一般性方法做介绍，在实际的故障诊断中，对这些方法要综合运用。

（1）直观检查法　这是故障分析之初必用的方法，就是利用感官的检查。

1）询问。向故障现场人员仔细询问故障产生的过程、故障表象及故障后果，并且在整个分析判断过程中可能要多次询问。

2）目视。总体查看车床各部分工作状态是否处于正常状态（如各坐标轴位置、主轴状态、刀库、机械手位置等），各电控装置（如数控系统、温控装置、润滑装置等）有无报警指示，局部查看有无保险烧断，元器件烧焦、开裂、电线电缆脱落，各操作元件位置正确与否等。

3）触摸。在整机断电条件下可以通过触摸各主要电路板的安装状况、各插头座的插接状况、各功率及信号导线（如伺服与电机接触器接线）的连接状况等来发现可能出现故障的原因。

4）通电。这是指为了检查有无冒烟、打火，有无异常声音、气味以及有无过热电动机和元件存在而通电，一旦发现立即断电分析。

（2）仪器检查法　使用常规电工仪表，对各组交、直流电源电压和相关直流及脉冲信号等进行测量，从中找寻可能的故障。例如：用万用表检查各电源情况及对某些电路板上设置的相关信号状态测量点的测量，用示波器观察相关的脉动信号的幅值、相位甚至有无，用 PLC 编程器查找 PLC 程序中的故障部位及原因等。

（3）信号与报警指示分析法

1）硬件报警指示。这是指包括数控系统、伺服系统在内的各电子、电器装置上的各种状态和故障指示灯，结合指示灯状态和相应的功能说明便可获知指示内容及故障原因与排除方法。

2）软件报警指示。如前所述的系统软件、PLC 程序与加工程序中的故障通常都设有报警显示，依据显示的报警号对照相应的诊断说明手册便可获知可能的故障原因与排除方法。

（4）接口状态检查法　现代数控系统多将 PLC 集成于其中，而 CNC 与 PLC 之间则以一系列接口信号形式相互通信连接。有些故障是与接口信号错误或丢失相关的，这些接口信号有的可以在相应的接口板和输入/输出板上有指示灯显示，有的可以通过简单操作在 CRT 屏幕上显示，而所有的接口信号都可以用 PLC 编程器调出。这种检查方法要求维修人员既要熟悉本车床的接口信号，又要熟悉 PLC 编程器的应用。

（5）参数调整法　数控系统、PLC 及伺服驱动系统都设置许多可修改的参数以适应不同车床、不同工作状态的要求。这些参数不仅能使各电气系统与具体车床相匹配，而且更是使车床各项功能达到最佳化所必需的。因此，任何参数的变化（尤其是模拟量参数）甚至丢失都是不允许的。而随车床的长期运行所引起的机械或电气性能的变化会打破最初的匹配状态和最佳化状态。此类故障需要重新调整相关的一个或多个参数方可排除。这种方法对维修人员的要求是很高的，不仅要对具体系统主要参数十分了解，即知晓其地址熟悉其作用，而且要有较丰富的电气调试经验。

（6）备件置换法　当故障分析结果集中于某一印制电路板上时，由于电路集成度的不断扩大而要把故障落实于其上某一区域乃至某一元件是十分困难的，为了缩短停机时间，在有相同备件的条件下可以先将备件换上，然后再去检查修复故障板。

备件板的更换要注意以下问题。

1）更换任何备件都必须在断电情况下进行。

2）许多印制电路板上都有一些开关或短路棒的设定以匹配实际需要，因此一定要记录下原有的开关位置和设定状态，并在新板上做好同样的设定，否则会产生报警而不能工作。

3）某些印制电路板的更换还需在更换后进行某些特定操作以完成其中软件与参数的建立。这一点需要仔细阅读相应电路板的使用说明。

4）有些印制电路板是不能轻易拔出的，如含有工作存储器的板或者备用电池板，其会丢失有用的参数或者程序。更换时也必须遵照有关说明操作。

鉴于以上条件，在拔出旧板更换新板之前一定要先仔细阅读相关资料，弄懂要求和操作步骤之后再动手，以免造成更大的故障。

（7）交叉换位法　当发现故障板或者不能确定是否故障板而又没有备件的情况下，可以将系统中相同或相兼容的两个板互换检查，如两个坐标的指令板或伺服板的交换从中判断故障板或故障部位。这种交叉换位法应特别注意，不仅硬件接线要正确交换，还要将一系列相应的参数交换，否则不仅达不到目的，反而会产生新的故障造成思维的混乱，一定要事先考虑周全，设计好软、硬件交换方案，准确无误再行交换检查。

（8）特殊处理法　当今的数控系统已进入 PC 基、开放化的发展阶段，其中软件含量越来越丰富，有系统软件、车床制造者软件、甚至还有使用者自己的软件，由于软件逻辑的设计中不可避免的一些问题，会使得有些故障状态无从分析，如死机现象。对于这种故障现象则可以采取特殊手段来处理，比如整机断电，稍作停顿后再开机，有时则可能将故障消除。维修人员可以在自己的长期实践中摸索其规律或者其他有效的方法。

三、电气故障的排除

这是故障排除的第二阶段，是实施阶段。如前所述，电气故障的分析过程也就是故障的排除过程，此处列举几个常见电气故障做一简要介绍，供维修人员参考。

1. 电源

电源是数控系统乃至整个车床正常工作的能量来源，其失效或者故障轻者会丢失数据、造成停机，重者会毁坏系统局部甚至全部。西方国家由于电力充足，电网质量高，因此其电气系统的电源设计考虑较少，这对于我国有较大波动和谐波的电力供电网来说就略显不足，再加上某些人为的因素，难免出现由电源而引起的故障。因此在设计数控车床的供电系统时应尽量做到：

1）提供独立的配电箱而不与其他设备串用。

2）电网供电质量较差的地区应配备三相交流稳压装置。

3）电源始端有良好的接地。

4）进入数控车床的三相电源应采用三相五线制，中性线（N）与接地（PE）严格分开。

5）电柜内电器件的布局和交、直流电线的敷设要相互隔离。

2. 数控系统位置环故障

（1）位置环报警　可能是位置测量回路开路、测量元件损坏、位置控制建立的接口信号不存在等。

（2）坐标轴在没有指令的情况下产生运动　可能是漂移过大，位置环或速度环接成正反馈，反馈接线开路，测量元件损坏。

3. 车床坐标找不到零点

可能是零方向在远离零点；编码器损坏或接线开路；光栅零点标记移位；回零减速开关失灵。

4. 振动

车床动态特性变差，工件加工质量下降，甚至在一定速度下车床发生振动。这其中有很大一种可能是机械传动系统间隙过大甚至磨损严重或者导轨润滑不充分甚至磨损造成的；对于电气控制系统来说则可能是速度环、位置环和相关参数已不在最佳匹配状态，应在机械故障基本排除后重新进行最佳化调整。

5. 偶发性停机故障

这里有两种可能的情况：一种情况是如前所述的相关软件设计中的问题造成在某些特定的操作与功能运行组合下的停机故障，一般情况下车床断电后重新通电便会消失；另一种情况是由环境条件引起的，如强力干扰（电网或周边设备）、温度过高、湿度过大等。这种环境因素往往被人们所忽视，如南方地区将车床置于普通厂房甚至靠近敞开的大门附近，电柜长时间开门运行，附近有大量产生粉尘、金属屑或水雾的设备等。这些因素不仅会造成故障，严重的还会损坏系统与车床，务必注意改善。

四、电气维修中应注意的事项

1）从整机上取出某块电路板时，应注意记录其相对应的位置，连接的电缆号。对于固定安装的电路板，还应对前后取下相应的压接部件及螺钉做记录。拆卸下的压件及螺钉应放在专门的盒内，以免丢失。装配后，盒内的东西应全部用上，否则装配不完整。

2）电烙铁应放在顺手的前方，远离维修电路板。烙铁头应做适当的修整，以适应集成电路的焊接，并避免焊接时碰伤别的元器件。

3）测量电路间的阻值时，应断电源。测阻值时应红黑表笔互换测量两次，以阻值大的为参考值。

4）电路板上大多刷有阻焊膜，因此测量时应找到相应的焊点作为测试点，不要铲除阻焊膜。有的板子全部刷有绝缘层，则只有在焊点处用刀片刮开绝缘层。

5）不应随意切断电路。有的维修人员具有一定的家电维修经验，习惯断线检查，但数控设备上的电路板大多是双面金属孔板或多层孔化板，电路细而密，一旦切断不易焊接，且切线时易切断相邻的线，再则有的点，在切断某一根线时，并不能使其和电路脱离，需要同时切断几根线才行。

6）不应随意拆换元器件。有的维修人员在没有确定故障元件的情况下只是凭感觉那一个元件坏了，就立即拆换，这样误判率较高，拆下的元件人为损坏率也较高。

7）拆卸元件时应使用吸锡器及吸锡绳，切忌硬取。同一焊盘不应长时间加热及重复拆卸，以免损坏焊盘。

8）更换新的器件，其引脚应做适当的处理，焊接中不应使用酸性焊油。

9）记录电路上的开关，跳线位置，不应随意改变。进行两极以上的对照检查时，或互换元器件时注意标记各板上的元件，以免错乱，致使好板也不能工作。

10）查清电路板的电源配置及种类，根据检查的需要，可分别供电或全部供电。应注意高压，有的电路板直接接入高压，或板内有高压发生器，需适当绝缘，操作时应特别注意。

五、故障排除后的总结与提高工作

对数控车床电气故障进行维修和分析排除后的总结与提高工作是故障排除的第三阶段，也是十分重要的阶段，应引起足够重视。总结与提高工作的主要内容包括以下几方面

1）详细记录从故障的发生、分析判断到排除全过程中出现的各种问题，采取的各种措施，涉及的相关电路图、相关参数和相关软件，其间错误分析和故障排除方法也应记录并记录其无效的原因。除填入维修档案外，内容较多者还要另文详细书写。

2）有条件的维修人员应该从较典型的故障排除实践中找出带有普遍意义的内容作为研究课题进行理论性探讨，写出论文，从而达到提高的目的。特别是在有些故障的排除中并未经由认真系统地分析判断而是带有一定偶然性排除了故障，这种情况下的事后总结研究就更加必要。

3）总结故障排除过程中所需要的各类图样、文字资料，若有不足应事后想办法补齐，而且在随后的日子里研读，以备将来之需。

4）从故障排除过程中发现自己欠缺的知识，制订学习计划，力争尽快补课。

5）找出工具、仪表、备件的不足，条件允许时补齐。

总结与提高工作的好处是：

1）迅速提高维修人员的理论水平和维修能力。

2）提高重复性故障的维修速度。

3）利于分析设备的故障率及可维修性，改进操作规程，提高车床寿命和利用率。

4）可改进车床电气原设计的不足。

5）资源共享。总结资料可作为其他维修人员的参数资料、学习培训教材。

第三节　数控系统硬件故障与维修

一、数控系统硬件故障检查与分析

故障检查过程因故障类型而异，以下所述方法无先后次序之分，可穿插进行，综合分析，逐个排除。

1. 常规检查

（1）外观检查　系统发生故障后，首先进行外观检查。运用自己的感官感受判断明显的故障，有针对性地检查有怀疑部分的元器件，看断路器是否脱扣，接触器是否跳闸，熔丝是否熔断，印制电路板上有无元件破损、断裂、过热，连接导线是否断裂、划

伤，插接件是否脱落等；若有检修过的电路板，还得检查开关位置、电位器设定、短路棒选择、电路更改是否与原来状态相符；注意观察故障出现时的噪声、振动、焦煳味、异常发热、冷却风扇是否转动正常等现象。

（2）连接电缆、连接线检查　针对故障有关部分，用一些简单的维修工具检查各连接线、电缆是否正常。尤其注意检查机械运动部位的接线及电缆，这些部位的接线易因受力、疲劳而断裂。

（3）连接端及接插件检查　针对故障有关部位，检查接线端子、单元接插件。这些部件容易松动、发热、氧化、电化腐蚀而断线或接触不良。

（4）恶劣环境下工作的元器件检查　针对故障有关部位，检查在恶劣环境下工作的元器件。这些元器件容易受热、受潮、受振动、粘灰尘或油污而失效或老化。受冷却水及油污染后，光栅、标尺栅和指示栅都变脏，清洗后故障消失。

（5）易损部位的元器件检查　元器件易损部位应按规定定期检查。直流伺服电动机电枢电刷及换向器、测速发电机电刷及换向器都容易磨损及粘污物，前者易造成转速下降，后者易造成转速不稳。纸带阅读机光电读入部件光学元件透明度降低，发光元件及光敏元件老化都会造成读带出错。

（6）定期保养的部件及元器件的检查　有些部件、元器件按规定应及时清洗润滑，否则容易出现故障。冷却风扇如果不及时清洗风道等处，则易造成过负荷。如果不及时检查轴承，则在轴承润滑不良时，易造成通电后转不动。

（7）电源电压检查　电源电压正常是车床控制系统正常工作的必要条件，电源电压不正常，一般会造成故障停机，有时还造成控制系统动作紊乱。硬件故障出现后，检查电源电压不可忽视。检查步骤可参考调试说明，方法是从前（电源侧）向后的检查各种电源电压。应注意到电源组功耗大、易发热，容易出故障。多数情况电源故障是由负载引起，因此更应在仔细检查后继环节后再进行处理。检查电源时，不仅要检查电源自身馈电电路，还应检查由它馈电的无电源部分是否获得了正常的电压。不仅要注意到正常时的供电状态，还要注意到故障发生时电源的瞬时变化。

2. 故障现象分析法

故障分析是寻找故障的特征。最好组织机械、电气技术人员及操作人员会诊，捕捉出现故障时机器的异常现象，分析产品检验结果及仪器记录的内容，必要（会出现故障发生时刻的现象）和可能（设备还可以运行到这种故障再现而无危险）时可以让故障再现，经过分析可能找到故障规律和线索。

3. 面板指示灯显示与模块 LED 显示分析法

数控车床控制系统多配有面板显示器、指示灯。面板显示器可把大部分被监控的故障识别结果以报警的方式给出。对于各个具体的故障，系统有固定的报警号和文字显示给予提示。特别是彩色 CRT 的广泛使用及反衬显示的应用使故障报警更为醒目。出现故障后，系统会根据故障情况、故障类型，提示或者同时中断运行而停机。对于加工中心运行中出现的故障，必要时，系统会自动停止加工过程，等待处理。指示灯只能粗略地提示故障部位及类型等。在维修人员未到现场前，操作人员尽量不要破坏面板显示状态、车床故障后的状态，并向维修人员报告自己发现的面板瞬时异常现象。维修人员应抓住故障信号及有关信息特征，分析故障原因。故障出现的程序段可能有指令执行不彻底而应答。故障出现的坐标位置可能有位置检测元件故障、机械阻力太大等现象发生。维修人员和操作人员要熟悉本车床报警目录，对有些针对性不强、含义比较广泛的报警要不断总结经验，掌握这类故障报警发生的具体原因。下面例举两例 LED 报警显示。

（1）数控系统故障 LED 报警显示　FANUC 0i 系统数控装置上共有 7 个 LED 发光管，用于显示系统状态和报警（图 7-5）。当数控系统出现故障时，可以通过发光管的状态，判断系统运行时的状态和出现故障的范围。其中上一行中的 4 个 LED 显示数控系统运行的状态，表 7-11 给出了电源接通时的 4 个 LED 显示的系统状态；下一行的 3 个 LED 为数控系统出现故障时的报警显示，表 7-12 给出了数控系统报警时的 LED 显示。

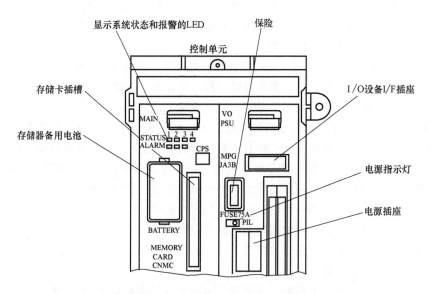

图 7-5　数控系统故障 LED 报警显示

表 7-11　**电源接通时的 4 个 LED 显示的系统状态**（○：灯灭；●：灯亮）

LED 显示	含　义
○○○○	电源没有接通的状态
●●●●	电源接通后，软件装载到 DRAM 中。或因错误,CPU 处于停止状态
●○●●	等待系统内各处理器的 ID 设定
○○●●	系统内各处理器 ID 设定完成
●●○●	FANUC BUS 初始化完成
○●○●	PMC 初始化完成

（续）

LED 显示	含　义
●○○●	系统内各印制电路板的硬件配置信息没定完
●●●○	PMC 梯形图程序的初始化执行完
○●●○	等待数字伺服的初始化
●○○○	初始设定完成，正常运行中

表 7-12　**数控系统报警时的 LED 显示**（○：灯灭；●：灯亮）

LED 显示	含　义
○●○○ ●●●○	主 CPU 板上出现电池报警
○●○○ ●●●●	出现伺服报警
○●○● ○●○	出现其他系统方面的报警

（2）用个人计算机连接到高速串行总线接口板的直接运行故障 LED 报警显示
FANUC 0i 系统通过高速串行总线接口板与计算机通信连接，如图 7-6 所示。高速串行
总线接口板安装在数控装置上。

图 7-6　FANUC 0i 系统与计算机通信连接图

将个人计算机与数控系统的高速串行总线接口连接，在存储器（自动）运行方式
下，使直接运行的选择信号置"1"可以启动自动运行，从计算机磁盘上阅读程序并运
行程序加工工件。

高速串行总线接口数控系统一
侧的接口板如图 7-7 所示，此接口
板的外形如图 7-8 所示。该板上有 2
个"AL-"LED 显示灯和 4 个
"ST-"LED 显示灯。其中 2 个
"AL-"LED 显示灯所显示的状态见
表 7-13；4 个"ST-"LED 显示灯所
显示的状态，见表 7-14。

高速串行总线接口个人计算机

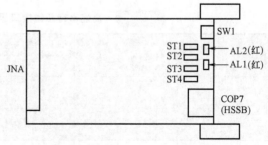

图 7-7　数控系统一侧的接口板

一侧的接口板如图 7-9 所示，该板上的显示灯 LED1 和 LED2 所表示的状态见表 7-13。

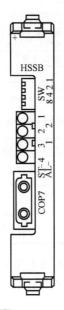

图 7-8　接口板的外形

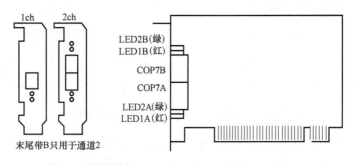

图 7-9　个人计算机一侧的接口板

表 7-13　高速串行总线接口板的规格及状态指示

接口板名称	接口板规格	LED			LED 显示状态
		红		绿	
数控系统一侧 （图 7-7、图 7-8）	A20B-2002-211	AL1	AL2		LED 显示状态
个人计算机一侧 （图 7-9）	A20B-8001-0690 0691	LED1		LED2	
		亮	—	—	高速串行总线通信中断
		—	亮	—	数控系统侧的公共 RAM 出现奇偶报警
		—	—	亮	数控系统状态正常

表 7-14　数控系统一侧的接口板上 LED 显示（○：灯灭；●：灯亮）

LED 显示（ST4~ST1）	含　义
●●●●	电源接通后的状态
●●●○	高速串行总线板初始化中
●●○●	个人计算机正执行 BOOT 操作
●●○○	个人计算机一侧屏幕显示数控系统界面
●○○○	启动正常，系统处于正常操作状态
○●●○	智能终端，因过热出现温度报警
○●●●	通信中断
○●○○	数控系统一侧的公共 RAM 出现奇偶报警
○●○●	出现通信错误
○○●○	智能终端，出现电池报警

4. 系统分析法

查找系统存在故障的部位时，可对控制系统功能图中的各方框单独考虑。根据每一方框的功能，将方框划分为一个个独立的单元。在对具体单元内部结构了解不透彻的情况下，可不管单元内容如何，只考虑其输入和输出。这样就简化了系统，便于维修人员排除故障。

首先检查被怀疑单元的输入，如果输入中有一个不正常，该单元就可能不正常。这时应追查提供给该输入的上一级单元；在输入都正常的情况下而输出不正常，那么故障即在本单元内部。在把该单元输入和输出与上下有关单元脱开后，可提供必要输入电压，观察其输出结果（也请注意到有些配合方式把相关单元脱开后，给该单元供电会造成本单元损坏）。当然在使用这种方法时，要求了解该单元输入/输出点的电信号性质、大小、不同运行状态信号状态及它们的作用。用类似的方法可找出独立单元中某一故障部件，把怀疑部分由大缩到小，逐步缩小故障范围，直至把故障定位于元件。

在维修的初步阶段及有条件时，对怀疑单元可采用换件诊断修理法。但要注意，换件时应该检查备件的型号、规格、各种标记、电位器调整位置、开关状态、跳线选择、线路更改及软件版本是否与怀疑单元相同，并确保不会由于上下级单元损坏造成的故障而损坏新单元，此外还要考虑到可能要重调新单元的某些电位器，以保证该新单元与怀疑单元性能相近。一点细微的差异都可能导致失败或造成损失。

5. 信号追踪法

信号追踪法是指按照控制系统功能图从前往后或从后向前地检查有关信号的有无、性质、大小及不同运行方式的状态，与正常情况比较，看有什么差异或是否符合逻辑。如果线路由各元件"串联"组成，则出现故障时，"串联"的所有元件和连接线都值得怀疑。在较长的"串联"电路中，适宜的做法是将电路分成两半，从中间开始向两个方向追踪，直到找到有问题的元件（单元）为止。

两个相同的线路，可以对它们进行部分地交换试验。这种方法类似于把一个电动机从其电源上拆下，接到另一个电源上试验，类似地，在其电源上另接一电动机测试电源，这样可以判断出电动机有问题还是电源有问题。但对数控车床来讲，问题就没有这么简单，交换一个单元一定要保证该单元所处大环节（如位置控制环）的完整性，否则可能闭环受到破坏，保护环节失效，积分调节器输入得不到平衡。例如：改用 Y 轴调节器驱动 X 轴电动机，若只换接 X 轴电动机及转速传感器，而 X 轴位置传感器不动，这时 X 轴各限位开关失效，且 X 轴移动无位置反馈，可能车床一起动即产生 X 轴测量回路硬件故障报警，且 X 轴各限位开关不起作用。

1）接线系统（继电器接触器系统）信号追踪法硬接线系统具有可见接线、接线端子、测试点。可以用试电笔、万用表、示波器等简单测试工具测量电压、电流信号大小、性质、变化状态，电路的短路、断路、电阻值变化等，从而判断出故障的原因。举简单的例子加以说明：有一个继电器线圈 K 在指定工作方式下，其控制线路为经 X、Y、Z 三个触点接在电源 P、N 之间，在该工作方式中 K 应得电，但无动作，经检查 P、N 间有额定电压，再检查 X-Y 接点与 N 间有无电压，若有，则向下测 Y-Z 接点与 N 间有无电压，若无，则说明 Y 触点可能不通，其余类推，可找出各触点、接线或 K 本身的故障；再如控制板上的一个晶体管元件，若 C 极、E 极间有电源电压，B 极、E 极间有可使其饱和的电压，接法为射极输出，如果 E 极对地间无电压，就说明该晶体管有问题。当然对一个比较复杂的单元来讲，问题就会更复杂一些，但道理是一样的。影响它的因素要多一些，关联单元相互间的制约要多一些。

2）NC、PMC 系统状态显示法。机床面板和显示器可以进行状态显示，显示其输入、输出及中间环节标志位等的状态，用于判别故障位置。但由于 NC、PMC 功能很强而较复杂，因此要求维修人员熟悉具体控制原理、PMC 使用的汇编语言，如 PMC 程序中多有触发器支持。有的置位信号和复位信号都维持时间不长，有些环节动作时间很短，不仔细观察，很难发现已起过作用、但状态已经消失的过程。

3）硬接线系统的强制方法。在追踪中也可以在信号线上输入正常情况的信号，以测试后继线路，但这样做是很危险的，因为这无形之中忽略了许多连锁环节。因此要特别注意：

① 要把涉及前级的线断开，避免所加电源对前级造成损害。

② 要将可动的车床部件移动到可以较长时间运动而不至于触限位的位置，以免飞车碰撞。

③ 弄清楚所加信号是什么类型，如是直流还是脉冲，是恒流源还是恒压源等。

④ 设定的信号要尽可能小些（因为有时运动方式和速度与设定关系很难确定）。

⑤ 密切注意忽略的连锁可能导致的后果。

⑥ 要密切观察运动情况，避免飞车超程。

6. 静态测量法

静态测量法主要是用万用表测量元器件的在线电阻及晶体管上的 PN 结电压；用晶体管测试仪检查集成电路块等元件的好坏。

例如：一台加工中心的 X 轴伺服单元接通电源后，出现停机现象。维修人员把 X

轴控制电压线路接到其他轴伺服单元供给控制电压，其他调节器正常并没有故障发生，这说明供电的电源没有故障。拆下 X 轴伺服单元进行测量，直流电压+15V，在 X 轴伺服单元中有短路现象，+15~0V 之间电阻为 0。继续检查，查出+15~0V 之间有一个47μ、F50V 电容被击穿，更换该电容后，再检查+15V 不再短路，伺服单元恢复正常。

7. 动态测量法

动态测量法是通过直观检查和静态测量后，根据电路图给印制电路板上加上必要的交直流电压、同步电压和输入信号，然后用万用表、示波器等对印制电路板的输出电压、电流及波形等全面诊断并排除故障。动态测量法有电压测量法、电流测量法及信号注入及波形观察法。

电压测量法是对可疑电路的各点电压进行普遍测量，根据测量值与已知值或经验值进行比较，再应用逻辑推理方法判断出故障所在。

电流测量法是通过测量晶体管、集成电路的工作电流、各单元电路电流和电源板负载电流来检查印制电路板的常规方法。

信号注入及波形观察法是利用信号发生器或直流电源在待查回路中的输入信号，用示波器观察输出波形。

二、系统硬件更换方法

以 FANUC 0i 数控系统为例，讲授系统硬件的更换。

1. 更换注意事项

当从数控系统中更换控制单元内的印制电路板及模块时，如主印制电路板、PMC控制模块、存储器和主轴模块、FROM&SRAM 模块、伺服模块，需要按下述关于更换方法的说明进行。另外需要注意的两点如下。

1）更换 PMC 控制模块、存储器和主轴模块以及伺服模块之前，必须备份 SRAM 区域中的参数和 NC 程序。这些模块中虽没有 SRAM 区域，但应考虑到更换模块时可能会出错，有可能破坏 SRAM 区域中的数据。

2）如果用分离型绝对脉冲编码器或直线尺保存电动机的绝对位置，更换主印制电路板及其印制电路板上安装的模块时，将 JF21—JF25 上连接的电缆从主印制电路板上拆下后，电动机的绝对位置就不能保存了，更换后将显示要求返回原点。所以要执行返回原点的操作，才能在系统中重新建立参考点的绝对坐标位置。

2. 更换印制电路板及模块的方法

（1）FANUC 0i 系统印刷电路板及模块规格　当更换控制单元内的印制电路板及模块时，应使用规定规格的电路板及模块。电路板及模块规格见表 7-15。更换印制电路板及模块之前必须备份 SRAM 区域中的参数和 NC 程序。

（2）更换印制电路板的方法

1）拆卸方法。用手指将上下钩子拨开，钩子打开后将印制电路板取出。

2）安装方法。每个控制单元的框架上都有导槽。对准该导槽插入印制电路板，一直到使上下钩子挂上为止。

表 7-15　电路板及模块规格

名　称	规格号	备　注
主板	A16B-3200-0362	
PMC 控制模块	A20B-2900-0142	*
	A20B-2901-0660	*
存储器和主轴模块	A20B-2902-0642	
	A20B-2902-0643	
	A20B-2902-0644	*
	A20B-2902-0645	*
FROM&SRAM 模板	A20B-2902-0341	
伺服模块	A20B-2902-0290	*

注：标"＊"的模块中虽没有 SRAM 区域，因考虑到更换模块时会出错，有可能破坏 SRAM 区域中的数
据，所以更换前必须备份 SRAM 区域内的数据。

（3）更换模块的方法　更换模块或模块板时，不要用手触摸模块或模块板上的部
件，以免因放电等因素造成元件的损坏。

1）从主机上取出模块的方法。

①向外拉插座的挂销，如图 7-10a 所示。

②向上拔模块，如图 7-10b 所示。

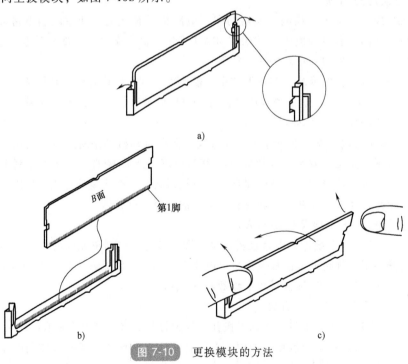

a)

B面　第1脚

b)　c)

图 7-10　更换模块的方法

2）往主机上安装模块的方法。

① B 面向外插入模块，如图 7-10b 所示，此时应确认模块是否插到插座的底部。

② 竖起模块直到模块被锁住为止，如图 7-10c 所示。用手指下压模块上部的两边，不要压模块的中间部位。

3. 更换控制部分电源单元熔体的方法

更换电源单元熔体时，先要排除引起熔体熔断的原因，然后才可以更换。一定确认熔断的熔体规格，更换时要使用相同规格的电源熔体，切忌搞错熔体规格。应由受过正规维修、安全培训的人进行操作。当打开柜门更换熔体时要小心，不要触摸高压电路部分。如果盖子脱落，触摸了高压电路部分，有可能发生触电事故。熔体的更换步骤如下。

1）熔体熔断了，要先查明并排除熔断的原因后，再更换熔体。

2）将旧的熔体向上拔出。

3）将新的熔体装入原来的位置。

4. 更换电池的方法

一般数控系统常用的电池有存储器备份用电池及绝对脉冲编码器用电池。

（1）存储器备份用电池的更换 存储器备份用电池用于保存零件程序、偏置数据、系统参数等。当电池电压低时，画面上会显示"BAT"符号的报警。当显示该符号时，请在 1 周内更换电池，如果不更换电池，存储器中的内容会丢失。

零件程序、偏置数据及系统参数都保存在控制单元中的 CMOS 存储器中，CMOS 存储器的电源是由装在控制单元前板上的锂电池提供的，主电源即使切断了，以上的数据也不会丢失，因为备份电池是装在控制单元上出厂的。备份电池可将存储器中的数据保存 1 年。当电池电压变低时，画面上将显示"BAT"报警信息，同时电池报警信号被输出给 PMC。当显示这个报警时，就应该尽快更换电池。

如果电池电压很低，存储器不能再备份数据，在这种情况下，如果接通控制单元的电源，因存储器中的内容丢失，会引起 910 系统报警（SRAM 奇偶报警），更换电池后，需全部清出存储器内容，重新装入数据。一定要注意的是，更换电池时控制单元电源必须接通。如果控制单元电源断开，拆下电池，存储器的内容会丢失。

使用锂电池要注意：电池更换不正确，将引起爆炸；更换电池要使用指定的锂电池（A02B-0177-K106）。安装锂电池的电池盒位于控制单元上。更换电池步骤如下。

1）准备锂电池（选用系统规定的锂电池）。

2）接通数控系统的电源。

3）参照车床厂家发行的说明书，打开装有数控系统控制器的电柜门。

4）存储器使用的备份电池装在主板的前面。握住电池盒的上、下部，向外拉，将电池盒取出，如图 7-11a 所示。

5）向外取下电池插头，如图 7-11b 所示。

6）更换电池，将新电池电缆插头插入主板上。

7）将电池装入盒内，再将电池盒装上去。

8）关上车床的电柜门，关断数控系统的电源。

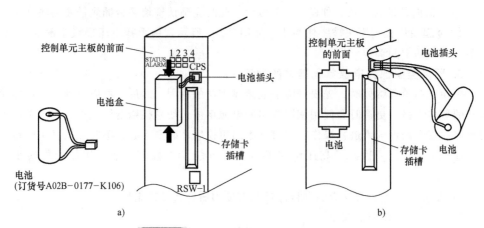

控制单元主板的前面

电池插头

电池盒

存储卡插槽

电池
（订货号A02B-0177-K106）

RSW-1

a)

控制单元主板
的前面

电池插头

电池

存储卡
插槽

电池

b)

图 7-11　更换存储器备份用电池的方法

（2）绝对脉冲编码器用电池　当车床装备有绝对脉冲编码器时，除安装存储器备份用电池，还要装绝对脉冲编码器用电池。

一个电池单元能够将 6 个绝对脉冲编码器的现在位置数据保存一年，当电池电压低时，CRT 上显示 APC 报警 306~308，当出现 APC307 报警时，应尽快更换电池，通常可持续 2~3 周，究竟能使用多久，取决于脉冲编码器的个数。

如果电池电压较低，编码器的当前位置将不再保持。在这种状态下，控制单元通电时，将出现 APC300 报警（要求返回参考点的报警），更换电池后，需返回参考点。

按以下的顺序更换电池。

1）准备 4 节商业用干电池。

2）接通数控系统的电源。如果在断电的情况下更换电池，将使存储的车床绝对位置丢失，换完电池后必须回原点。

3）松开电池盒盖上的螺钉，将其移出，参照车床厂家发行的说明书确定电池盒的安装位置。

4）更换盒中的电池，注意更换电池的方向，如图 7-12 所示。

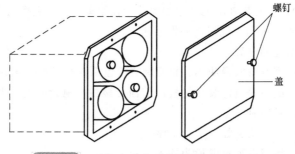

螺钉

盖

图 7-12　更换绝对脉冲编码器用电池的方法

5）更换完电池后，盖上电池盒盖。操作过程完成。

（3）绝对脉冲编码器用电池（α 系列伺服放大器）　使用 α 系列伺服放大器时，绝对脉冲编码器用电池不是放在分离型电池盒中，而是放置在 α 系列伺服放大器上。在这种情况下用的电池不是碱性电池，而是锂电池 A06B-6073-K001。使用锂电池要按规定操作，电池更换不正确，有可能引起爆炸，所以一定更换指定的电池。更换步骤如下。

1）接通车床的电源。为了安全，更换电池时要在急停状态，以防止在更换电池时车床溜车。如果在断电状态更换电池，存储的绝对位置数据将丢失，所以需返回原点。

2）取下 α 系列伺服放大器前面板上的电池盒。握住电池盒上下部，向外拉，可以把电池盒移出，如图 7-13 所示。

3）取下电池插头。

4）更换电池，接好插头。

5）装上电池盒。

6）关上车床的电源。

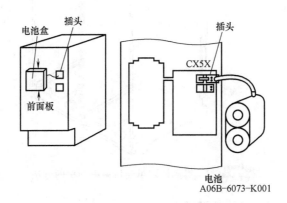

图 7-13　更换绝对脉冲编码器

（α 系列伺服放大器）用电池的方法

5．更换控制单元风扇电动机的方法

1）取下要更换的风扇电动机下面控制部的印制电路板。

2）在插槽内侧有一个基板，风扇电动机的电缆从上面连到基板上。用手抓住装在基板的电缆插头的左、右侧，将其移出。

3）打开控制部架体上部的盖子。将一字旋具插入上盖前方中间部的孔中，按图 7-14所示方向拧动，可打开固定盖子的止动销。

4）将上盖打开取出风扇电动机，由于其没有用螺钉紧固，所以很容易取出。

5）装入新的电动机，把电动机电缆通过穿孔，装到框架上。

6）盖上盖子，锁紧止动销。

7）将风扇电缆接到基板的插头上，接着把电缆的中间部分挂到框架背后的挂钩上。

8）插上移出的印制电路板。

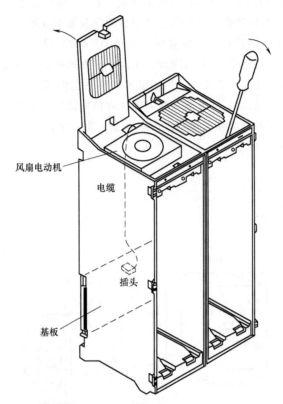

风扇电动机

电缆

插头

基板

图 7-14 更换控制单元风扇电动机的方法

6. 液晶显示器（LCD）的调整

液晶显示器（LCD）的液晶显示，有视频信号微调整用的设定。如图 7-15 所示，用此设定，补偿 NC 装置及其使用电缆引起的微小误差。现场调整或维修时，更换 NC 侧的显示电路硬件、显示单元或电缆中的任意一项时，需要调整本视频信号。

（1）闪烁的消除　液晶显示中，出现闪烁时，将 TM1 的设定开关调到另一侧。通常这两种设定的其中一种，可消除闪烁。

（2）水平方向位置调整　液晶显示中，调整设定开关 SW1。

1）画面能够以一个点位为单位水平方向移动。

2）调整各个位置使其全屏显示。最佳位置只有一个。在调整中不要改变上述以外的设定及电位器，改变上述以外的设定，画面会出现异常。

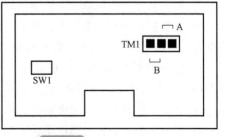

图 7-15 液晶显示器后面

☆考核重点分析

　　本章也是数控车工高级理论考试与技能考试的重点，理论考试中约占 5%，技能考试中约占 5%～10%。理论考试主要涉及数控车床故障的分类、性质，数控车床常见故障的诊断方法，故障产生的规律，电气故障分类，常见电气故障处理与诊断方法，数控系统常见故障及其排除方法等知识点。技能考试主要涉及数控车床的文明生产与安全操作。

复习思考题

1. 按数控车床故障的性质和故障产生的原因及不同的分类方式可分为哪些故障？
2. 数控车床机械故障有哪些特点？
3. 数控车床故障产生的规律有哪些？
4. 设备基本诊断技术有哪 4 种？
5. 机械故障诊断的任务是什么？
6. 简述机械故障诊断基本步骤。
7. 数控车床机械故障诊断技术有哪些？
8. 数控车床常见电气故障有哪些？
9. 数控车床常用电气故障诊断方法有哪些？
10. 数控车床电气维修中应注意哪些事项？
11. 如何更换存储器备份用电池？
12. 如何更换控制单元风扇电动机？

参 考 文 献

［1］　沈建峰，虞俊. 数控车工（高级）［M］. 北京：机械工业出版社，2007.

［2］　中国就业培训技术指导中心. 数控车工（高级）［M］. 北京：中国劳动社会保障出版社，
2011.

［3］　劳动和社会保障部教材办公室. 数控车工（高级）［M］. 北京：中国劳动社会保障出版社，
2007.

［4］　杨嘉杰. 数控机床编程与操作（数控车床分册）［M］. 北京：中国劳动社会保障出版社，
2000.

［5］　韩鸿鸾. 数控加工工艺学［M］. 3 版. 北京：中国劳动社会保障出版社，2011.

［6］　崔兆华. 数控加工基础［M］. 3 版. 北京：中国劳动社会保障出版社，2011.

［7］　崔兆华. 数控机床的操作［M］. 北京：中国电力出版社，2008.

［8］　崔兆华. 数控车床编程与操作（广数系统）［M］. 北京：中国劳动社会保障出版社，2012.

［9］　李国东. 数控车床操作与加工工作过程系统化教程［M］. 北京：机械工业出版社，2013.

［10］　崔兆华. SIEMENS 系统数控机床的编程［M］. 北京：中国电力出版社，2008.

［11］　崔兆华. 数控车工（中级）操作技能鉴定实战详解［M］. 北京：机械工业出版社，2012.